CELIANGXUE

测量学

主　编　李　峰

副主编　刘文龙　张晓博　牛亚莉

参　编　王秋玲　刘　军　赵小平

　　　　刘小阳　孙广通

西安交通大學出版社

XI'AN JIAOTONG UNIVERSITY PRESS

图书在版编目(CIP)数据

测量学 / 李峰主编. —西安 : 西安交通大学出版社,2021.10(2024.7 重印)
ISBN 978-7-5693-2275-0

Ⅰ. ①测… Ⅱ. ①李… Ⅲ. ①测量学 Ⅳ. ①P2

中国版本图书馆 CIP 数据核字(2021)第 183755 号

书　　名　测量学
主　　编　李　峰
策划编辑　曹　昳
责任编辑　杨　璠　张明玥　刘艺飞
责任校对　曹　昳

出版发行　西安交通大学出版社
　　　　　(西安市兴庆南路 1 号　邮政编码 710048)
网　　址　http://www.xjtupress.com
电　　话　(029)82668357　82667874(市场营销中心)
　　　　　(029)82668315(总编办)
传　　真　(029)82668280
印　　刷　西安明瑞印务有限公司

开　　本　787 mm×1092 mm　1/16　印张 16.25　字数 345 千字
版次印次　2021 年 10 月第 1 版　2024 年 7 月第 3 次印刷
书　　号　ISBN 978-7-5693-2275-0
定　　价　45.00 元

如发现印装质量问题,请与本社市场营销中心联系。
订购热线:(029)82665248　(029)82667874
投稿热线:(029)82668502
读者信箱:phoe@qq.com

前言

PREFACE

测量学是研究地理信息的获取、处理、描述和应用的一门科学。其内容包括:研究测定、描述地球的形状、大小、重力场、地表形态,以及它们的各种变化,确定自然和人工物体、人工设施的空间位置及属性,制成各种地图(含地形图)和建立有关信息系统。测量学已经应用在城乡建设规划、国土资源利用、农林牧渔业的发展、环境保护,以及地籍管理等工作中。在地质勘探、矿产开发、水利、交通等国民经济建设中,必须进行控制测量、矿山测量和线路测量,并测量大比例尺地图,以供地质普查和各种建筑物设计施工用。在国防建设中,除了为军事行动提供军用地图外,还要为保证火炮射击的迅速定位和导弹等武器发射的准确性,提供精确的地心坐标和地球重力场数据。在研究地球运动状态方面,测量学提供大地构造运动和地球动力学的几何信息,结合地球物理的研究成果,解决地球内部运动机制问题。

原有教材在培养传统测量人才方面发挥了重要作用,但是其内容陈旧,对测绘新技术、新方法的介绍很少。如何既继承传统教材经典的教学内容,又补充完善现代测绘新仪器、新设备、新方法、新成果,合理布局测量学相关工程实践内容,是本教材编写过程中需要考虑的问题。为满足现代信息社会对测绘创新复合型人才的需求,在广泛查阅测绘科学领域相关文献的基础上,经过多次研讨测量学教学大纲、教学内容、教学方法,本教材在第 1 章绪论部分增加了测量学的发展简史和地球的形状、大小等内容,第 7 章增加了全站仪和 CASS 数字测图原理,第 9 章增加了激光扫描、无人机倾斜摄影技术和雷达干涉测量。在结构上,以测量工作的内容为主线,附录含 12 个测量实验,按照由易到难、由初级到高级的学习阶段设计教材内容,以期全面提高测绘工程专业学生的专业水准。

本书由防灾科技学院李峰、张晓博、王秋玲、刘军、刘小阳、孙广通，北京经济管理职业学院刘文龙、北京工业职业技术学院赵小平、陕西交通职业技术学院牛亚莉共同编写：李峰—第 1～4 章；刘小阳—第 5 章；牛亚莉—第 6 章；刘军—第 7 章；王秋玲—第 8 章、赵小平—第 9 章；刘文龙—第 10 章；张晓博—第 11 章，实验 4～12；孙广通—实验 1～3；钱安、李峰、刘军和景胜强—在线视频录制。

教材进行了少量修订，不仅修正了少许错漏还加入了大量视频资源，便于学生更好地理解与学习。限于编者水平，本教材不足之处在所难免，恳请广大读者予以批评指正！

联系方式：lif1223@aliyun.com。

编　者

2023 年 6 月

目录

CONTENTS

第1章 绪论

1.1 测量学发展简史

测量学有着悠久的历史，古代的测量技术起源于水利和农业，古埃及尼罗河每年洪水泛滥，淹没了土地界线，水退以后需要重新划界，从而开始了测量工作。据《史记·夏本纪》记载："（禹）陆行乘车，水行乘舟，泥行乘橇，山行乘檋。左准绳，右规矩，载四时，以开九州，通九道，陂九泽，度九山。"在这里，司马迁给我们展现了禹带领测量队治水的生动画卷：禹带着测量人员，肩扛测量仪器，"准、绳、规、矩"样样具备，他们有时在陆地坐车行进，有时在水上乘风破浪，有时在泥泞的沼泽地里坐着木橇，有时穿着带铁钉的鞋登山。"准、绳、规、矩"是古代的测量工具，其中，"准"是水准器；"绳"是一种测距工具；"规"是校正圆形的用具；"矩"是画方形的用具，也就是曲尺。禹治水时，"左准绳"就是用"准"和"绳"来测量地势的高低和距离；"右规矩"是用规和矩来绘制成图。"载四时，以开九州，通九道，陂九泽，度九山"，是指禹带着测四时定方向的仪器，开发九州的土地，疏通九州的河道，在九州湖泊上修筑堤岸，勘测全国的山岳脉络。

从原始的测量技术，发展到近代的测量学，其过程可由下列几个方面来说明。人类对地球形状的科学认识，是从公元前6世纪古希腊的毕达哥拉斯提出地是球形的概念开始的。两世纪后，亚里士多德作了进一步论证，支持了这一学说，称为地圆说。又一世纪后，埃拉托斯特尼采用在两地观测日影的办法，首次推算出地球子午圈的周长，以此证实了地圆说。这也是测量地球大小的"弧度测量"方法的初始形式。世界上有记载的实测弧度测量，最早是中国唐代开元十二年(724)南宫说在张遂(一行)的指导下在今河南省进行的，根据测量结果推算出了纬度1度的子午弧长。17世纪末，英国的牛顿和荷兰的惠更斯首次从力学的观点探讨地球形状，提出地球是两极略扁的椭球体，称为地扁说。1735—1741年，法国科学院派遣测量队在南美洲的秘鲁和北欧的拉普兰进行弧度测量，证明牛顿等的地扁说是正确的。1743年，法国A.C.克莱洛证明了地球椭球的几何扁率同重力扁率之间存在着简单的关系。这一发现，使人们对地球形状的认识又进了一步，从而为根据重力数据研究地球形状奠定了基础。19世纪初，随着测量精度的提高，通过对各处弧度测量结果的研究，发现测量所依据的垂线方向同地球椭球面的法线方向之间的差异不能忽略。因此，法国的拉普拉斯和德国的高斯相继指出，地球形状不能用旋转椭球来代表。1849年，斯托克斯提出利用地面重力观测资料确定地球形状的理论。1873年，利斯廷创用"大地水准面"一词，以该面代表地球形状。自那时起，弧度测量的任务，不仅是确定地球椭球的大小，而且还包括求出各处垂线方向相对于地球椭球面法线的偏差，用以研究大地水准面的形状。1945 年，苏联的 M.C.莫洛坚斯基创立了直接研究地球自然表面形状的理论，并提出“似大地水准面”的概念，从而回避了长期无法解决的重力归算问题。

人类对地球形状的认识和测定，经过了球—椭球—大地水准面 3 个阶段，花去了约两千五六百年的时间，随着对地球形状、大小的认识和测定的愈益精确，测量工作中精密计算地面点的平面坐标和高程逐步有了可靠的科学依据，同时也不断丰富了测量学的理论。17 世纪之前，人们使用简单的工具，例如中国的绳尺、步弓、矩尺和圭表等进行测量。这些测量工具都是机械式的，以用于量测距离为主。17 世纪初的一天，荷兰小镇的一家眼镜店的主人利伯希，为检查磨制出来的透镜质量，把一块凸透镜和一块凹透镜排成一条线，通过透镜看过去，发现远处的教堂塔尖好像变大拉近了，于是在无意中发现了望远镜的秘密。1608 年他为自己制作的望远镜申请专利，并遵从当局的要求，造了一个双筒望远镜。望远镜发明的消息很快在欧洲各国流传开了，意大利科学家伽利略得知这个消息之后，就自制了一个。1609 年 10 月他做出了能放大 30 倍的望远镜。伽里略用自制的望远镜观察月球表面，此后又发现了 4 个卫星、太阳的黑子运动，并得出了太阳在转动的结论。在 15、16 世纪，英国、法国等一些发达国家，因为航海和战争的原因，需要绘制各种地图、海图。使用三角测量法绘制地图最早始于 1617 年，该法是根据两个已知点上的观测结果，求出远处第三点的位置，但由于没有合适的仪器，导致角度测量手段有限，精度不高，由此绘制出的地形图精度也不高。1730 年英国的西森制成第一架经纬仪，促进了三角测量的发展，使它成为建立各种等级测量控制网的主要方法；经纬仪的发明，提高了角度的观测精度，同时简化了测量和计算的过程，也为绘制地图提供了更精确的数据。这一时期，欧洲陆续出现了小平板仪、大平板仪和水准仪，地形测量和以实测资料为基础的地图制图也得到了相应发展。从 16 世纪中叶起，欧洲和美洲之间的航海问题变得特别重要。为了保证航行安全可靠，许多国家相继研究在海上测定经纬度的方法，以确定船舰位置。经纬度的测定，尤其是经度测定方法的问题，直到 18 世纪发明时钟之后才得到圆满解决。至此以后，科学家们开始了大地天文学的系统研究。

19 世纪初，随着测量方法和仪器的不断改进，测量数据的精度也不断提高，精确的测量计算就成为研究的中心问题。此时数学的进展开始对测绘学产生重大影响。法国科学家勒让德于 1806 年独立发现“最小二乘法”，但因不为世人所知而默默无闻。高斯也在他的著作《天体运动论》中使用过最小二乘法的方法。勒让德曾与高斯为谁最早创立最小二乘法原理发生争执。1816—1820 年，高斯推导了把地球曲面表示为平面的横轴椭圆柱正形投影的计算公式；1912 年，克吕格对其进行了补充和完善，高斯-克吕格投影仍然是目前测量数据处理和地形图绘制广泛采用的方法之一。1791 年法国都朋特里尔绘制了第一张等高线地形图，裘品-特里列姆用等高线表示了法国的地貌。1859 年法国陆军上校洛斯达首创了摄影测量方法，用于测绘建筑物。随后，相继出现了立体坐标量测仪、地面立体测图仪等测量工具。1873 年由德国数学家利斯廷提出大地水准面的概念。1915 年世界上第一台航空摄影专用相机诞生，拍摄的航空相片在立体测图仪上加工成地形图。从此，在地面立体摄影测量的基础上，发展出了航空摄影测量方法。这个时期测绘理论取得重大突破：德国墨卡托“正形圆柱投影”、法国雅克卡西尼“横圆柱投影”

和法国兰勃特“正形圆锥投影”理论，奠定了现代地图制图的理论基础。1920 年，瑞士人威特制造了世界上第一台光学经纬仪，定名 TH1 型。由于在 19 世纪末和 20 世纪 30 年代，先后出现了摆仪和重力仪，尤其是后者的出现，使重力测量工作既简便又省时，不仅能在陆地上进行，还能在海洋上进行，这就为研究地球形状和地球重力场提供了大量实测重力数据。

可以说，从 17 世纪末到 20 世纪中叶，测量仪器主要在光学领域内发展，测量学的传统理论和方法也已发展成熟。从 20 世纪 50 年代起，测量技术又朝电子化和自动化方向发展。首先是测距仪器的变革。1948 年起陆续发展起来的各种电磁波测距仪，由于可用来直接精密测量长达几十千米的距离，因而使得大地测量定位方法除了采用三角测量外，还可采用精密导线测量和三边测量。与此同时，电子计算机出现了，并很快被应用到测量学中。这不仅加快了测量计算的速度，而且还改变了测量仪器和方法，使测量工作更为简便和精确。例如具有电子设备和用电子计算机控制的摄影测量仪器的出现，促进了解析测图技术的发展，继而在 20 世纪 60 年代，又出现了计算机控制的自动量图机，可用以实现地图制图的自动化。自从 1957 年第一颗人造地球卫星发射成功后，测量工作又有了新的飞跃，在测量学中开辟了卫星大地测量学这一新领域，就是观测人造地球卫星，用以研究地球形状和重力场，并测定地面点的地心坐标，建立全球统一的大地坐标系统。同时，由于利用卫星可从空间对地面进行遥感(称为航天摄影)，因而可将遥感的图像信息用于编制大区域内的小比例尺影像地图和专题地图。在这个时期，还出现了惯性测量系统，它能实时地进行定位和导航，成为加密陆地控制网和海洋测量的有力工具。随着对脉冲星和类星体的发现，又有可能利用这些射电源进行无线电干涉测量，来测定相距很远的地面点的相对位置(见甚长基线干涉测量)。所以，20 世纪 50 年代以后，测量仪器的电子化和自动化，以及许多空间技术的出现，不仅实现了测量作业的自动化，提高了测量成果的质量，而且使传统的测量学理论和技术发生了巨大的变革，测量的对象也由地球扩展到月球和其他星球。

1.2 测量学的任务及其作用

测绘学概述

1.2.1 测量学的任务

测量学是研究地球的形状和大小，以及确定地面、空中、地下、水下和空间各种地物几何形态及其空间位置的科学，为人类了解自然、认识自然和能动地改造自然服务。测量学的任务主要有 3 个方面：一是精确测定地面点的位置及地球的形状和大小；二是将地球表面的形态及其他信息制成各种类型的成果、像片、图件和其他资料；三是进行经济建设和国防建设所需的测量工作，如地籍测量、城市规划测量、线路测量。测量工作被广泛地用于陆地、海洋和空间的各个领域，对国土资源规划治理、经济建设、国防建设、人民生活都有重要的服务作用，是国家建设中的先行性、基础性工作。

根据研究的具体对象及任务的不同，传统上又将测量学分为以下几个主要分支学科：

(1)大地测量学。大地测量学(Geodesy)是研究和确定地球形状、大小、重力场、整体与局部运动和地表面点的几何位置，以及它们变化的理论和技术的学科。其基本任务是建立国家大地控制网，测定地球的形状、大小和重力场，为地形测图和各种工程测量提供基础起算数据；为空间科学、军事科学及研究地壳变形、地震预报等提供重要资料。按照测量手段的不同，大地测量学又分为常规大地测量学、卫星大地测量学及物理大地测量学等。

(2)地形测量学。地形测量学(Topography)是研究如何将地球表面局部区域内的地物、地貌及其他有关信息测绘成地形图的理论、方法和技术的学科。按成图方式的不同，地形测图可分为模拟化测图和数字化测图。

(3)摄影测量与遥感学。摄影测量与遥感学(Photogrammetry and Remote Sensing)是研究利用电磁波传感器获取目标物的影像数据，从中提取语义和非语义信息，并用图形、图像和数字形式表达的学科。其基本任务是通过对摄影像片或遥感图像进行处理、量测、解译，以测定物体的形状、大小和位置进而制作成图。根据获得影像的方式及遥感距离的不同，摄影测量与遥感学又分为地面摄影测量学、航空摄影测量学和航天遥感测量等。

(4)工程测量学。工程测量学(Engineering Surveying)是研究在工程建设的设计、施工和管理各阶段中进行测量工作的理论、方法和技术。工程测量是测绘科学与技术在国民经济和国防建设中的直接应用，是综合性的应用测绘科学与技术。按工程建设的进行程序，工程测量可分为规划设计阶段的测量、施工兴建阶段的测量和竣工后的运营管理阶段的测量。规划设计阶段的测量主要是提供地形资料。取得地形资料的方法是，在所建立的控制测量的基础上进行地面测图或航空摄影测量。施工兴建阶段的测量的主要任务是，按照设计要求在实地准确地标定建筑物各部分的平面位置和高程，作为施工与安装的依据。一般也要求先建立施工控制网，然后根据工程的要求进行各种测量工作。竣工后的营运管理阶段的测量，包括竣工测量，以及为监视工程安全状况的变形观测与维修养护等测量工作。按工程测量所服务的工程种类，也可将其分为建筑工程测量、线路测量、桥梁与隧道测量、矿山测量、城市测量和水利工程测量等。此外，还将用于大型设备的高精度定位和变形观测称为高精度工程测量；将摄影测量技术应用于工程建设称为工程摄影测量；而将以电子全站仪或地面摄影仪为传感器在电子计算机支持下的测量系统称为三维工业测量。

(5)地图制图学。地图制图学(cartography)是研究模拟地图和数字地图的基础理论、设计、编绘、复制的技术、方法，以及应用的学科。其基本任务是利用各种测量成果编制各类地图，其内容一般包括地图投影、地图编制、地图整饰和地图制印等分支。

1.2.2 测量学的作用

测量学是国家经济建设的先行。随着科学技术的飞速发展，测量学在国家经济建设和发展的各个领域中发挥着越来越重要的作用。工程测量是直接为工程建设服务的，它的服务和应用范围包括城建、地质、铁路、交通、房地产管理、水利电力、能源、航天和国防等各种工程建设部门。

(1)城乡规划和发展离不开测量学。我国城乡面貌正在发生日新月异的变化，城市和村镇的建设与发展，迫切需要加强规划与指导，而搞好城乡建设规划，首先要有现势性好的地图，以提供城市和村镇面貌的动态信息，促进城乡建设的协调发展。

(2)资源勘察与开发离不开测量学。地球蕴藏着丰富的自然资源，需要人们去开发。勘探人员在野外工作，离不开地图，从确定勘探地域到最后绘制地质图、地貌图、矿藏分布图等，都需要用到测量技术手段。随着测量技术的发展，重力测量可以直接用于资源勘探。工程师和科学家根据测量取得的重力场数据可以分析地下是否存在重要矿藏，如石油、天然气、各种金属等。

(3)交通运输、水利建设离不开测量学。铁路公路的建设从选线、勘测设计，到施工建设都离不开测量。大、中水利工程也是先在地形图上选定河流渠道和水库的位置，划定流域面积，确定流量，再测得更详细的地图(或平面图)作为河渠布设、水库及坝址选择、库容计算和工程设计的依据。如三峡工程从选址、移民，到设计大坝等测量工作都发挥了重要作用。

(4)国土资源调查、土地利用和土壤改良离不开测量学。建设现代化的农业，首先要进行土地资源调查，摸清土地“家底”，而且还要充分认识各地区的具体条件，进而制订出切实可行的发展规划。测量为这些工作提供了一个有效的工具。地貌图，反映出了地表的各种形态特征、发育过程、发育程度等，对土地资源的开发利用具有重要的参考价值；土壤图，表示了各类土壤及其在地表的分布特征，为土地资源评价和估算、土壤改良、农业区划提供科学依据。

通过对测量学的学习，测量人员应掌握下列有关测定和测设的基本内容：

(1)地形图测绘。地形图测绘是运用各种测量仪器、软件和工具，通过实地测量与计算，把小范围内地面上的地物、地貌按一定比例尺测绘成图。

(2)地形图应用。地形图测绘是在工程设计中，从地形图上获取设计所需的资料，例如点的坐标和高程、两点间的水平距离、地块的面积、土方量、地面的坡度、地形的断面和地形分析。

(3)施工放样。施工放样是将图上设计的建(构)筑物标定在实地上，作为施工作业的依据。

(4)变形观测。变形观测是监测建(构)筑物的水平位移和垂直沉降，以便采取措施，保证建筑物的安全。

(5)竣工测量。为了检查工程施工、定位质量等，在工程竣工后，必须对建(构)筑物、生产生活管道等设施，特别是对隐蔽工程的平面位置和高程进行竣工测量，绘制竣工总平面图，为建(构)筑物交付验收及今后改(扩)建和检修提供必要的资料。

1.3 地球的形状和大小

地球的形状和测量坐标系

1.3.1 人类对地球的认识过程

“天圆地方”可见文献出处为《大戴礼记·曾子·天圆》，“单居离问于曾子曰：‘天圆而地方者，诚有之乎？’曾子曰：‘离！而闻之，云乎！’单居离曰：‘弟子不察，此以敢问也。’曾子曰：‘天之所生上首，地之所生下首，上首谓之圆，下首谓之方，如诚天圆而地方，则是四角之不掩也。’”“天圆地方”的含义是：天好像一个穹顶，盖在地上，大地是方形的，如图 1.1(a)所示。著名的汉朝科学家张衡在所作的《浑天仪注》中写道：“浑天如鸡子，天体圆如弹丸，地如鸡中黄，孤居于内，天大而地小。天表里有水，天之包地，犹壳之裹黄，天地各乘气而立，载水而浮。”

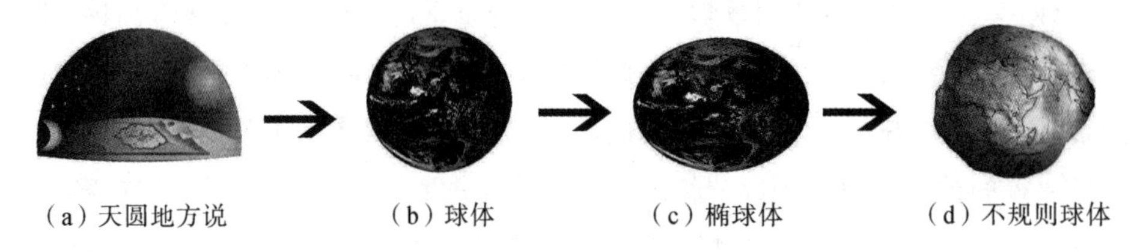

（a）天圆地方说　（b）球体　（c）椭球体　（d）不规则球体

图 1.1　人类认识地球的过程

公元前 6 世纪，古希腊的毕达哥拉斯学派最早提出西方“地球说”猜测。他们常常结伴登上高山观察日出日没，在曙光和暮色之中，发现进出港的远方航船、船桅和船身不是同时出现或隐没。而且，古希腊人崇尚美学原则，许多学者认为既然地球是宇宙中心，那它的形状一定是宇宙中最完美的立体图形——圆球体。二百年后，大学者亚里士多德从逻辑上论证了大地“地球说”，他注意到月蚀时大地投射到月亮上的影子是圆的，由此推测大地是球体。“地球说”大大超出常人的想象力，因此长期来难以流行。15 世纪以来，由于欧洲市场经济发展的迫切需要，以中国发明的指南针西传为契机，开始了地理大发现的时代。“地球说”使航海探险家们相信，由欧洲往西航行可以缩短到达中国、日本和印度的航线，同时，他们的实践最终证实了“地球说”的真实性。1519 年 9 月，葡萄牙航海家麦哲伦在西班牙国王的资助下，率领 5 艘大船和 265 个海员，从西班牙桑路卡尔港出发向西寻找东方的香料群岛。船队历尽艰难险阻，麦哲伦本人也死在途中。1522 年 9 月 7 日，远征队回到西班牙塞维利亚港时，仅剩“维多利亚号”上 18 名疲惫不堪的海员了。麦哲伦船队首次环球航行成功，最终结束了几千年来关于大地形状的种种争议。西班牙国王奖给凯旋归来的远航勇士们一个精美的地球仪，上面镌刻着一行意味深长的题词：“您首先拥抱了我！”

这是人类认识大地形状的第一次飞跃。但问题又来了：地球是个什么样的球体呢？在 16—17 世纪，欧洲人急于想知道地球的实际形状，首先是因为航海的迫切需要。远涉重洋的航船正如飘荡在茫茫水天中的片片秋叶，没有精确可靠的航海图，特别是没有测定地理经度的合适方法，很难确定确切方位，航海风险极大，海难事故不断。测定经度比测定纬度难得多。在古代和中世纪，测定经度的唯一方法，是根据月食发生时不同地点记录到的时辰来推算的。在军事竞争和经济利益的驱动下，西班牙、荷兰和英国等国政府相继重金悬赏求解这一难题。1714 年，英国专门成立了经度局，赏金高达 2 万英镑，在当时堪称天文数字。英国的牛顿和荷兰著名天文学家惠更斯不谋而合地指出：地球在自转惯性离心力作用下，应该是两极稍扁、赤道略鼓的椭球体。牛顿利用皮卡尔于 1671 年求得的地球半径数据完成了引力理论的月-地检验，才下决心公开发表万有引力理论：如果地球不是旋转体，单纯的吸引力会使它成为正球形，但是地球是个旋转体，每一质点都同时处于向心力和离心力的合力作用下。南极和北极的向心力最小；反之，赤道处离心力最大。这样，两极处就受到压缩而赤道处得以扩张，于是地球形状就成了扁球体。同时，他在望远镜观测中发现土星和木星都是扁球状，他认为地球也不会例外。（注：这里的向心力是指万有引力，这是牛顿的万有引力定律）。1683—1716 年间，巴黎天文台台长雅克·卡西尼子在法国南部佩皮尼昂和北部敦刻尔克做了两次很粗糙的地球子午线测量,就断言"地球顺着旋转轴伸长"。他说:"地球形状并不像橘子,倒很像香瓜。"在法国,由此引发了"英国橘子"和"法国香瓜"的激烈论战,从17世纪开始,差不多延续了半个多世纪。为裁决争端,法国国王路易十五授权巴黎科学院派出两支远征队,分赴赤道和北极地区,以便在相距甚远的两个地点测量和比较地球子午线上1°的弧长。由著名数学家莫泊丢和克莱罗率队赴芬兰与瑞典北部的拉普兰平原(北纬66°20'),2年后测得当地子午线1°之长为111 918 m。往南的远征队由于碰上当地内战等种种阻扰,历尽10年艰辛,于1745年测得当地子午线1°之长为110 604 m,如图1.2所示为(图中以20°示意)。于是"橘子派"大获全胜。

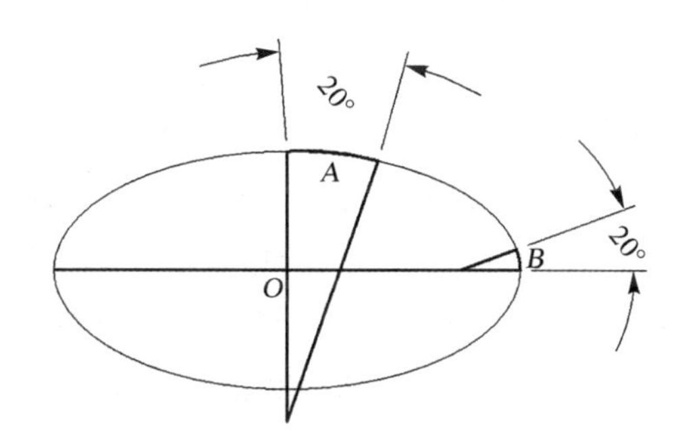

图1.2 椭球上的子午线弧长

20世纪以前对地球形状和大小的研究,主要是由绘制地图和航海的迫切需要推动的,对牛顿扁球体标准模型的误差尚能容忍。但是在现代,更精确地测定地球形状,对于诸多领域如地球内部物质结构研究,引力场研究、特别是空间技术和军事上远程导弹轨道研究,越来越重要,亟待进一步完善和发展。20世纪初,开始了大规模海洋重力测定的时期。而在此以前,地球形状学研究主要采用传统的天文-大地测量、陆地重力加速度测量和月球-地球动力学测量。1901年,德国的赫尔默特首创海上重力测定。荷兰的韦宁·梅内斯于1923—1934年间率领远征队乘潜艇在各大洋游弋,测定了近千个点的重力值,奠定了现代海洋重力学基础。1957年人造卫星上天以后,认识地球的手段发生了全新变化。借助遥感卫星和全球卫星定位系统,开创了精确观测地球的新时代。勘测发现世界大洋表面确非球面形状,隆起和凹陷的落差近200 m,几乎是尼亚加拉大瀑布的4倍。目前探明至少存在3块较大隆起区域:澳大利亚东北的太平洋水面,隆起区高76 m;北大西洋的南伊斯兰附近隆起68 m;非洲大陆东南洋面高出48 m。有趣的是,相对应的洋面凹陷区域也有3块,它们是:印度半岛以南洋面,凹陷深达112 m; 加勒比海地区,陷进约64 m;加利福尼亚以西洋面,下降56 m。而且,这些地区的面积直径都在3 000~5 000 km左右。1975年9月,第18届国际大地测量学和地球物理学联合会通过决议,向国际社会郑重推荐大地测量常数元素值。其中有:地球赤道半径6 378 140±5 m;极半径6 356 755±5 m;扁平率的倒数(298 275±1.5)$\times 10^{-3}$。20世纪80年代以来,又发现"椭球说"并不尽然。分析人造卫星轨道数据后发现,南北半球实际上是不对称的,相对而言,北半球尖且小,南半球底部凹而大。与标准椭球体表面形状相比,南极大陆水准面比基准面凹进24~30 m;而北极大地又高出基准面14~18.9 m。其他部位也有这种差异。从赤道到南纬60°之间是隆出,而从赤道到北纬45°

之间是凹进。也就是说，整个地球形状像一只正放的“大鸭梨”。这是地球形态学上的第四级近似，标志着人类认识大地形状的又一次飞跃。

1.3.2 地球形状和大小的确定

1. 大地水准面的提出

地球是一个南北两极稍扁、赤道略长、平均半径为 6 371 km 的椭球体。测量工作是在地球表面进行的，而地球自然表面很不规则，有高山、丘陵、平原和海洋。其中最高的珠穆朗玛峰高出海水面达 8 846.27±(0.2～0.3) m(我国 1994 年 8 月公布)，最低的马里亚纳海沟低于海水面达 11 022 m。但是这样的高低起伏，相对于地球半径 6 371 km 来说还是很小的。19 世纪 20 年代前人们以椭球面作为地球模型。随着大地测量精度要求的提高，人们认识到椭球面是个纯数学表面，用来进行推算点位是非常方便的，但它与测量仪器观测数据很难联系。由于地壳质量分布不均衡，用经纬仪或水准仪在实地找不到与椭球面相垂直的法线。那么我们该用何种方式来表示不规则的地球呢？其实，人们更想用熟悉的数学椭球体来表示地球，但又不能直接把不规则的地球转变到椭球体来表示。由于地壳质量分布不均衡，用经纬仪或水准仪在实地找不到与椭球面相垂直的法线，德国的大地测量学家利斯廷于 1873 年创立了大地水准面概念。在了解大地水准面之前，先理解何谓水准面。水准面是指静止的海水面是受地球表面重力场影响而形成的一个处处与重力方向垂直的连续曲面，也是一个重力场的等位面。地球表面的点都受到离心力和万有引力的共同作用，二者的合力构成了重力，重力的作用线为竖直方向与铅垂线方向一致，处处与水准面正交的重力作用线成为测量工作的基准线。测量仪器的整置均以水准气泡为依据，即以铅锤线为准。因此，水准面可作为测量的工作面。因为海水是不断变化的水平面，不同高度的水准面有无数个，假设平均海水面处于静止平衡状态下，将其延伸到大陆下面，构成一个遍及全球的闭合曲面，这个曲面就是大地水准面，如图 1.3 所示。大地水准面包围的地球形体称为大地体。

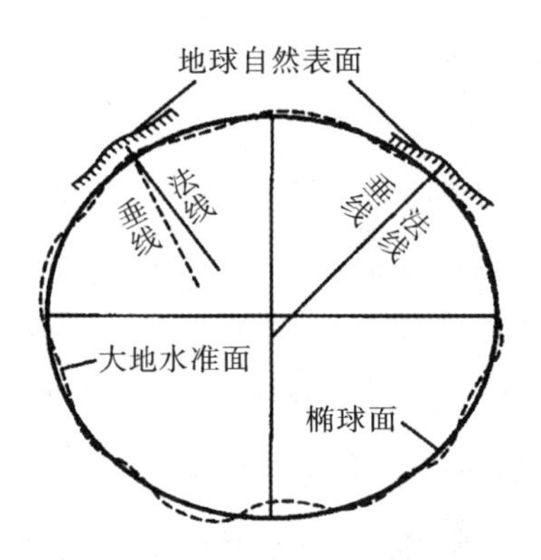

图 1.3 大地水准面与地球自然表面、椭球面的关系

大地测量学中所研究的地球形状就是大地水准面的形状。理由是大地水准面与占地球面积 71%的平均海水面重合，与地球自然表面非常接近；大地水准面具有水准面特性，处处与铅垂线正交，而测量仪器是用水准器整平，用垂球对中的，因此，大地水准面是测量作业的基准面；海水面是实际存在的，与世界上沿海国家都发生联系，通过验潮取平均值就可获得平均海水面的位置。从不规则的地球自然表面到大地水准面的过程就完成了地球自然表面的一级近似。由于地球表面高低不平，内部质量分布不均，导致重力方向不规则变化，使得处处与重力方向正交的大地水准面实际上是一个略有起伏、不规则的曲面。

2. 参心坐标系的建立

1)参心坐标系的建立过程

在大地水准面上计算和测量仍然十分困难。用椭圆绕短轴旋转可生成一个椭球体，所以为了定量描述地球的形状而不受起伏的影响，测量上把与大地水准面符合得最理想的旋转椭球体叫作地球椭球体。地球椭球体是地球的二级近似，用于测量计算的基准面。决定地球椭球体形状和大小的参数有长轴 a(赤道半径)、短轴 b(极半径)和椭球的扁率 $f=(a-b)/a$。对地球形状 a、b、f 测定后，还必须确定大地水准面与地球椭球体面的相对关系，即确定与局部地区大地水准面最符合的一个地球椭球体——参考椭球体，这项工作就是参考椭球体定位。常规大地测量在处理观测成果及计算地面控制网坐标时，选取一参考椭球面作为基准参考面，选一参考点作为起算点(大地原点)，利用大地原点的天文观测资料来确定参考椭球在地球内部的位置和方向。但由此确定的参考椭球的位置，其中心一般不与地球质心重合。这种原点位于地球质心附近的坐标系，称为地球参心坐标系，如图 1.4 所示。参心大地坐标的应用十分广泛，它是经典大地测量的一种通用坐标系。根据地图投影理论，参心大地坐标系通过高斯投影计算转化为平面直角坐标系，为地形测量和工程测量提供控制基础。大地原点，亦称大地基准点，即国家水平控制网中推算大地坐标的起算点。大地原点是人为确定的，它的选择有多方面的要求。我国从 1975 年开始组织人力，搜集分析了大量资料，并根据“大地原点”的要求，对郑州、武汉、西安、兰州等地的地形、地质、大地构造、天文、重力和大地测量等因素进行实地考察、综合分析，最后将我国的大地原点，确定在陕西省西安市泾阳县永乐镇石际寺村境内。大地原点的建立解决了参考椭球的定位、定向问题，即在中国领土范围内，使地球大地水准面与参考椭球体面基本吻合，并在这一点将二者关系固定下来，从而使全国的测量有一个统一的、标准的、切合中国实际的计算投影面。中华人民共和国大地原点是中国地理坐标——经纬度的起算点和基准点，在中国经济建设、国防建设和社会发展等方面发挥着重要作用。

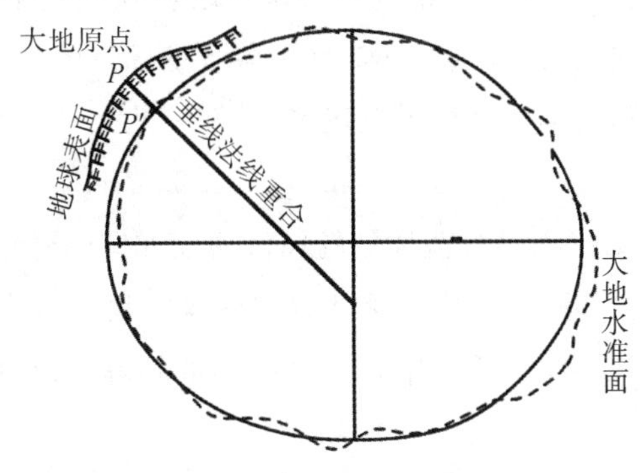

图 1.4 参心坐标系的建立

2)大地坐标系及其空间直角坐标系

大地坐标系是大地测量中以参考椭球面为基准面建立起来的坐标系。地面点的位置用大地经度 L、大地纬度 B 和大地高度 H 表示。大地坐标系的确立包括选择参考椭球、参考椭球的定位和确定大地起算数据。参考椭球一旦确定,则标志着大地坐标系已经建立。大地坐标系满足右手系,规定以参考椭球的赤道为基圈,以起始子午线(经过英国格林威治天文台的子午线)为首子午面建立大地坐标系,如图 1.5 所示。大地经度 L 是通过该点的大地子午面与起始大地子午面之间的夹角。规定以起始子午面起算,向东由 0°至 180°称为东经;向西由 0°至 180°称为西经。大地纬度 B 是通过该点的法线与赤道面的夹角,规定由赤道面起算,由赤道面向北从 0°至 90°称为北纬;向南从 0°到 90°称为南纬。大地高度 H 是地面点沿法线到参考椭球面的距离。

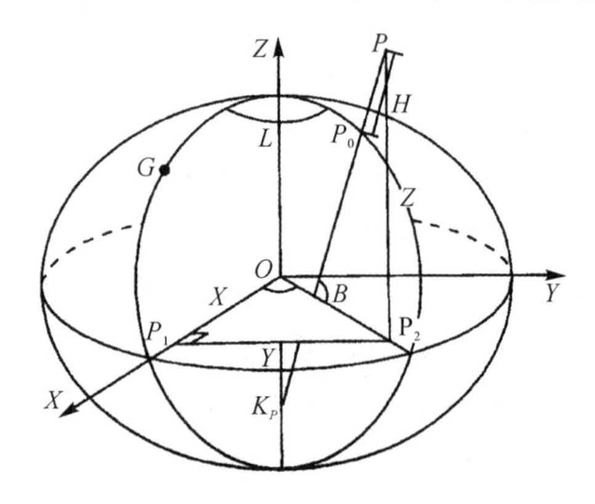

图 1.5 大地坐标系与大地空间直角坐标系

大地空间直角坐标系是与大地坐标系相对应的一种空间直角坐标系。如图 1.5 所示,以椭球中心 O 为坐标原点,以起始大地子午面与赤道面交线为 X 轴,在赤道面上与 X 轴正交的方向为 Y 轴,椭球的旋转轴为 Z 轴,构成右手坐标系 $O-XYZ$,P 点的位置为(X,Y,Z)。

由于不同时期采用的地球椭球不同或其定位与定向不同,在我国历史上出现的参心大地坐标系主要有 1954 北京坐标系和 1980 西安坐标系。

(1)1954 北京坐标系。新中国成立以后,我国采用了苏联的克拉索夫斯基椭球参数,并与苏联 1942 坐标系进行联测,通过计算建立了我国大地坐标系,定名为 1954 北京坐标系。因此,1954 北京坐标系可以认为是苏联 1942 坐标系的延伸,它的原点不在北京而是在现俄罗斯圣彼得堡的普尔科沃天文台。它是将我国一等锁与原苏联远东一等锁相连接,然后以连接处呼玛、吉拉宁、东宁基线网扩大边端点的原苏联 1942 普尔科沃坐标系的坐标为起算数据,平差我国东北及东部区一等锁,这样传算过来的坐标系就定名为 1954 北京坐标系,其几何参数为

$$a=6\ 378.245\ \text{km} \quad f=1/298.300$$

(2)1980 西安坐标系。为了满足日益发展的经济建设和国防建设的需求,1978 年 4 月国家在西安召开全国天文大地网平差会议,确定重新定位并建立我国新的坐标系的决议。国家采用了国际大地测量与地球物理联合会 1975 年第 3 次推荐的地球椭球作为参考椭球建立 1980 西安坐标系,其几何参数为

$$a=6\ 378.140\ \text{km} \quad f=1/298.257$$

该坐标系的大地原点设在我国陕西省西安市泾阳县永乐镇，位于西安市西北方向约 60 km，故称 1980 西安坐标系，由于地球的扁率很小，当精度要求不高时，可把大地水准面视为圆球，其半径 R 为

$$R=\frac{a+a+b}{3}=6\ 371\ \text{km}$$

3. 地心坐标系的建立

(1) WGS—84 坐标系。1960 年起，美国国防部制图局(Defense Mapping Agency)就开始积极参与开发世界大地坐标系。一代比一代更精确的四代系统——WGS－60、WGS－66、WGS—72 和 WGS—84 已开发出来。此外，这些系统已扩展到全球，通过改进的转换常数与地方或区域数据相联系。美国国防部制图局于 20 世纪 80 年代所建立的地球参考坐标，由全球地心参考框架和一组相应模型(包括地球重力模型 EGM 和 WGS—84 大地水平面)所组成，全球定位系统(GPS)所采用的坐标系统就是 WGS—84 坐标，于 1987 年取代了当时 GPS 所采用的坐标系统 WGS—72 坐标系统，通过遍布世界的卫星观测站观测到的坐标建立。作为目前国际上普遍采用的地心坐标系统，WGS—84 系统坐标原点为地球质心，地球质心(简称地心)是指包括海洋大气等的整个地球的质量中心，其地心空间直角坐标系的 Z 轴指向 BIH(Bureau International de l'Heure，国际时间局)1984.0 定义的协议地球极(CTP)方向，X 轴指向 BIH 1984.0 的零度子午面和 CTP 赤道的交点，Y 轴与 Z 轴、X 轴垂直构成右手坐标系，称为 1984 年世界大地坐标系统，如图 1.6 所示。WGS—84 坐标系的基本参数为

$$a=6\ 378.137\ \text{km} \qquad f=1/298.257\ 223\ 563$$

地球自转角速度为

$$\omega_{\mathrm{E}}=7.292\ 115\times10^{-5}\ \text{rad/s}$$

地球引力常数为

$$\mathrm{GM}=3\ 986\ 004.418\times10^{8}\ \text{m}^3/\text{s}^2$$

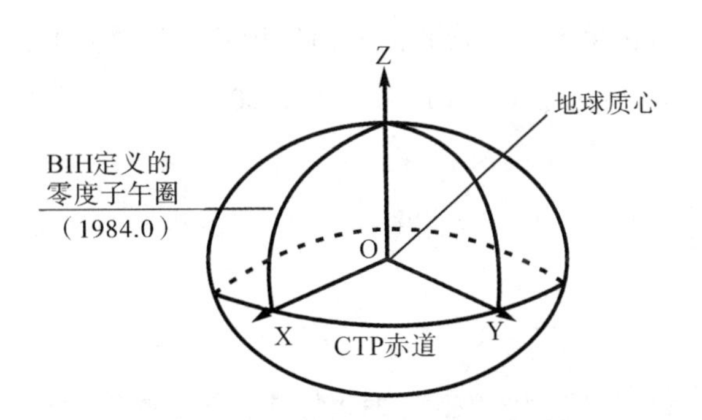

图 1.6 WGS—84 坐标系

(2) CGCS 2000 坐标系。1954 北京坐标系和 1980 西安坐标系由于其成果受技术条件制约，精度偏低，无法满足新技术的要求。空间技术的发展成熟与广泛应用迫切要求国家提供高精度、地心、动态、实用、统一的大地坐标系作为各项社会经济活动的基础性保障。从技术和应用方面来看，现行坐标系具有一定的局限性，已不适应发展的需要，这主要表现在以下几点：

①二维坐标系统。1980 西安坐标系是经典大地测量成果的归算及应用，其表现形式为平面的二维坐标。用现行坐标系只能提供点位平面坐标，而且表示两点之间距离的精确度也仅可达到用现代手段测得的 1/10 左右。高精度、三维与低精度、二维之间的矛盾是无法协调的。比如将卫星导航技术获得的高精度的点的三维坐标表示在现有地图上，不仅会造成点位信息的损失(三维空间信息只表示为二维平面位置)，同时也将造成精度上的损失。

②参考椭球参数。随着科学技术的发展，国际上对参考椭球的参数已进行了多次更新和改善。1980 西安坐标系所采用的 IAG 1975 椭球，其长半轴要比国际公认的 WGS－84 椭球长半轴的值大 3 m 左右，而这可能引起地表长度误差达原误差的 10 倍左右。

③随着经济建设的发展和科技的进步，维持非地心坐标系下的实际点位坐标不变的难度加大，维持非地心坐标系的技术也逐步被新技术所取代。

④椭球短半轴指向。1980 西安坐标系采用指向 JYD 1968.0 极原点，与国际上通用的地面坐标系如 ITRS，或与 GPS 定位中采用的 WGS－84 等椭球短轴的指向(BIH 1984.0)不同。

若仍采用现行的二维、非地心的坐标系，不仅制约了地理空间信息的精确表达和各种先进的空间技术的广泛应用，无法全面满足当今气象、地震、水利、交通等部门对高精度测绘地理信息服务的要求，而且也不利于与国际上民航与海图的有效衔接，因此采用地心坐标系已势在必行。

以地球质量中心为原点的地心大地坐标系，是 21 世纪空间时代全球通用的基本大地坐标系。以空间技术为基础的地心大地坐标系，是中国新一代大地坐标系的适宜选择。地心大地坐标系可以满足大地测量、地球物理、天文、导航和航天应用以及经济、社会发展的广泛需求。历经多年，中国测绘、地震部门和科学院有关单位为建立中国新一代大地坐标系做了大量基础性工作，20 世纪末先后建成全国 GPS 一、二级网，国家 GPS A、B 级网，中国地壳运动观测网络和许多地壳形变网，为地心大地坐标系的实现奠定了较好的基础。CGCS 2000(China Geodetic Coordinate System 2000)坐标系属于地心大地坐标系统，该系统以 ITRF 97 参考框架为基准，通过中国 GPS 连续运行基准站、空间大地控制网以及天文大地网与空间地网联合平差建立的地心大地坐标系统。2000 国家大地坐标系的大地测量基本常数分别为

$$a=6\ 378.137\ \text{km} \qquad f=1/298.257\ 222\ 101$$

地球自转角速度为

$$\omega_E=7.292\ 115\times10^{-5}\ \text{rad/s}$$

地球引力常数为

$$GM=3.986\ 004\ 418\times10^{14}\ \text{m}^3/\text{s}^2$$

CGCS 2000 的定义与 WGS－84 实质一样，采用的参考椭球非常接近，扁率差异引起椭球面上的纬度和高度变化最大达 0.1 mm，当前测量精度范围内，可以忽略这点差异。可以说两者相容至 cm 级水平，但若一点的坐标精度达不到 cm 水平，则不认为 CGCS 2000 和 WGS－84 的坐标是相容的。CGCS 2000 和 1954 北京坐标系或 1980 西安坐标系相比，在定义和实现上有根本区别。局部坐标和地心坐标之间的变换是不可避免的，坐标变换通过变换模型来实现。当采用模型变换时，变换模型的选择应依据精度要求而定。对于高精度(优于 0.5 m)要求，可采用

最小曲率法或其他方法的格网模型；对于中等精度(0.5～5 m)要求，可采用七参数模型；对于低精度(5～10 m)要求，可采用四参数或者三参数模型。

4. 天文坐标系的建立

用天文经度 λ 和天文纬度 φ 确定地面投影点在大地水准面上位置的坐标，称为天文坐标系，如图 1.7 所示。除选用的基准面、线不同外，天文坐标系与大地坐标同属于球面坐标，如除天文纬度是以过 P 点的铅垂线方向与赤道面的夹角来定义外，其他的均相同。由于铅垂线与法线方向不一致，各地的天文经纬度与大地经纬度略有差异，在精度要求不高的情况下，其差异可忽略不计。传统的天文测量方法以收天文台发布的时号来确定时刻，用计时器记录时刻，用 T4 和 60°等高仪观测经纬度；新型天文测量方法是利用具有授时功能的 GPS OEM 板接收卫星信号授时，利用多星近似等高法和北极星多次时角法测定天文经纬度和天文方位角。天文坐标系与大地坐标系的区别：天文坐标系采用大地水准面和铅垂线，大地坐标系采用参考椭球和法线为基准；天文坐标系具有物理意义，它受到垂线不规则的影响，而大地坐标系是人为定义的数学坐标系；天文坐标系的 λ 和 φ 由经纬仪直接测定，而 L、B 是由已知点依据方向、距离、坐标差等观测量计算得到。

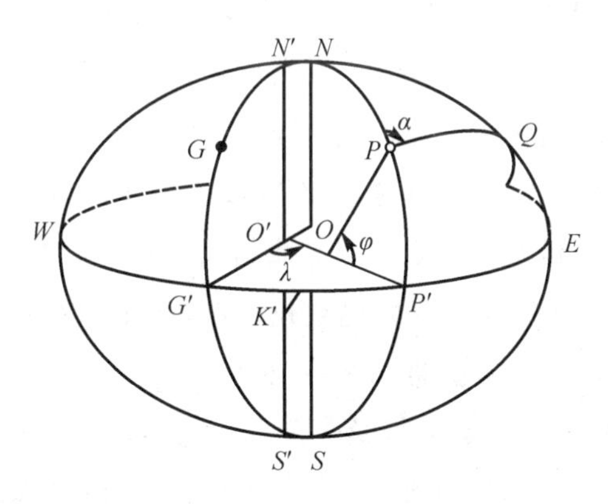

图 1.7 天文坐标系

高斯投影

1.3.3 高斯平面直角坐标系

赤道 1″的经度或纬度差相当地面 30 m，使用经度和纬度在地球曲面上测量极不方便且精度很低，无法满足现实中高精度测量任务的需求。这就要求将椭球面上的点、线及其方位，按照地图投影的方法转换到平面上。1820—1830 年，为解决德国汉诺威公国的大地测量投影问题，高斯提出了等角横切椭圆柱投影。1912 年起，德国学者克吕格(Kruger)将高斯投影公式加以整理扩充推导出实用计算公式。为了控制由球面正形投影(又称等角投影或相似投影，保持图形角度不变而距离发生变形的一种投影方法)到平面时引起的长度变形，高斯投影采用了分带投影，使每一带内产生的变形控制在测图容许误差范围内。如图 1.8 所示，设想用一个椭圆柱横切于椭球面上投影带的中央子午线，按上述投影条件，将中央子午线两侧一定经差范围内的椭球面正形投影于椭圆柱面。将椭圆柱面沿过南北极的母线剪开并展平，即为高斯投影平面。

取中央子午线与赤道交点的投影为原点，中央子午线的投影为纵坐标 x 轴，赤道的投影为横坐标 y 轴，构成高斯-克吕格平面直角坐标系。

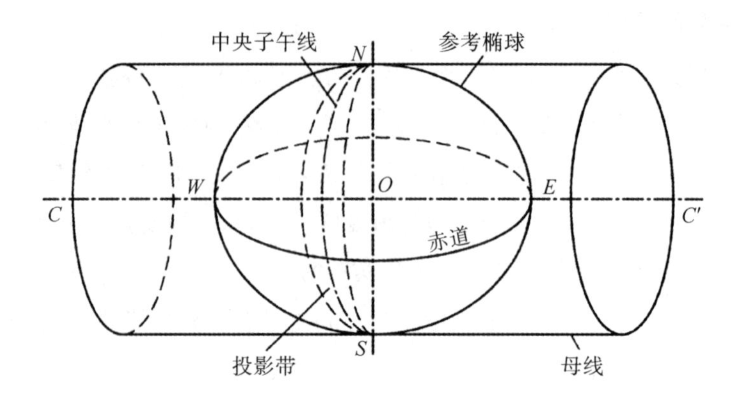

图 1.8　高斯平面坐标系投影图

该投影按照投影带中央子午线投影为直线且长度不变和赤道投影为直线的条件，确定函数的形式，从而得到高斯-克吕格投影公式。高斯投影后，除中央子午线和赤道为直线外，其他子午线均为对称于中央子午线的曲线。高斯投影的主要特点：中央子午线投影后为直线，且为投影的对称轴，长度不变；离中央子午线越远，长度变形越大。高斯投影为等角(正形)投影。投影前后长度比为常数，除中央经线和赤道外，其余线段长度比均大于 1。赤道投影后是一条直线，赤道与中央子午线保持正交。高斯投影将椭球面变成了平面，但是离开中央子午线越远变形越大，这些变形将会影响到测图和施工精度。为了控制长度变形，测量中采用限制投影宽度的方法，即将投影区域限制在靠近中央子午线两侧狭长地带，这种方法称为分带投影，投影宽度以相邻的两个子午线的经差来划分，有 6°分带和 3°分带法。

(1)6°分带法：如图 1.9 所示，从格林威治零度经线起，每 6°分为一个投影带，全球共分为 60 个投影带。东半球从东经 0°～6°为第 1 带，中央经线为 3°，依此类推，投影带号为 1～30。其投影代号 N 和中央经线经度 L_0 的计算公式为 $L_0=(6N-3)^\circ$；西半球投影带从 180°回算到 0°，编号为 31～60，投影代号 N 和中央经线经度 L_0 的计算公式为 $L_0=(6N-3)^\circ-360^\circ$，减出负值表示西经。若已知任意经度，求其所在带号的计算公式为 $N=\mathrm{Int}[(L_0+3)/6+0.5]$，Int 表示不论 N 小数点后位数为多少，均取 N 的整数部分作为带号。

(2)3°分带法：如图 1.9 所示，从东经 1°30′起，每 3°为一带，将全球划分为 120 个投影带。其中，东半球有 60 个投影带，编号为 1～60，各带中央经线计算公式：$l_0=3^\circ n$，中央经线为 3°、6°……180°。西半球有 60 个投影带，编号为 61～120，各带中央经线计算公式：$l_0=3^\circ n-360^\circ$，减出负值表示西经，中央经线为西经 177°、…、3°、0°。若已知任意经度，求其所在带号的计算公式为 $n=\mathrm{Int}(l_0/3+0.5)$。

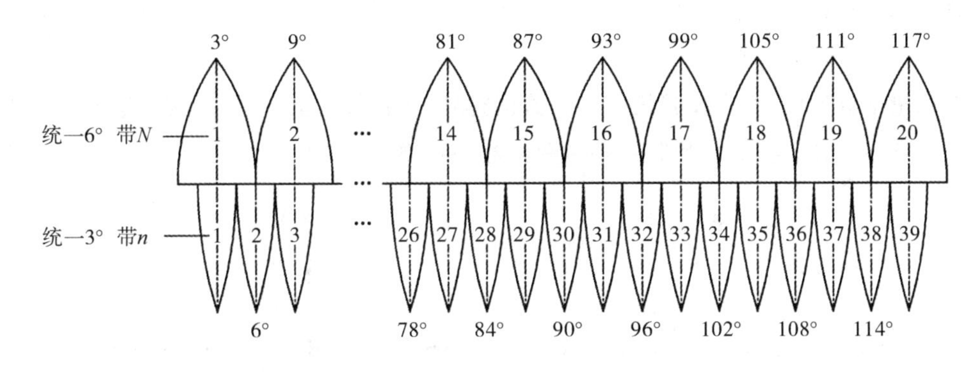

图 1.9 高斯投影分带方法

高斯-克吕格投影是国家基本比例尺地形图的数学基础，为控制变形，采用分带投影的方法，在比例尺 1∶50 000～1∶25 000 万图上采用 6°分带，对比例尺为 1∶10 000 及大于 1∶10 000 的图采用 3°分带。分带投影后，取各带中央子午线为 x 轴(纵轴)，赤道为 y 轴(横轴)，其交点为原点，从而建立起每个投影带独立的高斯直角坐标系轴(见图 1.10 左图)，这样可把球面上的点位按照高斯投影公式转绘在平面上。我国位于北半球，x 值恒为正，y 值有正也有负，使用不便，故规定将坐标纵轴西移 500 km 当作起始轴，凡是带内的横坐标值均加 500 km(见如图1.10 右图)。由于高斯-克吕格投影每一个投影带的坐标都是相对本带坐标原点的相对值，所以各带的坐标完全相同，为了区别某一坐标系统属于哪一带，在横轴坐标前加上带号，例如：设 P、Q 位于 3°带的 38 带，其自然横坐标为 $y_Q=+36\ 210.140$ m，$y_P=-41\ 613.070$ m；Q、P 的 y 值加上 500 km 后变为 $Y_Q=536\ 210.140$ m，$Y_P=458\ 386.930$ m；Q、P 的 y 值加上带号后变为：$Y'_Q=38\ 536\ 210.140$ m，$Y'_P=38\ 458\ 386.930$ m。由此看出，小数点前 6 位数字小于 500 km，表示 P 点位于中央子午线左侧，y_P 为负值，反之为正值。6 位数字前为正值，使用时要注意。我国境内 6°带号在 13～23 之间，3°带号在 24～45 之间，没有重叠，因此，根据 y 值前标注的带号可区分 6°带和 3°带。

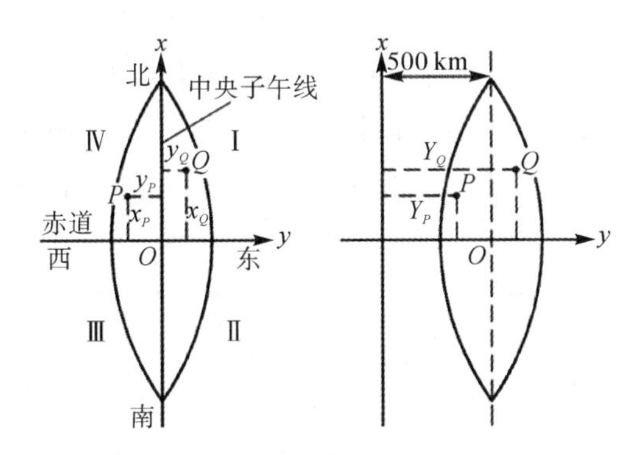

图 1.10 高斯平面直角坐标系

这里出现的高斯平面直角坐标系属于测量坐标系，注意测量坐标系与笛卡儿数学坐标系的区别，如图 1.11 所示。测量坐标系和数学坐标系的主要区别在于：

①测量坐标系将竖轴作为 X 轴,向上作为正向,横轴作为 Y 轴,向右作为正向;而数学坐标系横轴为 X 轴,竖轴为 Y 轴。

②在测量坐标系中,四个象限按顺时针方向排列;而在数学坐标系中,则为按逆时针排列。

测量坐标系和数学坐标系的联系是三角函数公式都可以使用。

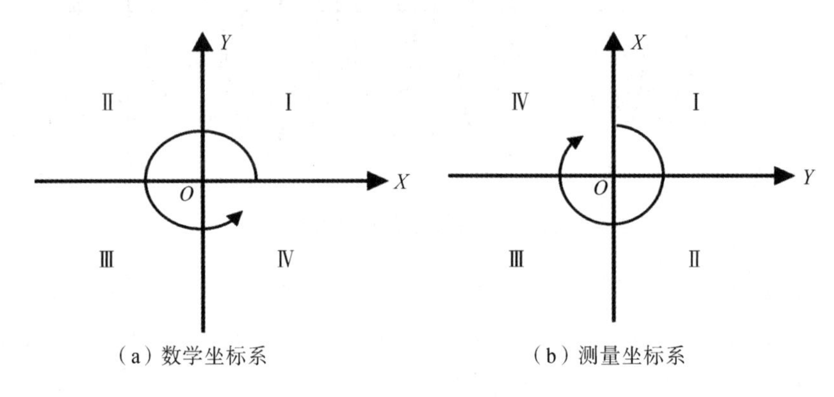

图 1.11 数学坐标系与测量坐标系

平面坐标系和高程系统

1.4 高程系统

高程系统是指相对于不同性质的起算面(大地水准面、似大地水准面、椭球面等)所定义的高程体系。高程系统采用不同的基准面表示地面点的高低,或者对水准测量数据采取不同的处理方法而产生不同的系统,分为正高、正常高、力高和大地高程等系统。高程基准面基本上有两种:一是大地水准面,它是正高和力高的基准面;二是椭球面,它是大地高程的基准面。此外,为了克服正高不能精确计算的困难还采用正常高,以似大地水准面为基准面,它非常接近大地水准面。地面点到高程基准面的高度(垂距),称为高程。选用不同的基准面,有着不同的高程系统。地面点沿法线到参考椭球面的距离,称为大地高。大地高有正有负,从参考椭球面起量,向外为正,向内为负,可通过计算方法求得。地面点沿铅垂线方向到大地水准面的距离,称为海拔或绝对高程,简称高程,用 H 表示。绝对高程可通过高程测量方法直接测定,它广泛应用于地形测绘和工程建设。在局部区域,引用绝对高程有困难时,可假定一水准面作为高程基准面。地面点到该面的垂距称为相对高程或假定高程,用 H'表示。两点间高程之差称为高差,常用 h 表示。如图 1.12 所示,在已知水准面,A、B 两点的高差为 $h_{AB}=H_B-H_A$;在假定水准面,A、B 两点的高差为 $h_{AB}=H'_B-H'_A$。

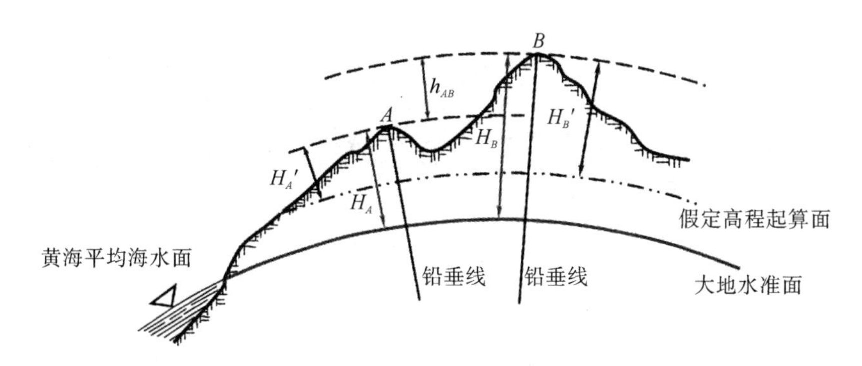

图 1.12 地面点的高程和高差

高程基准是推算国家统一高程控制网中所有水准高程的起算依据，包括一个水准基准面和一个永久性的水准原点。国家高程基准根据验潮资料确定水准基准面和水准原点的高程。我国有两个国家高程系统。

1)1956 年黄海高程系

1954 年，我国在青岛市观象山建立水准原点，采用青岛大港验潮站在 1950—1956 年这7 年的潮汐记录资料，以推算出的大地水准面为基准引测出水准原点的高程为 72.289 m，以该大地水准面为高程基准建立"1956 年黄海高程系"。

2)1985 年黄海高程系

从 1989 年起，我国采用青岛验潮站 1952—1979 年的观测资料，以计算得出的平均海水面作为新的高程基准面，称为"1985 国家高程系"，并于 1987 年启用。根据新的高程基准面，得出青岛水准原点的高程为 72.260 m。自此，统一了全国其他的高程系统，如黄海高程、吴淞高程、珠江高程。

1.5 水平面代替水准面的限度

测量工作是在水准面上进行的，在局部地区，用水平面曲率 $K=0$ 代替水准面 $K=1/R$，这就意味着地面点沿铅垂线方向投影在水平面上，用水平距离和水平角取代相应的弧长和角度进行定位，用水平面替换高程起算面。因为一方的曲率为 0，这种强行替代必然导致来自另一方地球曲率的影响而使定位元素产生不符值和误差。只有当其影响不超过测量限差时，才能用水平面代替水准面。下面就地球曲率对定位元素的影响来研究测区范围的限度。

1. 对距离的影响

如图 1.13 所示，地面上 B、C 两点在大地水准面上的投影点是 b、c，用过 b 点的水平面代替大地水准面，则 C 点在水平面上的投影为 c'，设 bc 弧长为 S，其所对圆心角为 θ，对应的水平面上的水平距离为 t，地球的半径为 $R=6\ 371$ km，S 和 t 差值 ΔS 即为地球曲率对距离的影响，则

$$\Delta S = bc' - bc = t - S \tag{1.1}$$

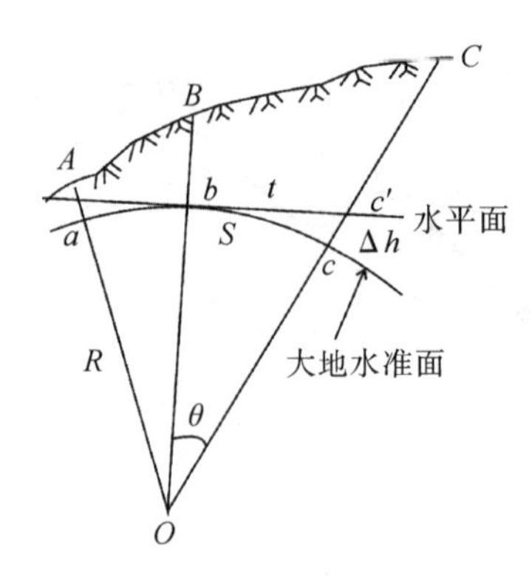

图 1.13　地球曲率对距离和高程的影响

将 $\tan\theta$ 按幂级数展开，$\tan\theta=\theta+\frac{1}{3}\theta^3+\frac{2}{15}\theta^5+\cdots$，取前两项值，而 $t=R\tan\theta, S=R\theta$，将它们代入式(1.1)得

$$\frac{\Delta S}{S}=\frac{1}{3}\left(\frac{S}{R}\right)^2 \tag{1.2}$$

以不同的弧度距离 S 值代入式(1.2)，则可求出距离误差 ΔS 和相对误差 $\Delta S/S$，如表 1.1 所示。由于精密测距仪的测距精度为 1/100 000，所以在半径为 10 km 的范围内进行距离测量时，可以用水平面代替水准面，而不必考虑地球曲率的影响。

表 1.1　地球曲率对距离的影响

S/km	ΔS/cm	ΔS/S
1	0	—
5	0.1	1/5 000 000
10	0.82	1/1 217 700
15	2.77	1/541 500
20	6.57	1/304 400

2. 对水平角度的影响

从球面三角可知：球面上多边形内角之和比平面上的要大，超出的部分称为球面角超。球面角超 ε 的公式为

$$\varepsilon=\frac{P}{R^2}=\rho'' \tag{1.3}$$

式中，P 为球面三角形面积，R 为地球半径，ρ'' 表示 1 弧度对应的 206 265 弧秒。

以不同的 P 值代入式(1.3)得球面角超 ε 的值，如表 1.2 所示。

表 1.2 地球曲率对角度的影响

P/km^2	$\varepsilon/''$
10	0.05
100	0.51
400	2.03
2 500	12.7

光学经纬仪分为DJ07、DJ1、DJ2、DJ6、DJ30等几个等级，DJ07表示一测回方向观测中误差不超过0.7″，因此，当测区范围在100 km²，用水平面代替水准面时，对角度的影响仅为0.51″，在普通测量工作中可以忽略不计。

3. 对高程的影响

如图1.13所示，由三角形Obc'知$(R+\Delta h)^2=R^2+t^2$，则可求得水平面取代水准面产生的高差$\Delta h=\dfrac{t^2}{2R+\Delta h}$，因$S\approx t,\Delta h\ll R$，则

$$\Delta h=\frac{S^2}{2R} \tag{1.4}$$

使用不同的S值代入式(1.4)可得Δh的值，如表1.3所示。

表 1.3 地球曲率对高程的影响

S/m	$\Delta h/\text{mm}$
50	0.2
100	0.78
500	19.62

因为普通工程水准仪DS3测量高差误差为±3 mm/km，所以高程的起算面不能用切平面代替。

测量工作概述

1.6 测量工作概述

测量的任务是测定和测设点(x, y, H)三维坐标。测定就是将地物、地貌按一定比例尺缩绘成地形图。在测量控制点上安置测量仪器，测量地物与地貌特征点坐标(x,y,H)，然后将特征点坐标按比例尺缩小展绘到图纸，其中地物、地貌特征点称为碎部点。测量碎部点坐标的方法与过程称为碎部测量。如图1.14所示，在测区布设控制点A、B、C、D、E、F，在已知点A上安置仪器，以AF为基准方向，通过转动仪器角度测量角度，然后测定到特征点的距离，通过这种方式测定地物与地貌特征点(x, y, H)坐标，特征点坐标按比例尺缩小展绘到图纸上。确定地

面点的位置，无论采用哪种坐标系和定位方法，都需要测定点位之间的距离、角度和高程，利用这三个定位元素可以确定点的平面位置和三维空间位置。测设是将图纸设计的地物放样到实地。如图 1.15 所示，已设计出 P、Q、R 三幢建筑物，用极坐标法标定到实地，如：在 A 控制点安置仪器，F 点定向，拨角 β_1，在该方向上量距 S_1，可将图纸上的特征点标定到实地中。

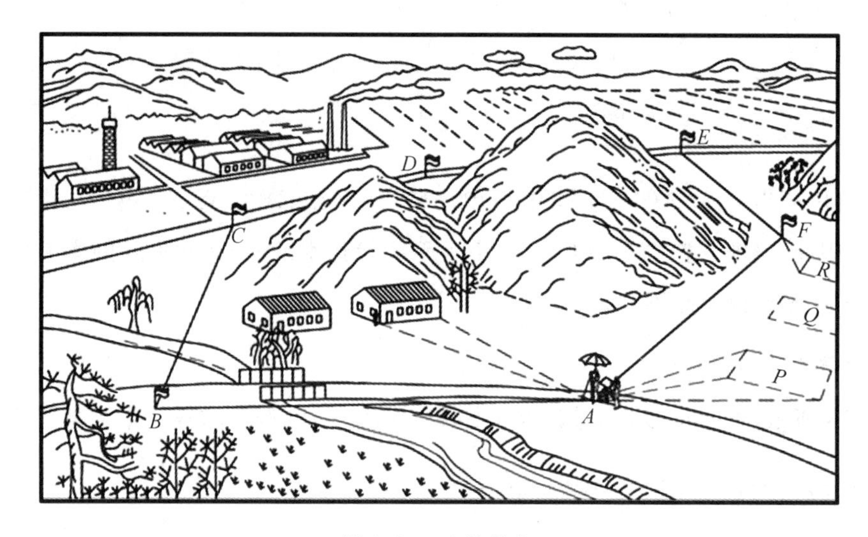

图 1.14　实地景物

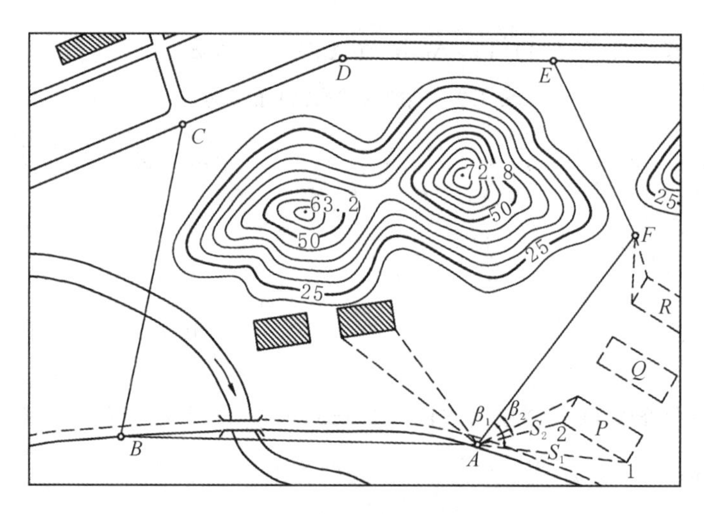

图 1.15　实地景物测定到地图上

从测定和测设看出，这两项工作都需要在一定数量的控制点上进行，测定和测设都需要测定水平角、水平距离和高差，它们是确定地面点位的 3 个基本要素。此外，测量控制网由高级向低级分级布设，如平面三角控制网按一等、二等、三等、四等、5″、10″和图根网布设。一等网点距离最大、点最少、控制范围最大。图根网的等级最低，网点之间的距离最小，控制点密度最大，控制范围最小。如国家一等三角网的平均边长为 20～25 km，而城市一级导线网的平均边长只有约 300 m。由此可知，控制测量是先布设大范围的高级网，再逐级加密次级网，控制测量是先布设能控制大范围的高等级网，再逐级布设次级网加密，由此总结测量工作的原则如下：

①测量工作的原则之一：先控制后碎部。

②测量工作原则之二：从整体到局部(从高级到低级)。

③测量工作原则之三：步步要检核。

1.7 测量常用单位及其换算

测量工作的基本观测量为距离、高差和角度，前二者为长度单位，后者为角度单位。在测量学的计算中，长度与角度的小数取位应与测量的精度相配合。长度以 m 为单位，一般取 3 位小数(小数点后单位为 dm、cm、mm)。角度以 360°制的度、分、秒为单位，一般取至整秒。过少的小数取位会损失测量的精度，过多的小数取位则造成冗余数据。测量常用角度、长度、面积几种法定计量单位的换算关系分别如表 1.4、表 1.5 和表 1.6 所示。

表 1.4 角度单位制及其换算关系

60 进制	弧度制
1 圆周＝360°	1 圆周＝2π
1°＝60′	1 弧度＝180°/π＝57.295 779 51°
1′＝60″	ρ＝180°×3 600″/π＝206 265″

表 1.5 长度单位制及其换算关系

公制	英制
1 km＝1 000 m	1 km＝0.621 4 mi
1 m＝10 dm	1 km＝3 280.8 ft
1 m＝100 cm	1 m＝3.280 8 ft
1 m＝1 000 mm	1 m＝39.37 in

表 1.6 面积单位制及其换算关系

公制	市制	英制
1 km^2＝1×10^6 m^2	1 km^2＝1500 亩	1 km^2＝247.11 英亩
1 m^2＝100 dm^2	1 m^2＝0.001 5 亩	1 km^2＝100 公顷
1 m^2＝10 000 cm^2	1 亩＝666.666 666 7 m^2	10 000 m^2＝1 公顷
1 m^2＝1×10^6 mm^2	1 亩＝0.066 666 67 公顷	1 m^2＝10.764 ft^2
	1 亩＝0.164 7 英亩	1 cm^2＝0.155 0 in^2

思考题与练习题

1.名词解释：水准面、大地水准面、参考椭球面、中央子午线、高斯平面、绝对高程、高差。

2. 高斯平面坐标系与笛卡儿数学坐标系的区别是什么？

3. 北京中心位于北纬 39°54′20″，东经 116°25′29″，试求北京市所在的 6°带和 3°带的号。

4. 设 A 点横坐标 y_a = 20 882 365.30 m，试计算 A 点所在 6°带中央子午线的经度，A 点在中央子午线的东侧还是西侧？距离中央子午线多远？

5. 设地面 A、B 两点相距 1 km，试问地球曲率对高程的影响有多大？对距离测量的影响有多大？

6. 设半径为 1 km，对应的弧长为 5 000 mm，试按 60 进位制计算该弧长对应的圆心角度 β。

7. 测量工作的基本原则是什么？

8. 测量点位的三要素是什么？

第2章 水准测量

测定地面点高程的工作，称为高程测量，它是测量的基本工作之一。按使用的仪器和施测方法的不同，可以分为水准测量、三角高程测量、GPS 高程测量和气压高程测量。水准测量是目前精度较高的一种高程测量方法，它广泛应用于国家高程控制测量、工程勘探和施工测量领域。

2.1 水准测量原理

水准测量概述

水准测量是利用水准仪提供的水平视线，读取竖立于两个水准点上水准尺的读数，来测定两点间的高差，再根据已知点的高程计算待定点的高程。如图 2.1 所示，为了求出 A、B 两点的高差，在 A、B 两个点上竖立带有分划的标尺——水准尺，在 A、B 两点之间安置可提供水平视线的仪器——水准仪。当水准仪视线呈水平时，在 A、B 两个点的标尺上分别读得读数 a 和 b，则 A、B 两点的高差 h_{AB} 等于两个标尺读数之差，即

$$h_{AB} = a - b \tag{2.1}$$

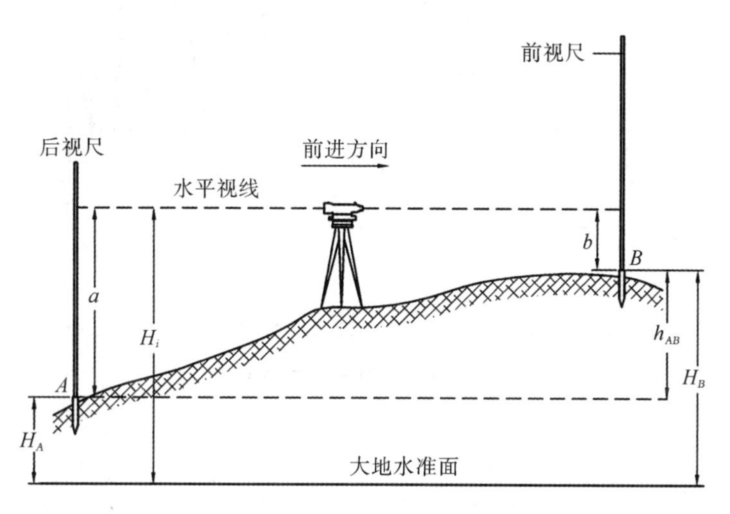

图 2.1 水准测量原理

设 $A \rightarrow B$ 为水准测量的前进方向，则称 A 点为后视点，其水准尺读数 a 为后视读数；称 B 点为前视点，其水准尺读数 b 为前视读数；安置水准仪的位置称为测站；两点间的高差等于后视读数 a－前视读数 b。如果 $a>b$，h_{AB} 为正值，$H_A<H_B$；如果 $a<b$，h_{AB} 为负值，$H_A>H_B$。如果 A、B 相距不远，且高差不大，则安置一次水准仪就可以测得 h_{AB}。此时，

$$H_B = H_A + h_{AB} = H_A + (a - b) \tag{2.2}$$

水准仪是建立水平视线测定地面两点间高差的仪器。视线高程 H_i 常用于高程的放样和场地平整工作中。B 点的高程可通过水准仪的视线高程 H_i 计算，即

$$\begin{cases} H_i = H_A + a = H_B + b \\ H_B = H_i - b \end{cases} \tag{2.3}$$

假设 A、B 两点相距较远或高差很大，安置一次水准仪无法测得其高差时，需要在两点间增设若干点作为传递高程的临时立尺点，称为转点(Turning Point, TP)，如图 2.2 所示的 TP_1、TP_2、TP_3…等点，并依次连续设站观测，设测量的各站高差为

$$\begin{cases} h_1 = a_1 - b_1 \\ h_2 = a_2 - b_2 \\ \quad\quad \vdots \\ h_n = a_n - b_n \\ h_{AB} = \sum_{i=1}^{n} a_i - \sum_{i=1}^{n} b_i \end{cases} \tag{2.4}$$

因 $h_{AB} = H_B - H_A$，则 B 点的高程 H_B 为

$$H_B = H_A + \sum_{i=1}^{n} a_i - \sum_{i=1}^{n} b_i \tag{2.5}$$

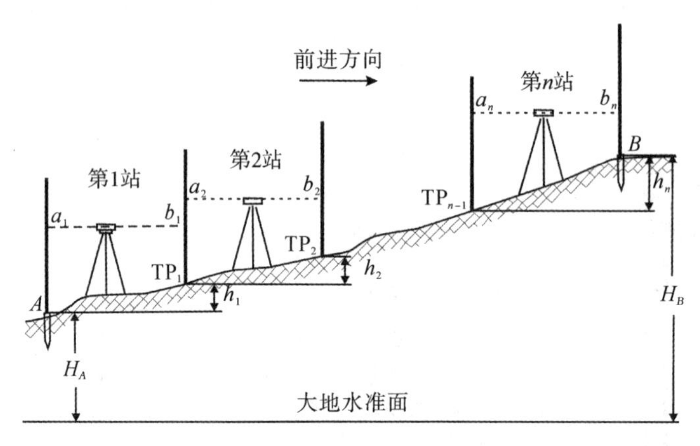

图 2.2 连续设站水准测量原理

2.2 水准仪

水准仪和工具

我国的水准仪系列标准分为 DS05、DS1、DS3 和 DS10 四个等级。D 是大地测量仪器拼音的第一个字母，S 是水准仪的拼音的第一个字母。字母后的数字表示每千米往返观测高差精度，单位为 mm。其中 DS05 和 DS1 用于国家一、二等水准测量和精密工程测量，DS3、DS10 则用于国家三、四等水准测量和常规工程测量。DS3 型水准仪主要由望远镜、水准器和基座三部分组成，如图 2.3 所示。

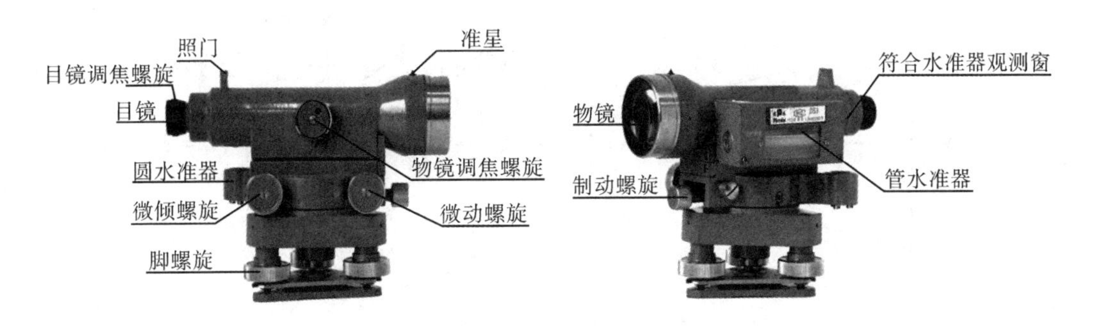

图 2.3 DS3 型水准仪

1. 望远镜

望远镜用于观察远处水准尺的读数并提供照准目标的视线。望远镜由物镜、调焦透镜、十字丝分划板、目镜等组成。物镜、调焦透镜、目镜为复合透镜组，分别安装在镜筒的前、中、后三个部位，三者与光轴组成一个等效的光学系统。转动调焦螺旋，调焦透镜沿光轴前后移动，改变等效焦距，看清远近不同的目标，如图 2.4 所示。

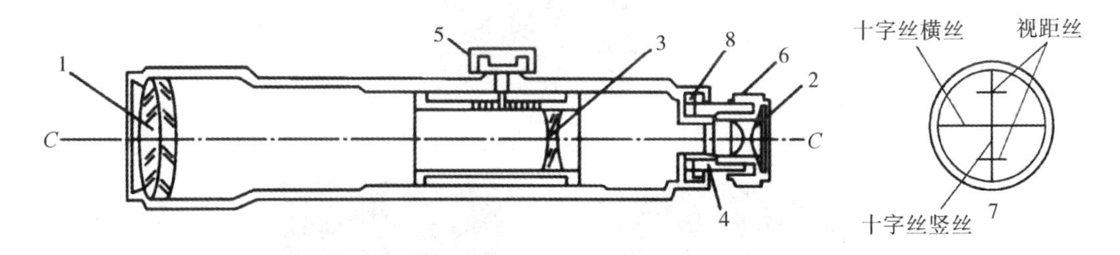

1—物镜；2—目镜；3—物镜调焦透镜；4—十字丝分划板；5—物镜调焦螺旋；6—目镜调焦螺旋；7—十字丝影像；8—十字丝座固定螺丝。

图 2.4 望远镜的构造

测量仪器上的望远镜目镜端有一个十字丝分划板，它是刻在玻璃片上的一组相互垂直的细线，称为十字丝，中间一条横线称为中丝，上、下对称平行中丝的短线称为上丝和下丝，统称视距丝，用于测量距离，竖向的线称为竖丝或纵丝。水准仪上十字丝的图形如图 2.4 中的右图所示，水准测量中用十字丝中间的横丝或楔形丝读取水准尺上的读数。十字丝交点和物镜光心的连线称为视准轴，也就是望远镜的照准轴，用 CC 表示，视准轴是水准仪的主要轴线之一。

望远镜的成像原理如图 2.5 所示，目标 AB 经物镜后形成倒立缩小的实像 ab，调节调焦透镜在镜筒内前后移动，将不同目标成像在十字丝分划板上。通过望远镜能看到物面范围的大小称为视场，视场边缘对物镜中心形成的张角称为视场角。通常定义视场角 $V=\beta/\alpha$ 为望远镜的放大倍数，DS3 型水准仪的放大倍数为 28～32。

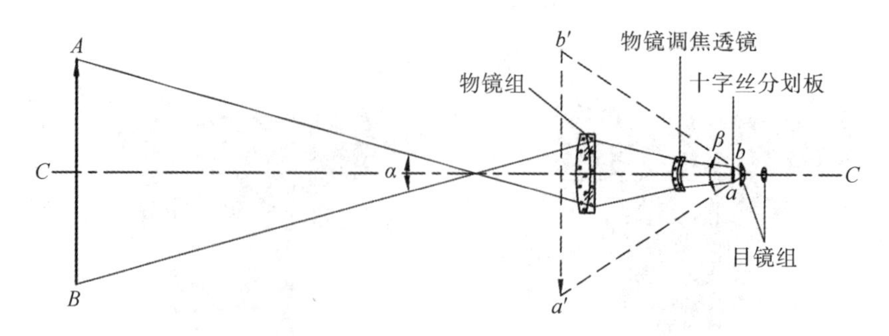

图 2.5　望远镜的成像原理

望远镜内所成实像的位置随目标的远近而发生改变，只有旋转物镜调焦螺旋使得目标成像与十字丝分划板平面完全重合才能读数。物镜调焦螺旋的不完善，导致实像 ab 与十字丝分划板不重合，二者之间有相对移动称为视差。消除视差的方法：望远镜对准天空（或明亮背景），旋转目镜调焦螺旋，使十字丝分划板清晰，如图 2.6 所示；望远镜对准水准尺，旋转物镜调焦螺旋，使之清晰，如图 2.7 所示。眼睛在目镜端上下移动，直到目标与十字丝分划板无相对移动为止。

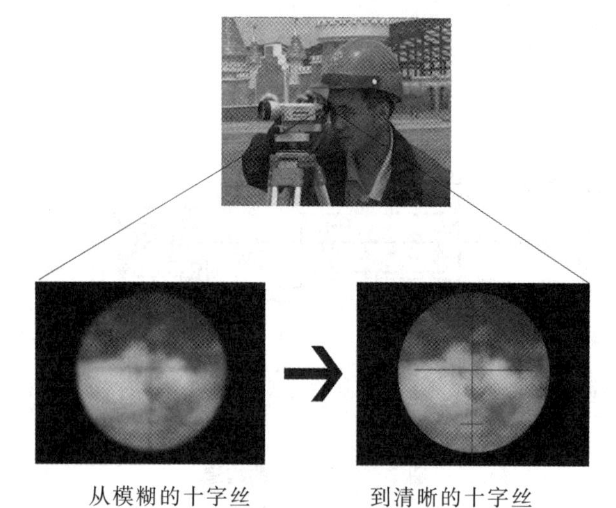

图 2.6　消除视差 1

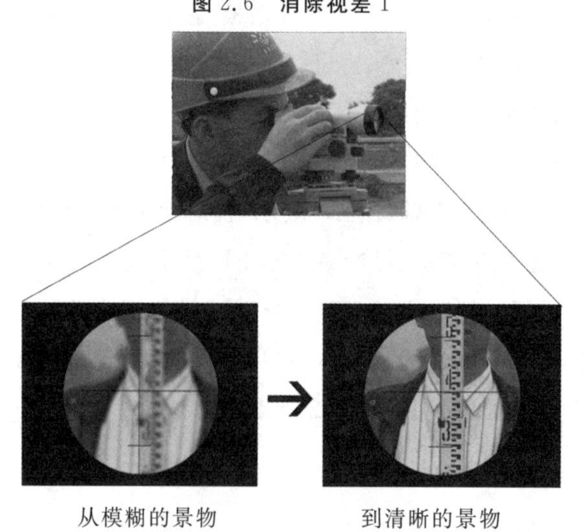

图 2.7　消除视差 2

控制望远镜水平转动的部件有制动螺旋和微动螺旋，拧紧制动螺旋后，转动微动螺旋，仪器在水平方向作微小的转动来照准目标。微倾螺旋可以调节望远镜在竖直面内的俯仰角度，用来达到视准轴的目的。

2. 水准器

水准器是用来衡量视准轴 CC 是否水平、仪器旋转轴（竖轴）VV 是否铅锤的装置。水准器有管水准器（水准管）和圆水准器两种，前者用于精平仪器使视准轴水平；后者用于粗平使竖轴铅锤。

1)管水准器

管水准器是一个内壁沿纵向研磨成一定曲率的封闭圆弧玻璃管，管内盛酒精、乙醚或两者混合的液体，两端加热融封后形成一个气泡。水准管纵向圆弧的顶点 O 称为水准管的零点。过零点与管内壁在纵向相切的直线称为水准管轴，用 LL 表示。当气泡的中心点与零点重合时，称气泡居中，气泡居中时水准管轴位于水平位置。管水准器的分划如图 2.8 所示。在管水准器的外表面，对称于零点的左右两侧，刻划有 2 mm 间隔的分划线，定义 2 mm 弧长所对的圆心角为管水准器的分划值：

$$\tau = 2\ \text{mm} \times \rho / R \tag{2.6}$$

式中，$\rho = 206\ 265''$，R 为水准管内壁的曲率半径。τ 越小，水准管的灵敏度和水准仪的安平精度越高。DS3 型水准仪的水准管分划值为 $20''/2$ mm。

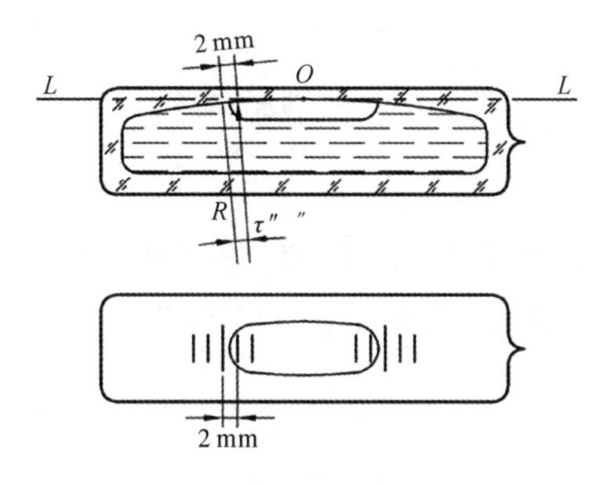

图 2.8 管水准器的分划

为了提高气泡居中精度和速度，水准管上方安装了符合棱镜系统（见图 2.9 左图），将气泡同侧两端的半个气泡影像反映到望远镜旁的观察镜中。气泡不居中时，两端气泡影像错开（见图 2.9 中图）。转动微倾螺旋，左侧气泡移动方向与螺旋转动方向一致，使气泡影像吻合（见图 2.9 右图），表示气泡居中。这种水准器称为符合水准器。

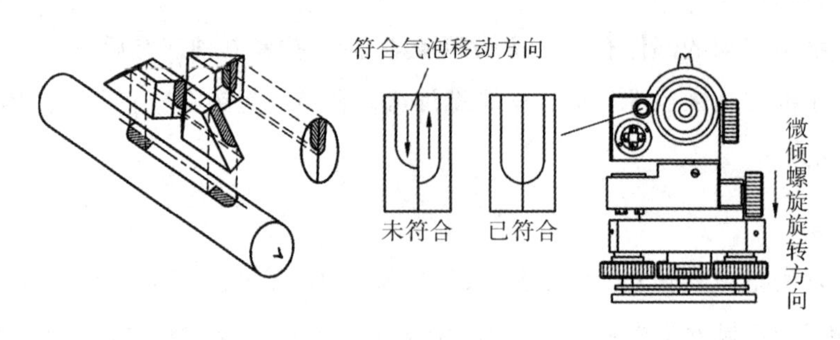

图 2.9 符合棱镜系统

2)圆水准器

将玻璃圆盒顶面内壁研磨成球面,向内注入混合液体。球面中央有一圆圈,其圆心称为圆水准器零点,过零点的球面法线 $L'L'$ 称圆水准器轴,如图 2.10 所示。圆水准器安装在托板上,保持 $L'L'/\!/VV$,当气泡居中时,$L'L'$ 和 VV 均处于铅锤方向。气泡由零点向任意方向偏离 2 mm,$L'L'$ 相对于铅垂线倾斜一个角度 τ',称为圆水准器分划值。DS3 型水准仪 $\tau'=8'\sim10'/2$ mm。

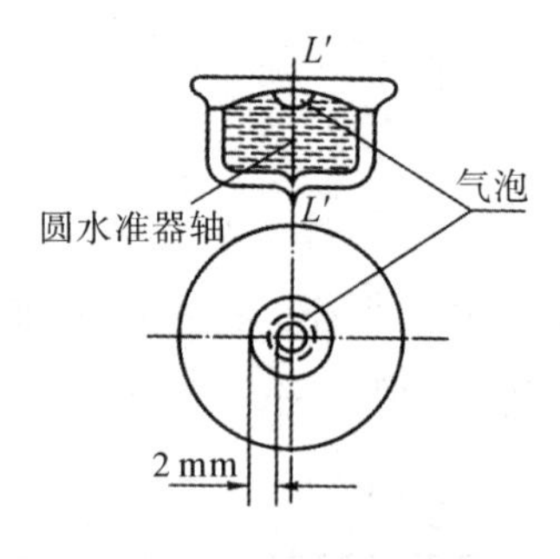

图 2.10 圆水准器

3. 基座

基座由轴座、脚螺旋和连接板组成。仪器上部结构通过竖轴插入座中,由轴座支承,用三个脚螺旋与连接板连接。整个仪器用中心连接固定在三脚架上。

2.3 水准尺和尺垫

水准尺又称标尺,有直尺、塔尺和折尺三种,如图 2.11 所示。直尺由不易变形的干燥优质木材制成;塔尺用玻璃钢、铝合金或优质木材制作。直尺分为单面尺和双面尺两种。单面尺一般长 3 m 或 2 m,常与精密水准仪配套使用,用于一、二等精密水准测量。双面尺用于三、四等水准测量,以两把尺作为一对尺使用。双面尺成对使用(黑面和红面),最小刻度 1 cm;黑面均从 0 开始分划,红面从 4.687 m 和 4.787 m 开始分划,两把尺红面注记的零点差为 0.1 m。塔尺和折尺用于图根水准测量,其长度为 3~5 m,由两节或三节套接在一起,尺的底部为零点,尺面上黑白格相间,尺面上最小分划为 1 cm 或 0.5 cm,在每 1 m 和每 1 dm 处均有注记。

尺垫是用于转点上的一种三角形板座,用钢板或铸铁制成(见图 2.12)。使用时把三个尖脚踩入土中,把水准尺立在突出的圆顶上,可使转点稳固防止下沉。

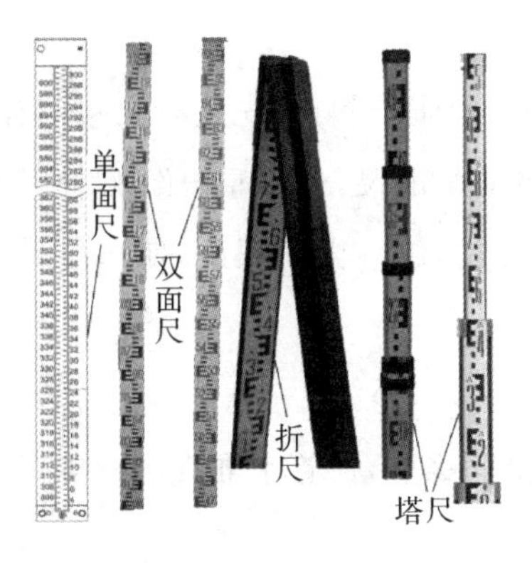

图 2.11 水准尺

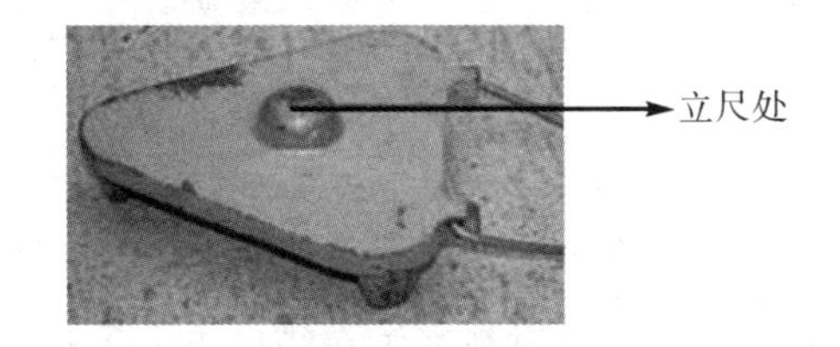

图 2.12 尺垫

2.4 水准仪的操作方法

水准仪的使用

水准仪水准测量的步骤：先安置仪器，再粗平，然后瞄准水准尺，精平，最后读数。详细步骤如下：

1)安置仪器

安置水准仪前，首先应按观测者的身高调节好三脚架的高度(与肩膀齐平)，为便于整平仪器，张开架腿使脚尖呈等边三角形，摆动其中一条架腿使三脚架的架头面大致水平，并将三脚架的三个脚尖踩入土中，使脚架稳定；在斜坡上安置仪器时，可调短位于上坡的脚架。从仪器箱内取出水准仪，放在三脚架的架头面上，立即用中心螺旋旋入仪器基座的螺孔内，以防止仪器从三角架头上摔落。

2)粗平

目的：将仪器竖轴 VV 置于铅锤位置，视准轴 CC 大致水平。操作步骤：先旋转任意两个脚螺旋使气泡移动到 1、2 连线过中点的垂线上，气泡运动的方向与左手大拇指旋转脚螺旋的方向一致，然后旋转第三个脚螺旋使气泡位于分划圈的零点位置，或过零点与 1、2 点连线的平行线上。按照上述步骤反复操作，直至仪器转到任一方向气泡居中为止，如图 2.13 所示。

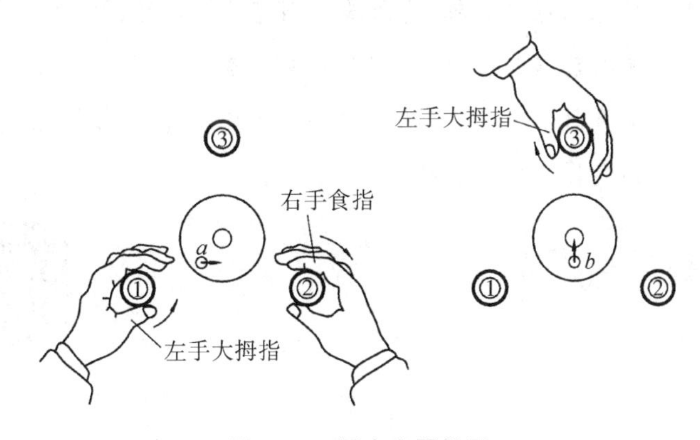

图 2.13 圆水准器粗平

3)瞄准

目的：瞄准后视、前视尺方向，为精平、读数创造条件。操作步骤：①先进行目镜对光，再进行物镜对光，消除视差；②粗略瞄准——松开制动螺旋，照准水准尺，使准星、照门、标尺在一条直线上；③精确瞄准——拧紧制动螺旋，从望远镜观察水准尺，旋转微动螺旋，使十字丝竖丝位于水准尺中央。

4)精平

目的：将照准方向的视线精密置平。操作步骤：旋转微倾螺旋，使管水准气泡两半弧影像符合成一光滑圆弧，此时视准轴在瞄准方向上处于精密水平。

5)读数

目的：在标尺竖直、气泡居中、方向正确的前提下读取中横丝截取的尺面数字。注意：读数时，无论正像还是倒像，观察中丝上下读数，从小到大以中丝(横丝)读，读取 m、dm、cm 和 mm 共 4 位数，mm 位为估读位。水准尺读数如图 2.14 所示。

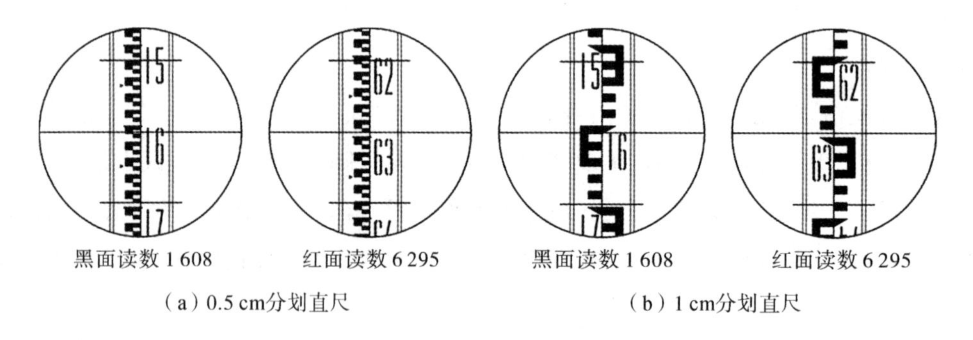

图 2.14 水准尺读数

此外，水准尺左右倾斜容易在望远镜中发现，可及时采用打手势等方式提醒扶尺员纠正。当水准尺前后倾斜时，观测员难以发现，导致读数偏差较大。因此，扶尺员应站在尺后，双手握住把手，两臂紧贴身躯，借助尺上水准器将尺铅直地立在测点上。使用尺垫时，应事先将尺垫踏紧，将尺立在半球顶端。使用塔尺时，要防止尺段下滑造成读数错误。

搬站时，先检查仪器中心连接螺旋是否可靠，将脚螺旋调至等高，然后收拢架腿，一手扶着基座，一手斜着抱着架腿夹在腋下，安全搬站。如果地形复杂，应将仪器收拢至箱后搬站。严禁将仪器扛在肩膀上搬站，以免发生仪器事故。

2.5 水准测量内外业实施方法

普通水准测量方法

四等水准测量外业工作

2.5.1 水准点

水准点是用水准测量原理测定的高程点。为了满足工程建设的需要，测绘部门已在全国各地测定了许多水准点。在水准测量之前应设置好测量标志。水准点一般分为永久性和临时性两大类。国家水准点一般做成永久点。永久水准点一般由混凝土制成，深埋到冻土线下，标石的顶部埋有耐腐蚀的半球状金属标志，如图 2.15(a)所示。有时水准点也可设在稳定的墙角上(见图 2.15(b))，亦可在岩石或建筑物上用红漆标记。临时水准点可利用地面突出的坚硬岩石(见图 2.15(c))，也可用大木桩打入地下，顶面钉一铁钉(见图 2.15(d))。一、二等水准测量为精密水准测量，三、四等水准测量为普通水准测量。

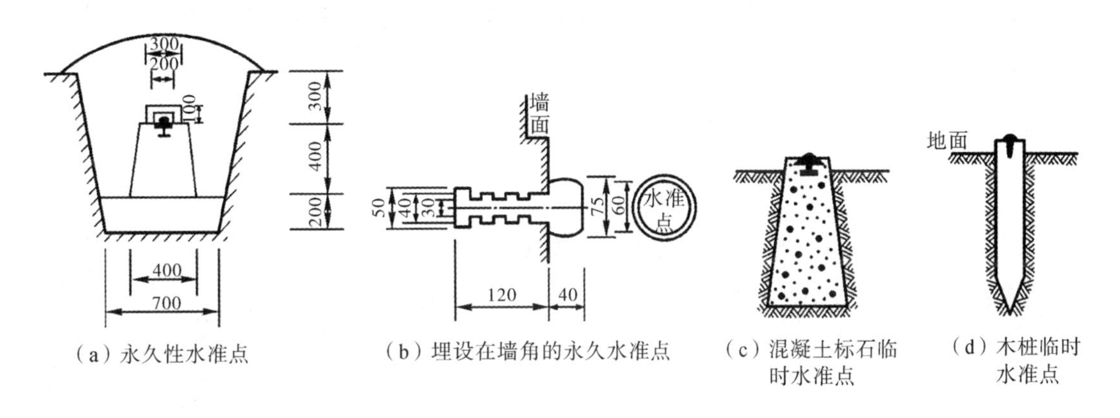

(a) 永久性水准点　(b) 埋设在墙角的永久水准点　(c) 混凝土标石临时水准点　(d) 木桩临时水准点

图 2.15 水准点

2.5.2 水准路线

在水准点之间进行水准测量所经过的路线，称为水准路线。水准路线一般布设为附合水准路线、闭合水准路线和支水准路线。水准路线的检核条件是高差闭合差 f_h，即实测高差 $\sum h_{测}$ 与理论高差 $h_{理}$ 的不符值。

1. 附合水准路线

如图 2.16(a)所示，从一已知高程点 BM_A 出发，沿线测定待定高程点 1、2、3…的高程后，最后到另一个已知高程点 BM_B，这种水准测量路线称附合水准路线。这种路线的高差闭合差为

$$f_h = \sum h_i - h_{理} = \sum h_i - (HBM_B - HBM_A) \tag{2.7}$$

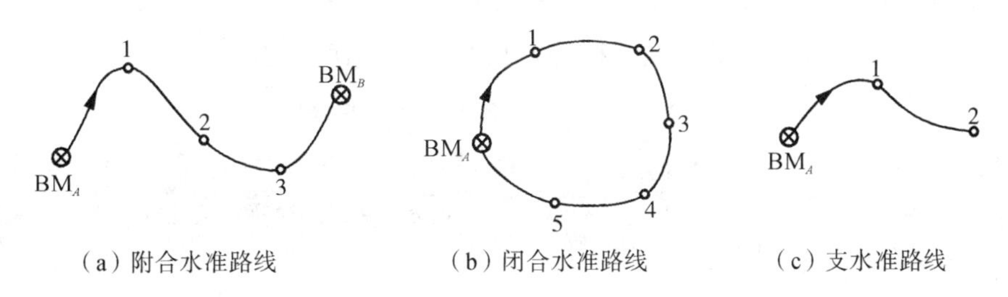

(a) 附合水准路线　(b) 闭合水准路线　(c) 支水准路线

图 2.16 水准路线

2. 闭合水准路线

如图 2.16(b)所示，从一已知高程点 BM_A 出发，沿线测定待定高程点 1、2、3…的高程后，最

后闭合在 BM_A 上。这种水准测量路线称闭合水准路线。这种路线的高差闭合差为

$$f_h = \sum h_i - h_{理} = \sum h_i - (HBM_A - HBM_A) = \sum h_i \tag{2.8}$$

3. 支水准路线

如图 2.16(c)所示，从一已知高程点 BM_A 出发，沿线测定待定高程点 1、2…的高程后，既不闭合又没有到另一个已知高程点。这种水准测量路线称支水准路线或支线水准。这种路线的高差闭合差为

$$f_h = \sum h_{往} + \sum h_{返} = 0 \tag{2.9}$$

4. 水准网

如图 2.17 所示，由多条单一水准路线相互连接构成的网状图形称为水准网。其中 BM_A 和 BM_B 为高级点，C、D、E、F 等为结点。多用于面积较大测区。

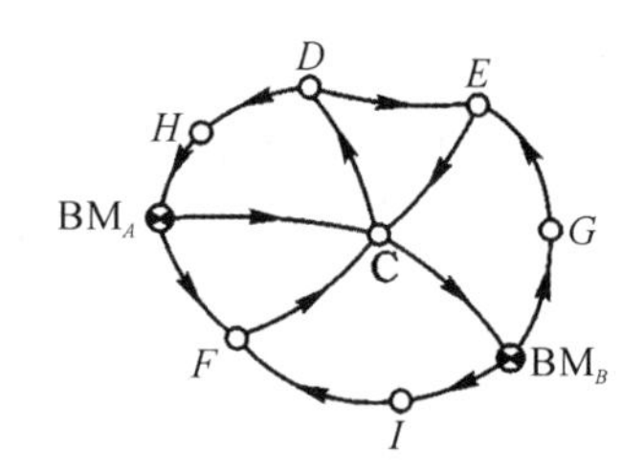

图 2.17 水准网

2.5.3 水准测量的内外业实施方法

1. 水准测量的外业实施方法

作业前应选择适当的仪器、标尺，并对其进行检验和校正。三、四等水准和图根控制用 DS3 型仪器和双面尺，等外水准配单面尺。一般性水准测量采用单程观测，作为首级控制或支水准路线测量必须往返观测。等级水准测量的仪尺距、路线长度等必须符合规范要求。测量时应将仪器安置在距离前、后视尺大致相等的位置。具体施测路线按照图 2.2 的连续性水准测量方法进行。为了及时发现每站观测中的错误，通常采用双仪器高法（变更仪器高法）和双面尺法进行观测，以检核高差测量中可能发生的错误，这类检测称为测站检核。

双仪器高法：在同一测站上，第 1 次测定高差后，变动仪器高度（大于 0.1 m 以上）再重新安置仪器，观测第 2 次高差。若两次所测高差的绝对值不超过 5 mm，取两次高差的平均值作为该站的高差；若超过 5 mm，则观测误差较大，需要重测该站，如表 2.1 所示的水准测量记录。注意：此法只变仪器高，尺面不变，即尺面在施测过程中始终用同一面。

表 2.1 水准测量记录(双仪器高法)

测站	点号	水准尺读数/mm		高差/mm	平均高差/mm	高程/m
		后视	前视			
1	A	1 890				29.053
		1 992				
	TP_1		1 145	745	743	
			1 251	741		

续表

测站	点号	水准尺读数/mm		高差/mm	平均高差/mm	高程/m
		后视	前视			
2	TP_1	2 515				
		2 401				
	TP_2		1 413	1 102	1 101	
			1 301	1 100		
3	TP_2	2 001				
		2 114				
	TP_3		1 151	850	852	
			1 260	854		
4	TP_3	1 512				
		1 642				
	TP_4		2 113	-601	-602	
			2 245	-603		
5	TP_4	1 318				
		1 421				
	B		2 224	-906	-905	30.242
			2 325	-904		
计算检核	和	18 806	16 428	2 378	1 189	

双面尺法：在一个测站上，用同一仪器高分别观测水准尺黑面和红面的读数，获得两个高差。前、后视尺的黑面读数算出一个高差，前、后视尺的红面读数算出另一个高差，两次高差之差应小于 5 mm，否则应重测，如表 2.2 所示的水准测量记录。每站粗平后的观测步骤：①后视点水准尺，黑面分划→精平→读数；②后视水准尺转 180°，红面分划→精平→读数；③前视点水准尺，黑面分划→精平→读数；④前视水准尺转 180°，红面分划→精平→读数。

上述观测顺序简称“后—后—前—前”或“黑—红—黑—红”。由于在一对双面尺中，两把尺子的红面零点注记分别为 4 687 和 4 787，在表 2.2 每站观测高差的计算中，4 787 水准尺位于后视点，而 4 687 水准尺位于前视点时，采用红面尺读数计算出的高差比采用黑面尺读数计算出的高差大 100 mm；当 4 687 水准尺位于后视点，而 4 787 水准尺位于前视点时，采用红面尺读数计算出的高差比采用黑面尺读数计算出的高差小 100 mm。因此在每站高差计算中要先将红面尺读数计算出的高差加或减 100 mm 后才能与黑面尺读数计算出的高差取平均。

表 2.2　水准测量记录(双面尺法)

测站	点号	水准尺读数/mm		高差/mm	平均高差/mm	高程/m
		后视	前视			
1	A	1 211				29.053
		5 998				
	TP_1		586	625	625	
			5 273	725		
2	TP_1	1 554				
		6 241				
	TP_2		311	1 243	1 244	
			5 097	1 144		
3	TP_2	398				
		5 186				
	TP_3		1 523	-1125	-1 124	
			6210	-1 024		
4	TP_3	1 708				
		6 395				
	TP_4		574	1 134	1 134	27.175
			5 361	1 034		
计算检核	和	28 691	24 935	3 756	1 878	

三、四等水准测量也采用双面尺法进行观测，它们观测的精度要求要高于普通水准测量的精度，其技术指标见表 2.3。

表 2.3　三、四等水准测量观测要求

等级	水准仪型号	视线长度/m	前后视距差/m	前后视距累积差/m	视线高度/m	黑红面读数较差/mm	黑红面高差较差/mm
三等	DS1、DS05	≤100	2	5	三丝能读数	2	3
	DS3	≤75					
四等	DS1、DS05	≤150	3	10	三丝能读数	3	5
	DS3	≤100					

四等水准观测步骤：①后视黑面尺，读下丝、上丝和中丝；②后视红面尺，读中丝；③前视黑面尺，读下丝、上丝和中丝；④前视红面尺，读中丝。

四等水准观测顺序简称:“后—后—前—前”或“黑—红—黑—红”。

三等水准观测步骤:①后视黑面尺,读下丝、上丝和中丝;②前视黑面尺,读下丝、上丝和中丝;③前视红面尺,读中丝;④后视红面尺,读中丝。

三等水准观测顺序简称:“后—前—前—后”或“黑—黑—红—红”。

三、四等水准观测顺序不同的原因:能最大程度减小地表沉降带来的前后点高差的细微变化。三、四等水准测量的基本分划是指水准尺的黑面,辅助分划是指水准尺的红面。三、四等水准观测上、下丝读数的目的是计算前、后视距,视距是仪器到水准尺的水平距离 D,测站到后视尺的距离为后视距,测站到前视尺的距离为前视距,水准仪的视距公式如下:

$$D = | l_{上} - l_{下} | \times 100 \ (\text{mm}) \tag{2.10}$$

式中,$l_{上}$ 和 $l_{下}$ 分别指上、下丝读数。

在具体使用式(2.10)的过程中,会将 mm 单位转换为 m,因此,在记录表格时使用下式计算视距:

$$D = | l_{上} - l_{下} | \times 0.1 (\text{m}) \tag{2.11}$$

三、四等水准测量记录如表 2.4 所示。

表 2.4 三、四等水准测量记录

测站编号	后尺 上丝 下丝 后距/m 视距差 d/m	前尺 上丝 下丝 前距/m $\sum d$/m	方向及尺号	标尺读数 基本分划	标尺读数 辅助分划	基+K −辅	备注
A ↓ TP_1	(1)	(4)	后	(3)	(8)	(14)	
	(2)	(5)	前	(6)	(7)	(13)	
	(9)	(10)	后−前	(15)	(16)	(17)	
	(11)	(12)	h			(18)	
TP_1 ↓ TP_2	1 571	0 739	后	1 384	6 171	0	1 号尺 K_1=4 787 2 号尺 K_2=4 687
	1 197	0 363	前	0 551	5 239	−1	
	37.4	37.6	后−前	0 833	0 932	1	
	−0.2	−0.2	h			832	
TP_2 ↓ TP_3	2 121	2 196	后	1 934	6 621	0	
	1 747	1821	前	2 008	6 796	−1	
	37.4	37.5	后−前	−0074	−0175	1	
	−0.1	−0.3	h			−74	

续表

测站编号	后尺 上丝 后尺 下丝 后距/m 视距差 d/m	前尺 上丝 前尺 下丝 前距/m $\sum d$/m	方向及尺号	标尺读数 基本分划	标尺读数 辅助分划	基+K −辅	备注
TP_3 ↓ B	1 914	2 055	后	1 726	6 513	0	
	1 539	1 678	前	1 866	6 554	−1	
	37.5	37.7	后−前	−0140	−0041	1	
	−0.2	−0.5	h			−140	

黑面读数差总和：∑[(3)−(6)]=0619=∑(15)=0619

红面读数差总和：∑[(8)−(7)]=0716=∑(16)=0716

视距差累计：∑(9)−∑(10)=−0.5=(12)=−0.5

总视距=∑(9)+∑(10)=225.1

观测结束后的计算与校核方法如下所示：

1)视距计算

后视距：(9)=[(1)−(2)]×0.1 m；

前视距：(10)=[(4)−(5)]×0.1 m；

前后视距差：(11)=(9)−(10)；

前后视距累积差：(12)=前1站(12)+本站(11)。

2)高差计算

后视黑红读数差：(14)=K+(3)−(8)；

前视黑红读数差：(13)=K+(6)−(7)；

黑面高差：(15)=(3)−(6)；

红面高差：(16)=(8)−(7)；

红黑面高差之差：(17)=(15)−(16)±100；

高差中数：(18)=[15)+(16)±100]/2。

3)每页计算检核

①高差部分。

黑面读数差总和：∑[(3)−(6)]=∑(15)；

红面读数差总和：∑[(8)−(7)]= ∑(16)。

②视距部分。

视距差累计：(12)=∑(9)−∑(10) ；

总视距=∑(9)+∑(10)。

2. 水准测量的内业实施方法

四等水准测量内业数据处理

水准测量内业计算的步骤为：①计算水准路线的高差闭合差 $f_h \leqslant f_{h_{容}}$；②水准路线的高差闭合差分配；③计算改正后的高差；④计算待测点高程。高差闭合差 $f_h = \sum h_{测} - \sum h_{理}$，则附合水准路线、闭合水准路线和支水准路线的高差闭合差分别如下所示：

附合水准路线：$f_h = \sum h_{测} - (H_B - H_A)$；

闭合水准路线：$f_h = \sum h_{测}$；

支水准路线： $f_h = \sum h_{往} + \sum h_{返}$。

按照《工程测量规范》(GB 50026—2020)的规定，等外水准、三等水准和四等水准测量的容许高差闭合差的规定值如表 2.5 所示。

表 2.5 容许高差闭合差的规定值

测量等级	平地	山地
等外水准	$\leqslant \pm 30\ \text{mm}\sqrt{L}$	——
四等水准	$\leqslant \pm 20\ \text{mm}\sqrt{L}$	$\leqslant \pm 6\ \text{mm}\sqrt{n}$
三等水准	$\leqslant \pm 12\ \text{mm}\sqrt{L}$	$\leqslant \pm 4\ \text{mm}\sqrt{n}$

计算待定水准点高程对于附合水准路线和闭合水准路线，计算出高差闭合差 f_h后，按照每测段 i 距离 L_i(测站数 n_i)与总路线长度 L(测站总数 n)之比的相反数分配 f_h，则每测段的高差改正数 v_i的计算公式为

$$v_i = -\frac{L_i}{L} f_h \left(\text{或 } v_i = -\frac{n_i}{n} f_h\right) \tag{2.12}$$

附合水准路线和闭合水准路线改正后的高差为 $\hat{h}_i = h_i + v_i$ 。

对于支水准路线，采用往测高差减去返测高差后取平均值，作为改正后往测方向的高差，即为

$$\hat{h}_i = (h_{i往} - h_{i返})/2 \tag{2.13}$$

【例 2.1】某平原地区，BM_A 和 BM_B 水准点之间进行附合水准测量，各测段的实测高差及测段路线长度如图 2.18 所示，该水准路线内业计算在表 2.6 中进行。

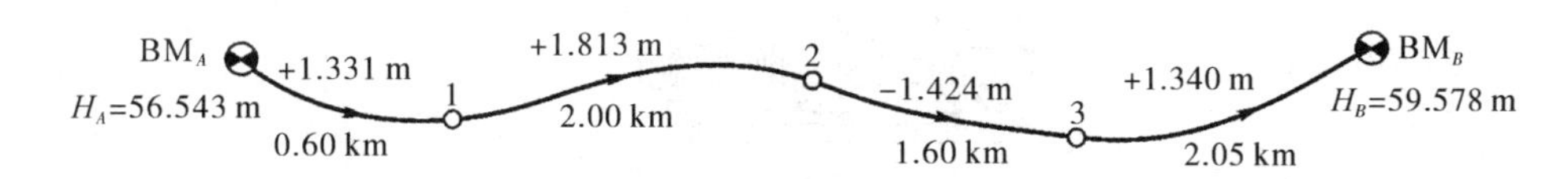

图 2.18 附合水准路线计算图

解：附合水准路线的计算过程和结果如表 2.6 所示。

表 2.6 附合水准路线的计算过程和结果

点号	路线长度 L_i/km	实测高差 h_i/m	改正数 v_i/mm	改正后高差 h'_i/m	高程 H_i/m
BM_A	0.60	1.331	−2 (−2.4)	1.329	56.543

续表

点号	路线长度 L_i/km	实测高差 h_i/m	改正数 v_i/mm	改正后高差 h'_i/m	高程 H_i/m
1	2.00	1.813	−8 (−8.0)	1.805	57.872
2	1.60	−1.424	−7(−6.4)	−1.431	59.677
3	2.05	1.340	−8 (−8.2)	1.332	58.246
BM_B	6.25	3.060	−25(−25.0)	3.035	59.578
辅助计算	$f_h = \sum h_测 - (H_B - H_A) = 25\ \text{mm}$ $f_{h_容} = \pm 20\sqrt{L} = \pm 50\ \text{mm}$ $f_h \leqslant f_{h_容}$ 符合精度要求 $v_{km} = -f_h/\sum L = -25\ \text{mm}/6.25\ \text{km} = -4\ \text{mm/km}$ $v_i = v_{km} \cdot L_i$ 计算无误				

2.6 DS3 水准仪的检验与校正

1. 水准仪的轴线及其应满足的条件

如图 2.19 所示，水准仪的视准轴 CC、管水准器轴 LL、圆水准器轴 $L'L'$、竖轴 VV 应满足以下 3 个条件：

①圆水准器轴 $L'L'$ 平行于竖轴 VV。

②十字丝分划板的横丝垂直于竖轴 VV。

③管水准器轴 LL 平行于视准轴 CC。

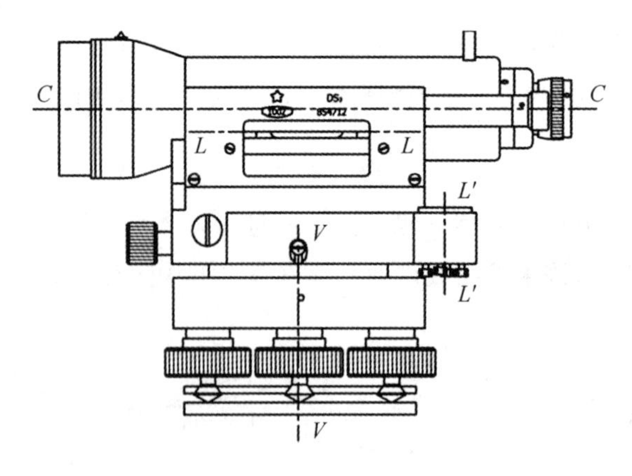

图 2.19 水准仪的轴线

2. 水准仪的检验与校正

根据水准测量的原理，水准仪必须能提供一条水平视线，才能正确地测出两点间的高差，从而由已知点高程推出未知点高程。水准仪出厂时各轴线间所具有的几何关系是经过严格检校的，确保仪器能提供一条水平视线，使仪器处于正常状态；但由于仪器在长期使用和运输过程中受到震动等原因，各轴线间之间的关系发生变化，使仪器处于非正常使用状态。因此，为了确保仪器观测数据的准确，仪器首次使用之前以及仪器首次进入施工现场之前必须进行检定，两次检定时间间隔不能超过国家规定的强制检定周期。水准仪的强制检定周期为一年。

1)圆水准器的水准轴与仪器竖轴平行的检验与校正

检验方法：安置水准仪后，先用脚螺旋将圆水准器气泡居中，然后将仪器旋转 180°，若气泡仍在居中位置，则表明此项条件满足，不必校正。若圆气泡偏离了中心，则表明该几何条件不满足，需要进行校正。根据上述检验原理可知，气泡偏移的长度代表了仪器旋转轴(竖轴)和水准轴的交角的两倍，如图 2.20 所示。

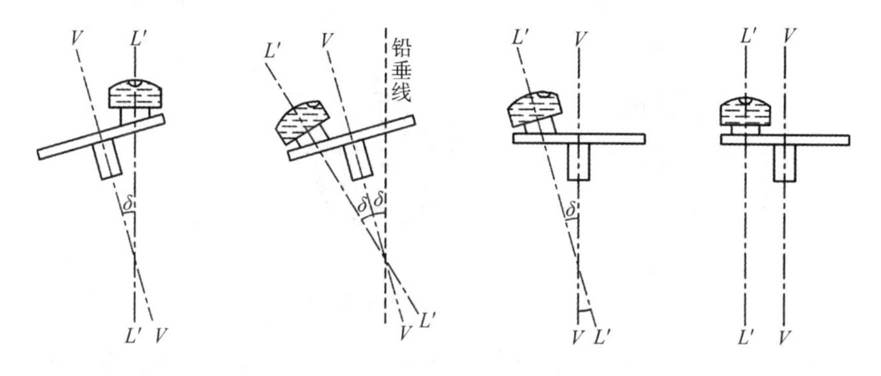

图 2.20 圆水准器的检验与校正原理

校正方法：仪器旋转 180°后气泡位置发生偏离(见图 2.21(b))，此时水准仪不动，旋转脚螺旋，使圆气泡向圆水准器中心方向移动偏离值的一半，即粗线圆圈处(见图 2.21(c))，然后用校正针先稍松动一下圆水准器底下中间一个大一点的固定螺丝(见图 2.22)，再分别拨动圆水准器底下的三个校正螺丝，使圆气泡居中(见图 2.21(d))。校正完毕后，应记住把中间一个连接固定螺丝再旋紧。当望远镜瞄准任何方向气泡始终居中时，说明水准轴应与旋转轴已平行，校正工作完成。校正一般需要反复进行几次，直至仪器旋转到任何位置圆水准气泡都居中为止。对于自动安平的水准仪，此时其补偿器已处于正常工作范围内。

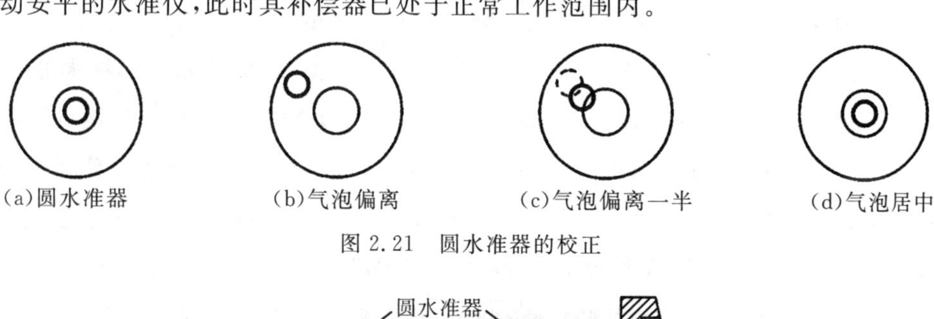

图 2.21 圆水准器的校正

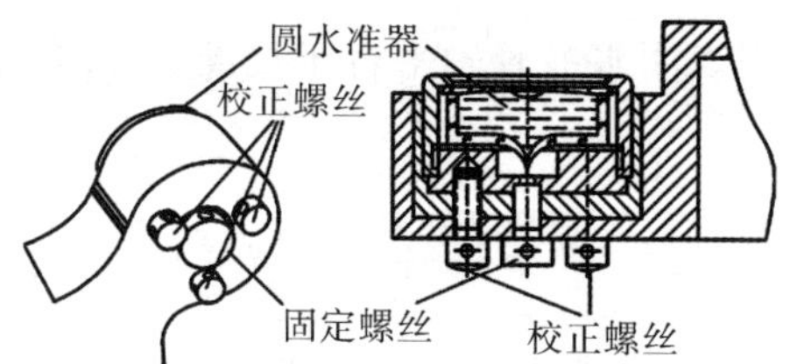

图 2.22 圆水准器的校正螺钉位置

2）十字丝分划板横丝与竖轴 VV 垂直的检验与校正

检验方法：安置整平仪器后，先用十字丝横丝的一端瞄准一个点 P，如图 2.23 左上部分所示，然后固定制动螺旋，用水平微动螺旋缓慢地转动望远镜，观察 P 点在视场中的移动轨迹。如果 P 点始终不离开横丝，则说明十字丝的横丝垂直于仪器旋转轴，不需要校正；否则需要校正，如图 2.23 右上部分所示，说明横丝没有和仪器旋转轴垂直，而是这条虚线的位置与仪器旋转轴垂直。

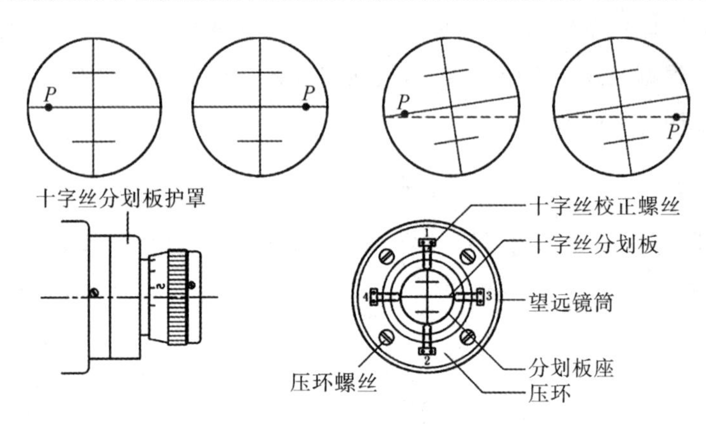

图 2.23　十字丝的检验与校正

校正方法：校正方法因十字丝装置的形式不同而不同。如图 2.23 左下部分所示，对安置了十字丝分划板座的水准仪，松开十字丝分划板座的固定螺丝，转动十字丝分划板座，让横丝与图 2.23 右上部分所示的虚线重合或平行即可。由于这条虚线是 P 点在视场中的移动轨迹，并没有一个实在的线划，所以转动十字丝分划板座的方向是转向 P 点，转动度数凭估计进行。对如图 2.23 右下部分所示的形式，需旋下目镜端的十字丝环外罩，用螺丝刀松开十字丝环的 4 个固定螺丝，按中丝倾斜的反方向小心地转动十字丝环，直至中丝水平，再重复检验，最后固紧十字丝环的固定螺丝，旋上十字丝环外罩。

3）管水准器轴 LL 与视准轴 CC 平行的检验与校正

检验方法：①在相对平坦的场地上，选择相距约 60～80 m 的 A、B 两点，并打下木桩（或安放尺垫），并在 A、B 两点中间处选择一点 C，且使 $S_1=S_2$，如图 2.24 所示。②将水准仪安置于 C 点处，由于距离相等，视准轴与管水准器轴不平行所产生的高差误差可消除，故 h_{AB} 不受视准轴误差的影响。用两次仪器高法测定 A、B 两点高差 h_{AB}，若两次测得高差之差不超过 3 mm，则取平均值作为最后结果 h_{AB}。③将水准仪设置在靠近 B 点约 3 m 处（A、B 两点内、外侧均可），精平仪器后，瞄准 B 点水准尺，读数为 b_2；再瞄准 A 点水准尺，读数为 a_2，则 A、B 间高差 h'_{AB} 为 $h'_{AB}=a_2-b_2$。若 $h'_{AB}=h_{AB}$，则表明水准管轴平行于视准轴，几何条件满足。若 $h'_{AB}\neq h_{AB}$，则按下述公式计算 i 角秒值：

$$i''=\frac{h'_{AB}-h_{AB}}{S_{AB}}\rho'' \tag{2.14}$$

式中，$\rho''=206\ 265$ m。对于 DS1 型水准仪，i 角绝对值不应超过 15″，对于 DS3 型不应超过 20″，否则需要进行校正。

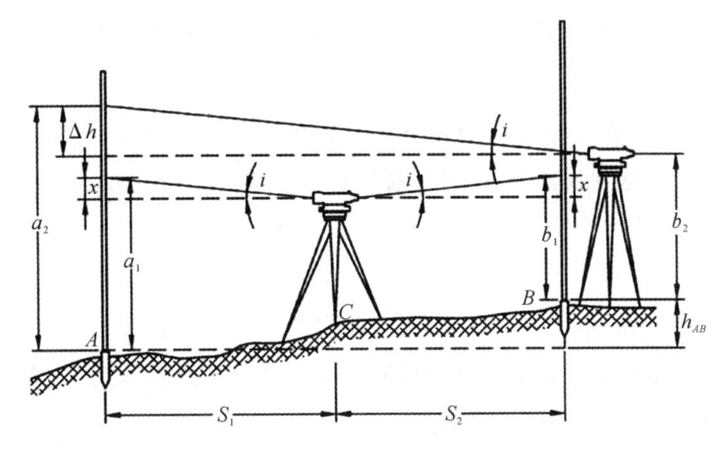

图 2.24 管水准器的检验与校正原理

校正方法：校正工作应紧接着检验工作进行，即不要搬动水准仪，先算出视线在 A 尺（远尺）上的正确读数 $a'_2=b_2+h_{AB}$（因仪器离 B 点很近，两轴不平行引起的读数误差可忽略不计）。

当 A 尺上的实测读数 $a_2>a'_2$ 时，说明视线向上倾斜；反之向下倾斜。

①对微倾式水准仪，用微倾螺旋使读数（十字丝横丝）对准 a'_2，此时附合水准管气泡将不再居中，但视线已处于水平位置。用校正针拨动位于目镜端的水准管上、下两个校正螺丝，如图2.25所示，使附合水准气泡严密居中。此时，水准管轴也处于水平位置，达到了水准管轴平行于视准轴的要求。校正时，应先稍松动左右两个校正螺丝，再根据气泡偏离情况，遵循“先松后紧”规则，拨动上、下两个校正螺丝，使符合气泡居中，校正完毕后，再重新固紧左右两个校正螺丝。此项检验与校正往往需重复进行多次，直至符合规范要求为止。

②对自动安平水准仪，视线校正可通过分划板微量移动加以校正，旋开护盖、调整螺钉，直至十字丝横丝位于计算出的 A 尺（远尺）正确读数 a'_2 为止。

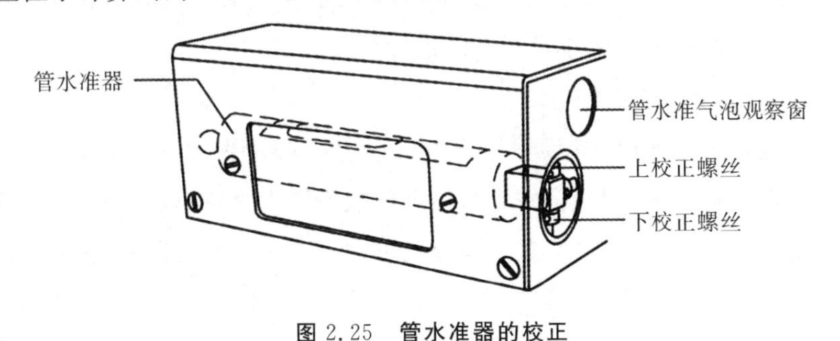

图 2.25 管水准器的校正

2.7 水准测量误差来源

1. 仪器误差

1）仪器校正不完善产生的误差

仪器虽然经过校正，但不可能绝对完善，还会存在一些残余误差，其中主要是水准管轴不平行于视准轴的误差。这项误差在水准测量中引起的读数误差大小与仪器距水准尺的距离成正比。在同一测站，只要将仪器安置于距前、后视尺等距离处，就可消除该项误差。

2）调焦误差

由于仪器制造加工不够完善，当转动对光螺旋调焦时，对光透镜产生非直线移动而改变视线位置，产生调焦误差。这项误差，只要将仪器安置于距前、后视尺等距离处，后视完毕转向前视，不再重新对光，就可消除这项误差。

3）水准尺误差

随着水准尺使用年限的延长，水准尺就会弯曲变形，产生尺面刻划不准和尺底零点不准等误差。因此，在水准测量前应对水准尺进行检验。水准尺的零点误差，使仪器站数为偶数或在由往测转入返测时前后视标尺互换即可消除。

2. 观测误差

1）整平误差

整平误差与水准管分划值及视线长度成正比。若以 DS3 型水准仪进行水准测量，视线长 $D=100$ m 时，则在读数上引起的误差为 0.73 mm。因此在观测时必须切实使气泡居中，视线不能太长，后视完毕转向前视，要注意重新转动微倾螺旋使气泡居中才能读数，但不能转动脚螺旋，否则将改变仪器高产生错差。若在日光强烈的晴天进行测量时，必须打伞遮阳保护仪器，特别要注意保护水准管。

2）估读误差和照准误差

估读误差是估读水准尺上的毫米时产生的误差。它与十字丝的粗细、望远镜放大倍率和视线长度有关。在一般水准测量中，当视线长度为 100 m 时，估读误差约为±1.5 mm。当望远镜放大倍率为 30、视线长度为 100 m 时，照准误差约为±0.97 mm。若望远镜放大倍率较小或视线过长，尺子成像小，显得不够清晰，照准误差和估读误差都将增大。故对各等级的水准测量，规定了仪器应具有的望远镜放大倍率及视线的最大长度。

3）水准尺竖立不直产生的误差

如果水准尺不垂直于地面时，其读数比水准尺竖直时的读数要大，而且视线越高，误差越大。因此测量时一定要将水准尺竖直，并且水准尺读数不能太大，一般应不大于 2.7 m。

分析水准测量中的误差来源，寻求减小误差的方法，对提高水准测量成果的精度具有积极意义。

3. 外界条件影响

1）仪器升降的误差

由于土壤的弹性和仪器的自重，可能引起仪器的上升或下沉，从而产生误差。若后视完毕转向前视时，仪器下沉了 Δ_1，使前视读数小了 Δ_1，即测得的高差大了 Δ_1；若前视完毕转向后视过程中仪器又下沉了 Δ_2，则第二次测得的高差小了 Δ_2。如果仪器随时间均匀下沉，即 $\Delta_2 \approx \Delta_1$，取两次所测高差的平均值，这项误差就可能得到有效削减。因此在国家三等以上等级的水准测量中，应按后、前、前、后的顺序进行观测。

2)尺垫升降的误差

尺垫升降的误差情况与仪器升降情况相类似。如转站时尺垫下沉,所测高差增大,如上升则使高差减小。故对一条水准路线采用往返观测取平均值,这项误差可以得到有效的削弱。

3)地球曲率影响

地球是一个旋转的椭圆球体,在普通测量中,当测区面积不大时,可以把球面视为平面,即以水平面代替水准面。但是地球曲率对高程测量的影响是不能忽略的,当视距为 100 m 时,在高程方面的误差就接近 1 mm,其影响是很大的。由于水准仪提供的是水平视线,因此后视读数和前视读数中都含有地球曲率误差,但只要将仪器安置于距前、后视尺等距离处,就可消除地球曲率的影响。

4)大气折光影响

地面上空气存在密度梯度,光线通过不同密度的媒质时,将会发生折射,而且总是由疏媒质折向密媒质,因而水准仪的视线往往不是一条理想的水平线。一般情况下,大气层的空气密度上疏下密,视线通过大气层时成一条向下弯折的曲线,使尺上读数减小,它与水平线的差值即为折光差。在晴天,靠近地面的温度较高,致使下面的空气密度比上面稀,这时视线成为一条向上弯折的曲线,使尺上读数增大。视线离地面越近,折射也越大,因此一般规定视线必须高出地面一定高度,如高出地面 0.3 m,就是为了减少这种影响。若在平坦地面,地面覆盖物基本相同,而且前后视距相等,这时前后视读数的折光差方向相同,大小基本相等,折光差的影响即可大部分得到抵消或削弱。当在山地连续上坡或下坡时,前后视视线离地面高度相差较大,折光差的影响将增大,而且带有一定的系统性,这时应尽量缩短视线长度,提高视线高度,以减小大气折光的影响。

4. 水准测量误差消除方法

以上对各种误差进行了逐项分析,实际上由于误差产生的随机性,其综合影响在实际测量中将会相互抵消一部分。在实际测量中应该注意以下几点,以减小各项误差的影响,确保测量成果的精确度。

(1)尽量做到前视距离与后视距离相等,前后视距离累积差不宜太大,等级水准测量前后视距差及累积差不能超过相应的限差,这样就可以减小多项误差的影响。

(2)视线长度要符合规范的要求,在不平坦地区应缩短视线长度,这样就可以减小整平误差、估读误差和照准误差的影响。

(3)视线离地面高度应保持一定的数值,不宜太高,也不宜太低,这样就可以减小水准尺竖立不直的误差和大气折光的影响。

(4)每一测段的往测和返测,仪器站数应为偶数,由往测转向返测时,两水准尺必须互换位置。

(5)在每一测站都应立即计算出后距、前距、前后视距差、前后视距离累积差、黑红面读数差、黑红面所测高差之差,并按后、前、前、后的顺序进行观测;否则,如果有一个环节出现问题,就会前功尽弃，事倍功半。

2.8 自动安平水准仪和精密水准仪

2.8.1 自动安平水准仪

自动安平水准仪是在望远镜内安装一个光学补偿器代替水准管。仪器经粗平后，由于补偿器的作用，无需精平即可通过中丝获得视线水平时的读数。简化了操作，提高了观测速度；同时还补偿了如温度、风力、震动等对测量成果一定限度的影响，从而提高了观测精度。

自动安平水准仪的特点是无管水准器、微倾螺旋，如图 2.26 所示。视准轴水平时，水准尺上的正确读数为 a。圆水准器粗平，视准轴相对于水平面有微小倾斜角 α，如果无补偿器，此时水准尺上读数设为 a'。当在物镜与目镜间设置补偿器，就使进入十字丝分划板光线偏转 β，正确读数 α 光线经补偿器后通过十字丝分划板横丝，读出视线水平时的正确读数 a。自动安平水准仪的视线安平原理如图 2.27 所示。

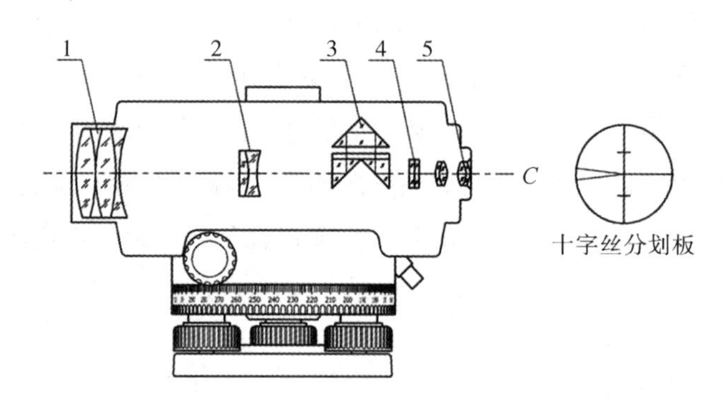

1—物镜；2—物镜调焦透镜；3—补偿器棱镜组；4—十字丝分划板；5—目镜。

图 2.26 自动安平水准仪的结构

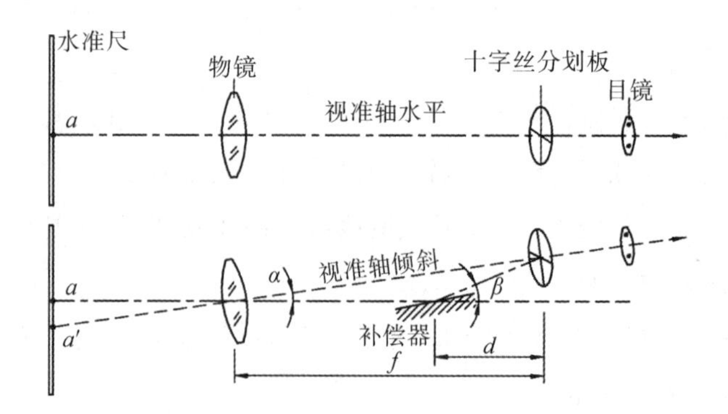

图 2.27 自动安平水准仪的视线安平原理

自动安平水准仪经过认真粗平、照准后，即可进行读数。由于补偿器相当于一个重力摆，无论采用何种阻尼装置，重力摆静止都需要几秒钟，故照准后过几秒钟读数为好。补偿器由于外力作用(如剧烈震动、碰撞等)和机械故障，会出现“卡死”失灵，甚至损坏，使用时务必当心，用之前应检查其工作是否正常。装有检查按钮(同锁紧钮共用)的仪器,读数前,轻触检查按钮,若物像位移后迅速复位,表示补偿器工作正常,否则应维修。无检查按钮的仪器,可将望远镜物镜转至任一脚螺旋的上方,轻微转动该脚螺旋,即可检查物像的复位情况。

2.8.2 精密水准仪

1.精密水准仪的特点

DS05、DS1 型水准仪属于精密水准仪,如:德国蔡司 Ni004 和瑞士威特 N3,自动安平蔡司 Ni002 和 Ni007,如图 2.28 所示。它们主要用于国家一、二等水准测量,以及地震测量、大型建筑工程高程控制与沉降观测、精密机械设备安装等精密测量。精密水准仪的特点:①望远镜放大倍数大,分辨率高。规范要求水准仪的放大倍数:DS1≥38 倍,DS05≥40 倍。②管水准器分划值为 10″/2 mm,精平精度高。③望远镜物镜有效孔径大,亮度好。④望远镜外表材料采用受温度变化小的铟瓦合金钢以减小环境温度变化的影响。⑤平板玻璃测微器读数,读数误差小。⑥配备精密水准尺。

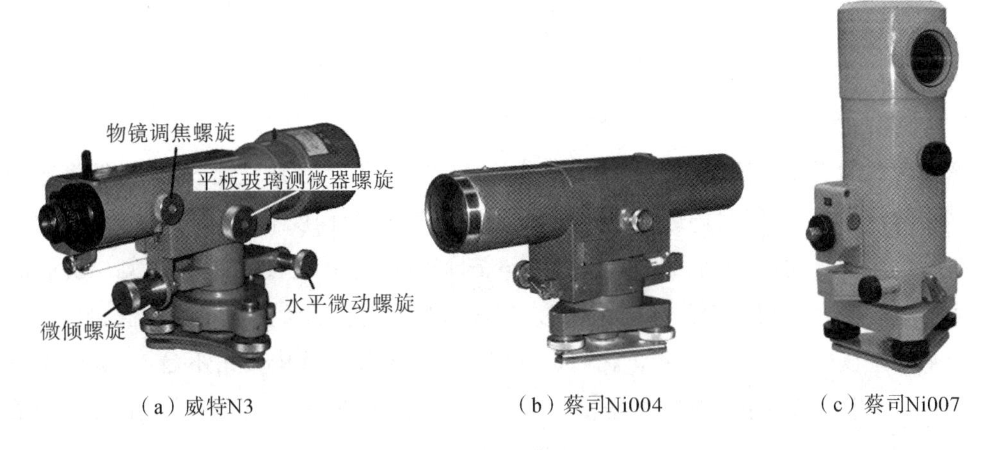

(a) 威特N3　(b) 蔡司Ni004　(c) 蔡司Ni007

图 2.28 精密水准仪

2.精密水准尺与读数方法

精密水准尺一般与精密水准仪配套使用。这种尺是在优质木标尺中间的尺槽内,安装厚 1 mm、宽 30 mm、长 3 m 的铟钢合金尺带,尺带底端固定,顶端用弹簧绷紧。尺带上刻有间隔为 5 mm 或 10 mm 的左右两排相互错开的分划,左边为基本分划,右边为辅助分划,分米或厘米注记刻在木尺上。两种分划相差常数 K,供读数检核用。有的尺无辅助分划,而将基本分划按左右分为奇数和偶数排列,以便读数。图 2.29 所示为两种精密水准尺,图 2.29(a)的分划值为 10 mm,右边为基本分划,数字注记从 0 cm 到 300 cm;左边为辅助分划,数字注记从 300 cm 到 600 cm,基本分划与辅助分划的零点相差 301.55 cm,称为基辅差或尺常数。图 2.29(b)的分划值为5 mm,只有基本分划而无辅助分划;左边分划为奇数值,右边注记为偶数值;右边注记为米数,右边注记为分米数;小三角表示 0.5 dm,长三角表示 dm 起始线。由于将 0.5 cm 分划间隔注记为 1 cm,所以尺面注记值为实际长度的 2 倍,故用此水准尺观测的高差读数须除以 2 才为实际高差值。水准尺的注记可与相应测微周值的仪器配套使用。

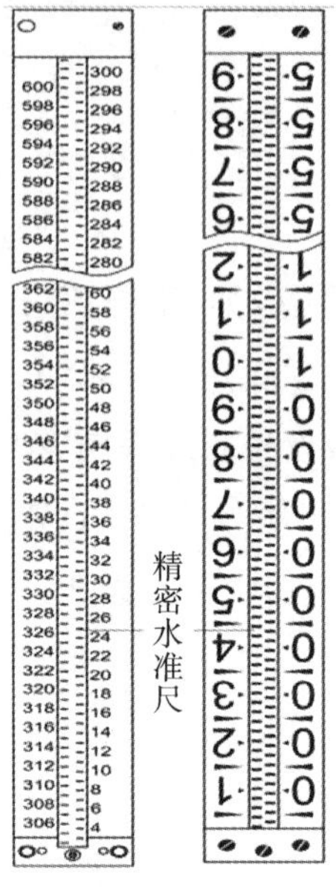

(a) 分划值为10 mm (b) 分划值为5 mm

图 2.29 精密水准尺

精密水准仪的操作方法与 DS3 型仪器相同,仅读数方法有差异。读数时,先转动微倾螺旋使符合水准器气泡居中(气泡影像在望远镜视场的左侧,符合程度有格线度量);再转动测微螺旋,调整视线上、下移动,用十字水平丝或楔形丝精确对准或夹住就近的标尺分划(见图 2.30 左图),而后读数。现以分划值为 5 mm、注记为 1 cm 的尺为例说明读数方法。先直接读出对准或夹住的分划注记读数(如 1.94 m),再在望远镜旁测微读数显微镜中读出不足 1 cm 的微小读数(如 1.54 mm)。图 2.30 中水准尺的全读为 1.94 m+0.001 54 m=1.941 54 m,实际读数应为 1.941 54 m/2=0.970 77 m。对于 1 cm 分划的精密水准尺,读数即为实际读数,无需除以 2,如图 2.30 右图中的读数为 1.486 50 m。

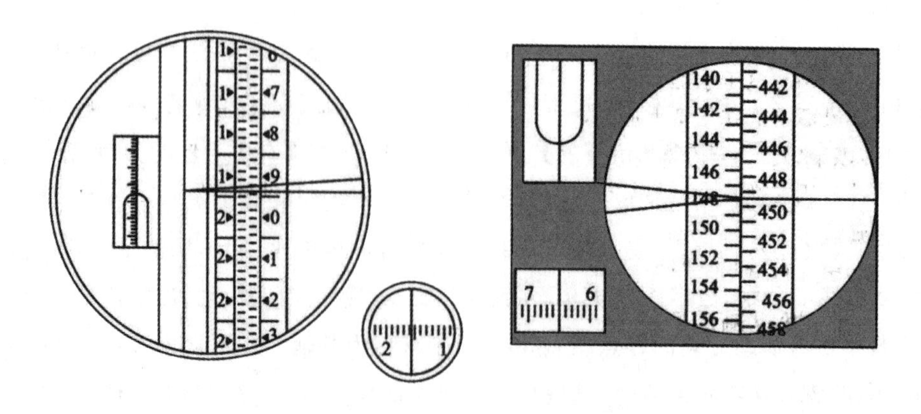

图 2.30 5 mm 分划精密水准尺读数

2.9 电子水准仪

2.9.1 电子水准仪和条码水准尺

电子水准仪的光学系统采用了自动安平水准仪的基本形式，是一种集电子、光学、图像处理、计算机技术于一体的自动化智能水准仪。如图 2.31 所示，它由基座、水准器、望远镜、操作面板和数据处理系统等组成。电子水准仪具有内藏应用软件和良好的操作界面，可以完成读数、数据储存和处理、数据采集自动化等工作，具有测量速度快、精度高、作业劳动强度小、易实现内外业一体化等特点。自动记录的数据可传输到计算机内进行后续处理，也可通过远程通信系统将测量数据直接传输给其他用户。若使用水准尺，也可当普通水准仪使用。

条码水准尺是与电子水准仪配套使用的专用水准尺（见图 2.32(a)），它由玻璃纤维塑料制成，或用铟钢制成尺面镶嵌在尺基上形成，全长为 2～4.05 m。尺面上刻宽度不同、黑白相间的码条（称为条码），该条码相当于普通水准尺上的分划和注记。水准尺上附有安平水准器和扶手，在尺的顶端留有撑杆固定螺孔，以便用撑杆固定条码尺使其长时间保持准确而竖直的状态，减轻作业人员的劳动强度。条码尺在望远镜视场中的情形如图 2.32(b)所示。

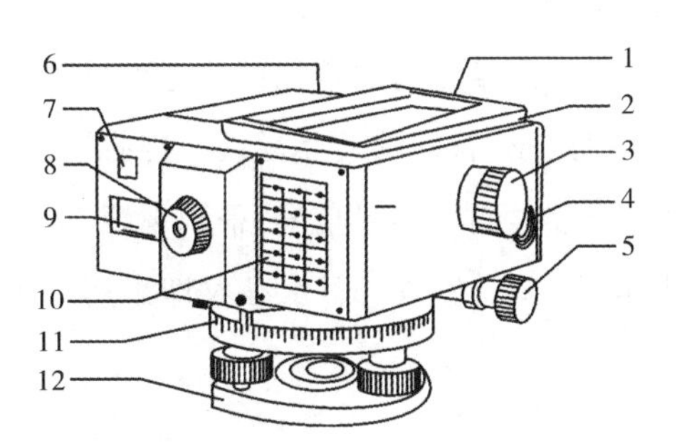

1—物镜；2—提环；3—物镜调焦螺旋；4—测量按钮；5—微动螺旋；6—RS 接口；7—圆水准器观察窗；8—目镜；9—显示器；10—操作面板；11—度盘；12—基座。

图 2.31 电子水准仪结构

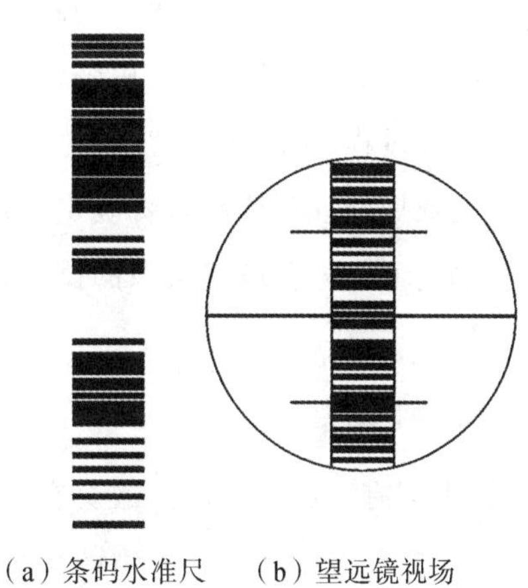

（a）条码水准尺　（b）望远镜视场

图 2.32 条码水准尺

2.9.2 电子水准仪的测量原理

如图 2.33 所示，在仪器的中央处理器（数据处理系统）中建立了一个对单平面上所形成的图像信息自动编码程序，通过望远镜中的光电二极管阵列（相机）摄取水准尺（条码尺）上的图像信息，传输给数据处理系统，自动地进行编码、释译、对比、数字化等一系列数据处理，而后转换成水准尺读数和视距或其他所需要的数据，并自动记录储存在记录器中或显示在显示器上。目前的电子水准仪采用的读数方法有几何法、相关法和相位法。

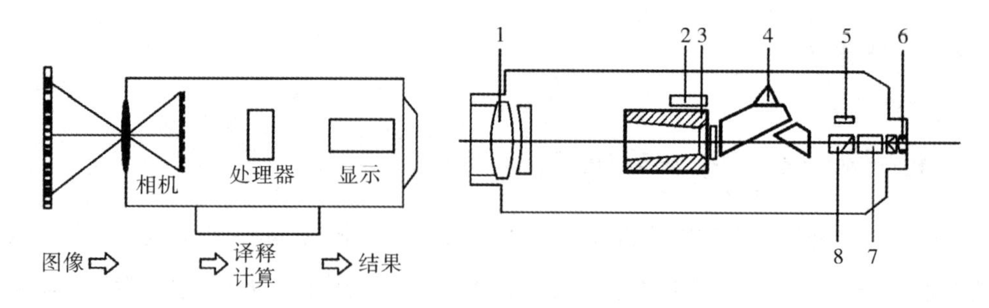

1—物镜；2—调焦发生器；3—调焦透镜；4—补偿器；5—探测器；6—目镜；7—分划板；8—分光镜。

图 2.33 电子水准仪与读数原理

1. 几何法读数

标尺采用双相位码，标尺上每 2 cm 为一个测量间距，其中的码条构成码词，每个测量间距的边界由过渡码条构成，其下边界到标尺底部的高度，可由该测量间距中的码条判读出来。水准测量时，一般只利用标尺上中丝的上下边各 15 cm 尺截距，即 15 个测量间距来计算视距和视线高。如 ZEISS DINI 系列电子水准仪即采用几何法读数。

2. 相关法读数

标尺上与常规标尺相对应的伪随机码事先储存在仪器中作为参考信号（条码本源信息），测量时望远镜摄取标尺某段伪随机码（条码影像），转换成测量信号后与仪器内的参考信号进行比较，形成相关过程。按相关方法由电子耦合与本源信息相比较，若两信号相同，即得到最佳相关位置时，经数据处理后读数就可确定。比较十字丝中丝位置周围的测量信号，得到视线高；比较上、下丝的测量信号及条码影像的比例，得到视距。如徕卡 NA 系列电子水准仪即采用相关法读数。

3. 相位法读数

尺面上刻有三种独立相互嵌套在一起的码条，三种独立条码形成一组参考码 R 和两组信息码 A、B。R 码为三道 2 mm 宽的黑色码条，以中间码条的中线为准，全尺等距分布（一般间隔 3 cm）。A、B 码分别位于 R 码上、下方 10 mm 处，宽度在 0～10 mm 之间按正弦规律变化，A 码的周期为 600 mm，B 码的周期为 570 mm，这样在标尺长度方向形成明暗强度按正弦规律周期变化的亮度波。将 7、6、8 码与仪器内部条码本源信息进行相关比较确定读数。如 Topcon DL 系列电子水准仪。由光电二极管阵列摄取的数码水准尺条码信息（图像），通过分光器将其分为两组，一组转射到 CCD 探测器上，并传输给微处理器，进行数据处理，得到视距和视线高；另一组成像于十字丝分划板上，便于目镜观测（见图 2.33 右图）。利用电子水准仪不仅可以进行普通水准仪所能进行的测量，还可以进行高程连续计算、多次测量平均值测量、水平角测量、距离测量、坐标增量测量、断面计算、水准路线和水准网测量闭合差调整（平差）与测量数据自动记录、传输等。尤其是自动连续测量的功能对大型建筑物的变形（瞬时变化值）观测，相当便利而准确，具有其独特之处，是普通水准仪无法比拟的。

2.9.3 电子水准仪的操作方法

电子水准仪的操作步骤同自动安平水准仪一样，分为粗平、照准、读数三步。现以 NA 3000 型为例介绍其操作方法。

1. 粗平

电子水准仪的粗平同普通水准仪一样，转动脚螺旋使圆水准器的气泡居中即可。气泡居中情况可在水准器观察窗中看到。而后打开仪器电源开关(开机)，仪器进行自检。当仪器自检合格后显示器显示程序清单，此时即可进行测量工作。

2. 照准

先转动目镜调焦螺旋，看清十字丝；照准标尺，转动物镜调焦螺旋，消除视差，看清目标。按相应键选择测量模式和测量程序，如仅测量不记录、测量并记录测量数据等；如按“PROG”键，调出程序清单；按“DSP↑”键或“DSP↓”键选择相应的测量程序，并按“RUN”键予以确认。当仅测量水准尺的读数和距离时的程序为“P MEAS ONLY”，开始进行水准测量时的程序为“P START LEVELING”，水准线路连续高程测量和输入起始点高程的程序为“P CONT LEVELING”，视准轴误差检查的程序为“P CHECK & ADJUST”，删除记录器中数据记录的程序为“P ERASE DATA”。而后用十字丝竖丝照准条码尺中央，并制动望远镜。

3. 读数

轻按一下测量按钮(红色)，显示器将显示水准尺读数；按测距键即可得到仪器至水准尺的距离。若按相应键即可得到相应的数据，若在“测量并记录”模式下，仪器将自动记录测量数据。当高程测量时，后视观测完毕后，仪器自动显示提示符“FORE 三”提醒观测员观测前视；前视观测完毕后，仪器又自动显示提示符“BACK 三”提醒进行下一测站后视的观测；如此连续进行直至观测至终点。仪器显示的待定点高程是以前一站转点的高程推算的。一站观测完毕，按“IN/SO”键结束测量工作，关机、搬站。

思考题与练习题

1. 名词解释：视线高、望远镜视准轴、水准管轴、附合水准路线、闭合水准路线、支水准路线、水准点、高差闭合差、零点常数。

2. 什么是视差？如何检查消除视差？

3. 水准测量为什么要保持前后视距相等？

4. 水准测量时尺垫应该放在哪里？能否放在已知水准点上，为什么？

5. DS3 水准仪中的 3 的含义是什么？

6. 何谓视准轴？中丝的作用是什么？上下丝的作用是什么？

7. 如图 2.34 所示，读取下列水准尺的上、中、下丝读数？上下丝之间的格数是多少？

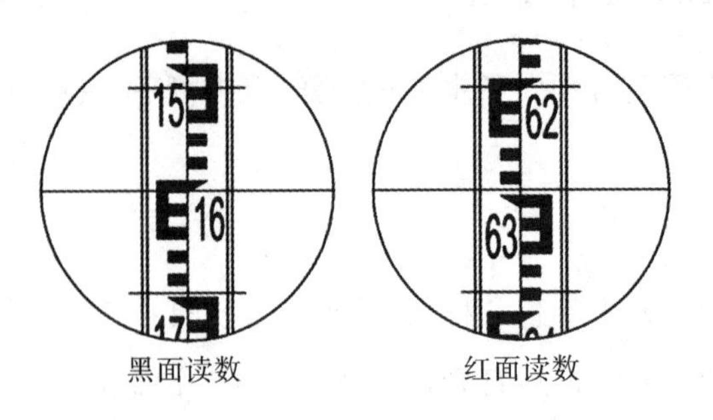

图 2.34　习题 7 图

8. 水准仪操作的步骤是什么？如何粗平？如何精平？

9. 简述水准测量过程中扶尺和搬站的方法。

10. 简述三、四等水准测量测站观测的顺序和检核方法。

11. 双面尺在各测站进行红黑高差检核时，为什么会出现±100 mm 交替出现的情况？简述其原因。

12. 根据图 2.35 所示的下列测站上水准尺的读数计算未知点 B 的高程。

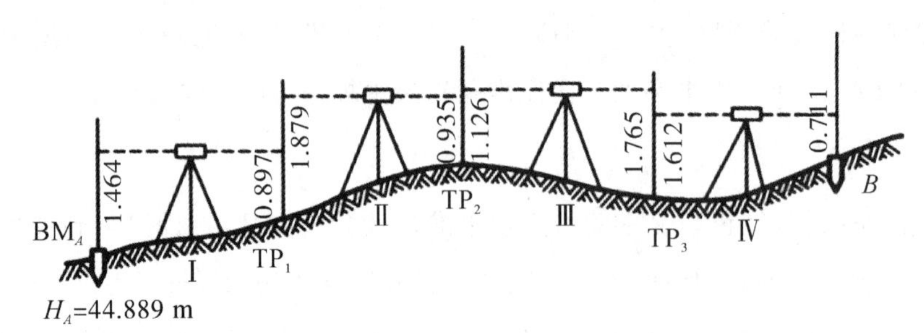

图 2.35　习题 12 图

13. 如图 2.36 所示，已知水准点 BM_A 的高程为 33.012 m，1、2、3 点为待定高程点，水准测量观测的各段高差及路线长度标注在图中，试计算各点高程。其中 $f_{h_{容}}=\pm 40\sqrt{L}$ 。

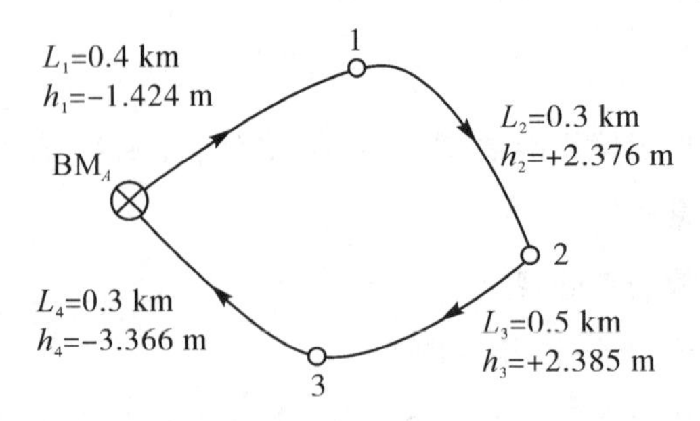

图 2.36　习题 13 图

14. 在表 2.7 中填写下列四等水准记录。

表 2.7 习题 14 表

<table>
<tr><th rowspan="4">测站编号</th><th rowspan="2">后尺</th><th>上丝</th><th rowspan="2">前尺</th><th>上丝</th><th rowspan="4">方向及
尺号</th><th colspan="2" rowspan="2">标尺读数</th><th rowspan="4">基+K
−辅</th><th rowspan="4">备注</th></tr>
<tr><th>下丝</th><th>下丝</th></tr>
<tr><th colspan="2">后 距/m</th><th colspan="2">前 距/m</th><th rowspan="2">基本分划</th><th rowspan="2">辅助分划</th></tr>
<tr><th colspan="2">视距差 d/m</th><th colspan="2">$\sum d$/m</th></tr>
<tr><td>TP_1</td><td colspan="2">1 614</td><td colspan="2">774</td><td>后</td><td>1 384</td><td>6 171</td><td></td><td></td></tr>
<tr><td>↓</td><td colspan="2">1 156</td><td colspan="2">326</td><td>前</td><td>551</td><td>5 239</td><td></td><td></td></tr>
<tr><td>TP_2</td><td colspan="2"></td><td colspan="2"></td><td>后−前</td><td></td><td></td><td></td><td></td></tr>
<tr><td></td><td colspan="2"></td><td colspan="2"></td><td>h</td><td></td><td></td><td></td><td></td></tr>
<tr><td>TP_2</td><td colspan="2">2 188</td><td colspan="2">2 252</td><td>后</td><td>1 934</td><td>6 622</td><td></td><td></td></tr>
<tr><td>↓</td><td colspan="2">1 682</td><td colspan="2">1 758</td><td>前</td><td>2 008</td><td>6 796</td><td></td><td></td></tr>
<tr><td>TP_3</td><td colspan="2"></td><td colspan="2"></td><td>后−前</td><td></td><td></td><td></td><td></td></tr>
<tr><td></td><td colspan="2"></td><td colspan="2"></td><td>h</td><td></td><td></td><td></td><td></td></tr>
<tr><td>TP_3</td><td colspan="2">1 922</td><td colspan="2">2 066</td><td>后</td><td>1 726</td><td>6 512</td><td></td><td></td></tr>
<tr><td>↓</td><td colspan="2">1 529</td><td colspan="2">1 668</td><td>前</td><td>1 866</td><td>6 554</td><td></td><td></td></tr>
<tr><td>TP_4</td><td colspan="2"></td><td colspan="2"></td><td>后−前</td><td></td><td></td><td></td><td></td></tr>
<tr><td></td><td colspan="2"></td><td colspan="2"></td><td>h</td><td></td><td></td><td></td><td></td></tr>
</table>

第3章 角度测量

3.1 角度测量原理

角度测量概述

3.1.1 水平角测量原理

地面上两条直线之间的夹角在水平面上的投影称为水平角。如图 3.1 所示，A、B、O 为地面上的任意点，通 OA 和 OB 直线各作一垂直面，并把 OA 和 OB 分别投影到水平投影面上，其投影线 Oa 和 Ob 的夹角$\angle aOb$，就是$\angle AOB$ 的水平角。如果在角顶 O 上安置一个带有水平刻度盘的测角仪器，其度盘中心 O'在通过测站 O 点的铅垂线上，设 OA 和 OB 两条方向线在水平刻度盘上的投影读数为 a'和 b'，则水平角为

$$\beta = b' - a' \tag{3.1}$$

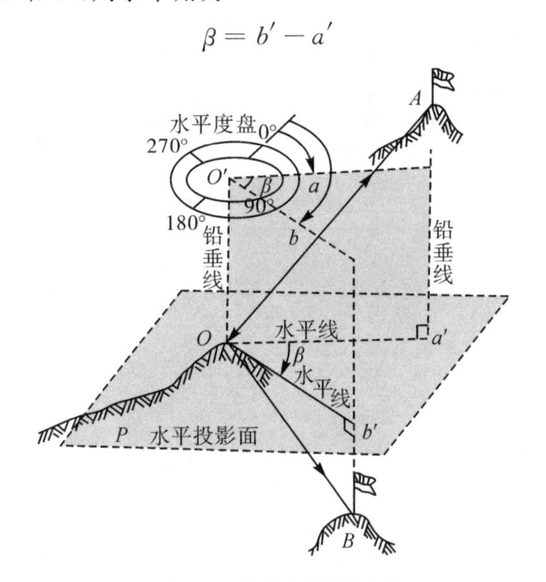

图 3.1 水平角测量原理

3.1.2 竖直角测量原理

在同一竖直面内视线和水平线之间的夹角称为竖直角或垂直角。如图 3.2 所示，视线在水平线之上称为仰角，符号为正；视线在水平线之下称为俯角，符号为负。如果在测站点 O 上安置一个带有竖直刻度盘的测角仪器，其竖盘中心通过水平视线，设照准目标点 A 时视线的读数为 n，水平视线的读数为 m，则竖直角为

$$\alpha = n - m \tag{3.2}$$

视线在水平线上的竖直角称为仰角，竖直角>0，范围是0°～90°；视线在水平线下的竖直角称为俯角，竖直角<0，范围是0°～-90°。天顶距是视线与测站点天顶方向之间的夹角，图3.2中以Z表示，其数值为0°～180°，均为正值。天顶距与竖直角的关系为

$$Z=90°-\alpha \tag{3.3}$$

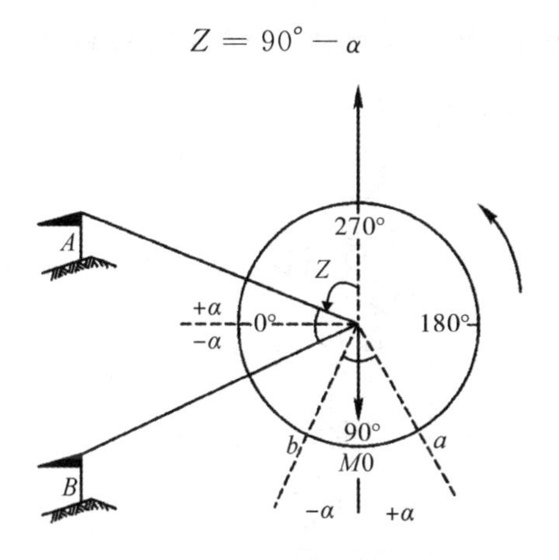

图3.2 竖直角测量原理

为了测定天顶角或竖直角，在A点安置一个带有刻划和注记的竖直度盘。这个竖直度盘随着望远镜上下转动，瞄准目标后则有一个读数，那此读数就为竖直角。设计经纬仪时，一般在视线水平时的竖盘读数为0°或90°的倍数，如此，在测量竖直角时，只有瞄准目标，读出竖盘读数并减去仪器视线水平时的竖盘读数就计算出视线方向的竖直角。

3.2 光学经纬仪

光学经纬仪的构造

我国光学经纬仪的系列分为DJ07、DJ1、DJ2、DJ6、DJ30几种规格，其中D、J分别是大地测量与经纬仪第一个汉语拼音字母，07、1、2、6、30表示仪器一测回方向观测中误差不超过的秒数。主要经纬仪的参数及用途如表3.1所示。

表3.1 主要经纬仪的参数及用途

技术指标		经纬仪等级		
		DJ1	DJ2	DJ6
一测回水平方向中误差		≤±1″	≤±2″	≤±6″
望远镜有效孔径不小于		60 mm	40 mm	40 mm
望远镜放大倍数不小于		30倍	28倍	26倍
水准管分划值	水平度盘	6″/2 mm	20″/2 mm	30″/2 mm
	垂直度盘	10″/2 mm	20″/2 mm	30″/2 mm
主要用途		二等平面控制测量及精密工程测量	三、四等平面控制测量及一般工程测量	图根控制测量、一般工程测量及地形测量

3.2.1 DJ6 级光学经纬仪的构造

如图 3.3 所示，DJ6 级光学经纬仪主要由照准部（包括望远镜、竖直度盘、水准器、读数设备）、水平度盘、基座三部分组成。图 3.4 展示了国产 DJ6 级光学经纬仪的详细构造。现将 DJ6 级光学经纬仪的各组成部分分别进行介绍。

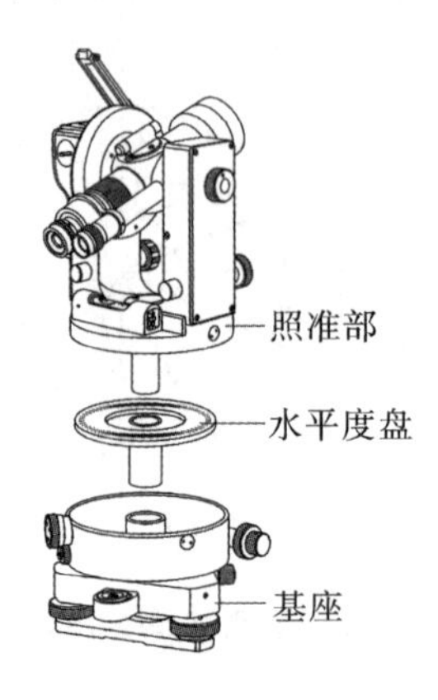

图 3.3　DJ6 级光学经纬仪的基本构造

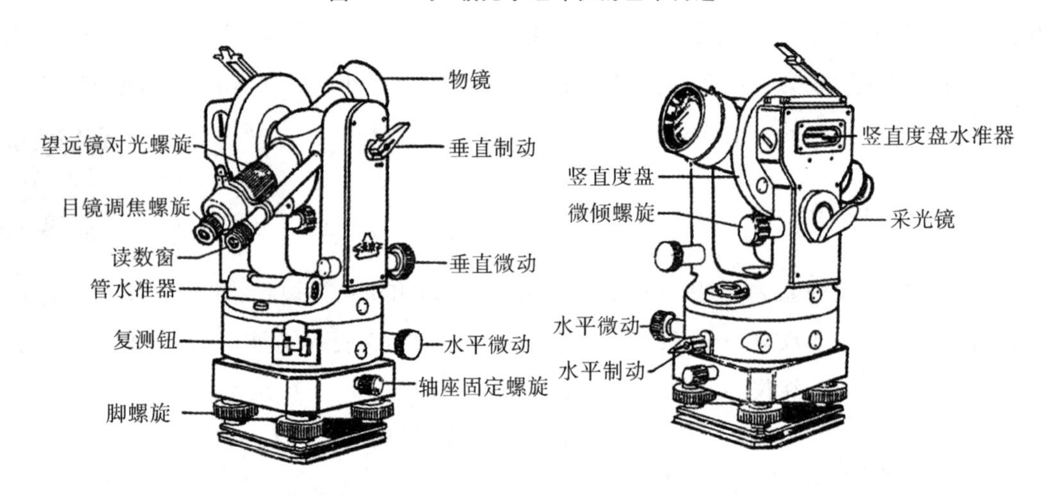

图 3.4　DJ6 级光学经纬仪的详细构造

1. 望远镜

望远镜的构造和水准仪望远镜构造基本相同，是用来照准远方目标。它和横轴固连在一起放在支架上，并要求望远镜视准轴垂直于横轴，当横轴水平时，望远镜绕横轴旋转的视准面是一个铅垂面。为了控制望远镜的俯仰程度，在照准部外壳上还设置有一套望远镜制动和微动螺旋。在照准部外壳上还设置有一套水平制动和微动螺旋，以控制水平方向的转动。当拧紧望远镜或照准部的制动螺旋后，转动微动螺旋，望远镜或照准部才能作微小的转动。

2. 水平度盘

水平度盘，即用光学玻璃制成圆盘，在盘上按顺时针方向从 0°到 360°刻有等角度的分划线，如图

3.5所示。相邻两刻划线的格值有1°或30′两种。度盘固定在轴套上，轴套套在轴座上。水平度盘和照准部两者之间的转动关系，由复测扳手或度盘变换手轮控制。度盘变换手轮的操作方法：按下变换手轮下的保险手柄，推压手轮，转动到所需度盘读数；再按下保险手柄，手轮自动弹出。

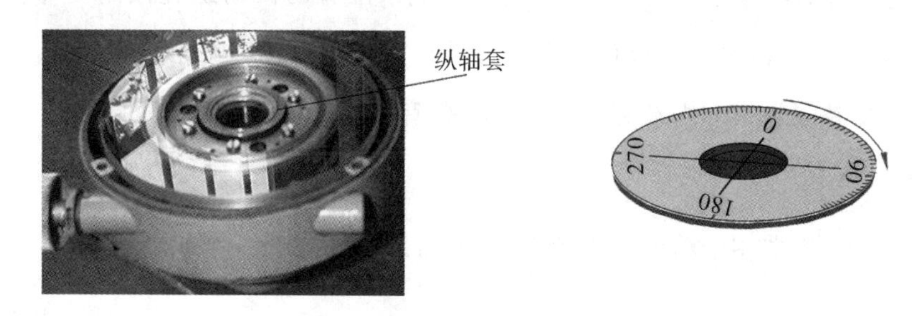

图3.5 DJ6光学经纬仪的水平度盘

3. 读数装置

我国制造的DJ6级光学经纬仪采用分微尺读数设备，它把度盘和分微尺的影像，通过一系列透镜的放大和棱镜的折射，反映到读数显微镜内进行读数。在读数显微镜内就能看到水平度盘和分微尺影像，如图3.6所示。度盘上两分划线所对的圆心角，称为度盘分划值。

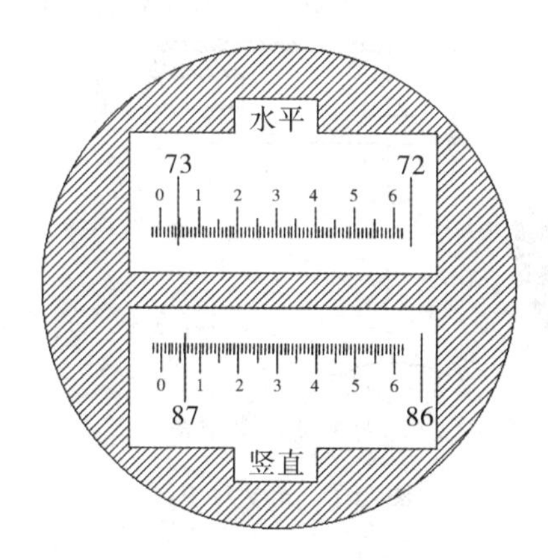

图3.6 测微尺读数视窗

在读数显微镜内所见到的长刻划线和大号数字是度盘分划线及其注记，短刻划线和小号数字是分微尺的分划线及其注记。分微尺的长度等于度盘1°的分划长度，分微尺分成6大格，每大格又分成10，每小格格值为1′，可估读到0.1′。分微尺的0°分划线是其指标线，其所指度盘上的位置与度盘分划线所截的分微尺长度就是分微尺读数值。为了直接读出小数值，使分微尺注数增大方向与度盘注数方向相反。读数时，以在分微尺上的度盘分划线为准读取度数，而后读取该度盘分划线与分微尺指标线之间的分微尺读数的分数，并估读到0.1′(6″)，因此，估读的秒数应是6″的倍数，最后可得整个读数值。在图3.6中水平度盘读数为73°04′36″，竖直度盘读数为87°06′12″。

4. 竖直度盘

竖直度盘固定在横轴的一端，当望远镜转动时，竖盘也随之转动，用以观测竖直角。另外在竖直度盘的构造中还设有竖盘指标水准管，它由竖盘水准管的微动螺旋控制。每次读数前，都必须首先使竖盘水准管气泡居中，以使竖盘指标处于正确位置。目前光学经纬仪普遍采用竖盘自动归零装置来代替竖盘指标水准管，既提高了观测速度又提高了观测精度。

5. 水准器

照准部上的管水准器用于精确整平仪器，圆水准器用于概略整平仪器。

6. 基座部分

基座是支撑仪器的底座。基座上有三个脚螺旋，转动脚螺旋可使照准部水准管气泡居中，从而使水平度盘水平。基座和三脚架头用中心螺旋连接，可将仪器固定在三脚架上，中心螺旋下有一小钩可挂垂球，测角时用于仪器对中。光学经纬仪还装有直角棱镜光学对中器，如图 3.7 所示。光学对中器比垂球对中具有精确度高和不受风吹摇动干扰的优点。

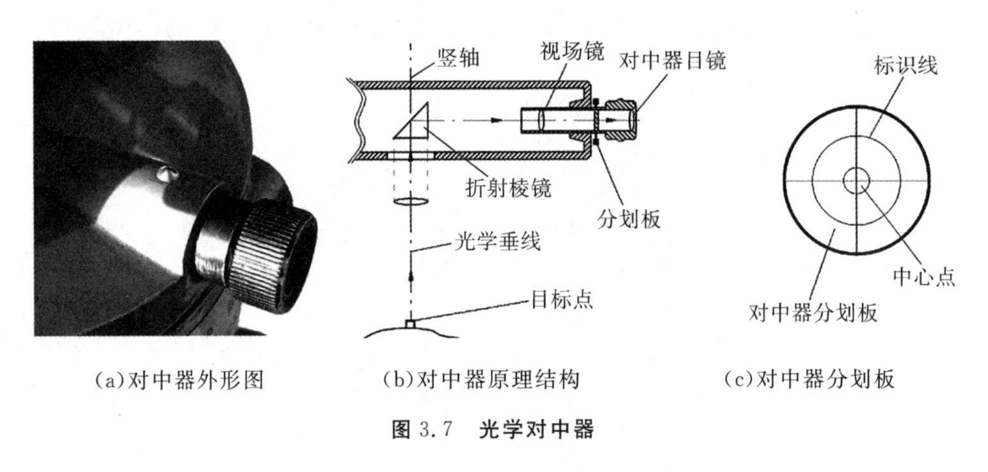

(a)对中器外形图　(b)对中器原理结构　(c)对中器分划板

图 3.7　光学对中器

3.2.2　DJ2 级光学经纬仪的构造

与 DJ6 级光学经纬仪相比，DJ2 级光学经纬仪的精度较高，在结构上除望远镜的放大倍数较大，照准部水准管的灵敏度较高，度盘格值较小外，主要表现在读数设备的不同。DJ2 级光学经纬仪常用于较高精度的工程测量。如图 3.8 所示，为国产的 DJ2 级光学经纬仪的外形，其各部件的名称如图所注。下面着重介绍 DJ2 级光学经纬仪和 DJ6 级光学经纬仪的不同之处。

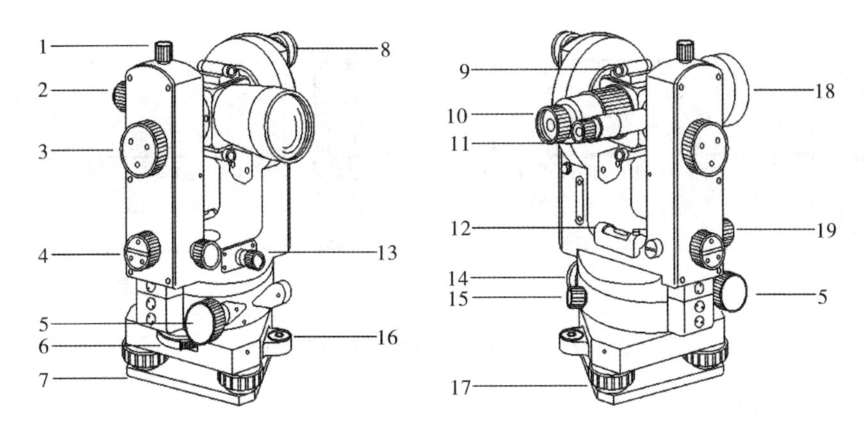

1—望远镜制动螺旋;2—望远镜目镜;3—测微螺旋;4—水平度盘与竖直度盘换像手轮;5—水平微动螺旋;6—水平度盘变换手轮;7—底座连接板;8—竖直度盘照明反光镜;9—光学粗瞄器;10—目镜调焦螺旋;11—度盘读数与显微镜调焦螺旋;12—管水准器;13—光学对中器;14—水平度盘照明反光镜;15—水平制动螺旋;16—圆水准器;17—脚螺旋;18—望远镜物镜;19—竖盘指标自动归零补偿器锁止开关。

图 3.8 DJ2 **级光学经纬仪**

1. 水平度盘变换手轮

水平度盘变换手轮的作用是变换水平度盘的初始位置。水平角观测中,根据测角需要,对起始方向观测时,可先拨开手轮的护盖,再转动该手轮,把水平度盘的读数值配置为所规定的读数。

2. 换像手轮

在读数显微镜内一次只能看到水平度盘或竖直度盘的影像,若要读取水平度盘读数时,要转动换像手轮 4,使轮上指标红线呈水平状态,并打开水平度盘照明反光镜 14,此时显微镜呈水平度盘的影像。若打开竖直度盘照明反光镜 8 时,转动换像手轮 4,使轮上指标线竖直时,则可看到竖照明盘影像。

3. 测微手轮

测微手轮是 DJ2 级光学经纬仪的读数装置。对于 DJ2 级光学经纬仪,其水平度盘(或竖直度盘)的刻划形式是把每度分划线间又等分刻成三格,格值等于 20′。通过光学系统,将度盘直径两端分划的影像同时反映到同一平面上,并被一横线分成正、倒像,一般正字注记为正像,倒字注记为倒像,注字相差 180°。图 3.9 所示为 DJ2 级光学经纬仪的读数视窗,测微尺上刻有 600 格,其分划影像见图中小窗。当转动测微手轮使分微尺由零分划移动到 600 分划时,度盘正、倒对径分划影像等量相对移动一格,故测微尺上 600 格相应的角值为 10′,一格的格值等于 1″。因此,用测微尺可以直接测定 1″的读数,从而起到了测微作用。图 3.9 中的读数值为 $30°20'+8'00''=30°28'00''$。

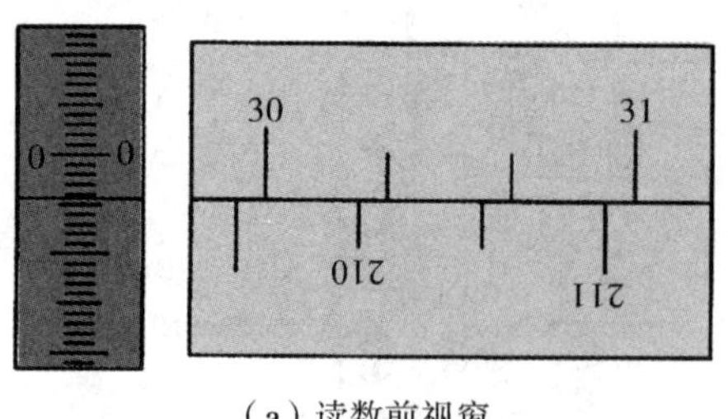

(a) 读数前视窗

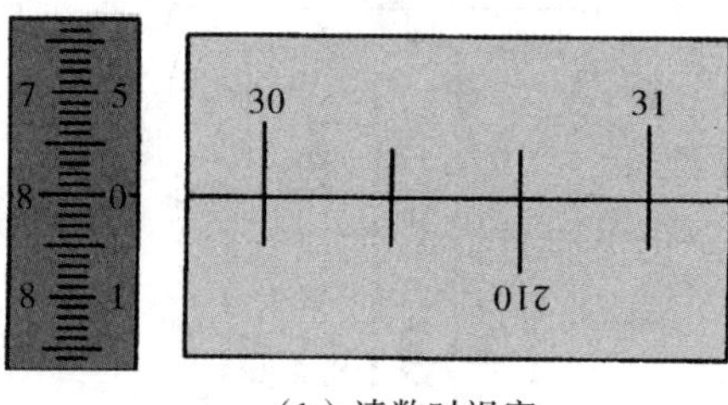

(b) 读数时视窗

图 3.9 DJ2 级光学经纬仪的读数视窗

具体读数方法如下：

(1)转动测微手轮，使度盘正、倒像分划线精密重合。

(2)由靠近视场中央读出上排正像左边分划线的度数，即 30°。

(3)数出上排的正像 30°与下排相差 180°倒像 210°之间的格数再乘以 10′，就是整十分的数值，即 20′。

(4)在旁边小窗中读出小于 10′的分、秒数。测微尺分划影像左侧的注记数字是分数，右侧的注记数字 1、2、3、4、5 是秒的十位数，即分别为 10″、20″、30″、40″、50″。将以上数值相加就得到整个读数。故其读数为：度盘上的度数为 30°，度盘上整十分数为 20′，测微尺上分、秒数为 8′00″，全部读数为为 30°28′00″。

近年来，DJ2 经纬仪采用了数字化读数方法，使得读数变得更加方便、快捷，不易出错。如图 3.10 所示，中间窗口为度盘对径刻划线影像，上面窗口两端注字为度，中央注字为 10′数，下面窗口为测微尺影像，上下注字分别为分数和 10″数。读数前，先转动测微轮，使中间窗口度盘对径刻划线重合，然后可得上面窗口读数为 32°20′，下面窗口读数为 4′34.0″，总的读数为 32°24′34.0″。

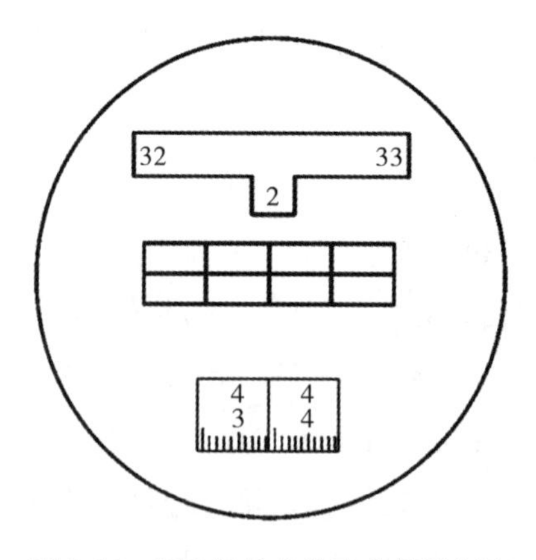

图 3.10 DJ2 经纬仪数字化读数视窗

经纬仪的使用

3.3 经纬仪的操作方法

经纬仪技术操作，主要包括仪器的对中、整平、照准、读数、合零等各个项目。它是测角技术中的一项基本功训练，也是进一步加深对测角原理、仪器构造、使用方法等诸方面的综合性认识，从而达到正确使用仪器，掌握操作要领，提高观测质量的目的。

1. 经纬仪的安置方法

经纬仪的安置方法包括粗平和精平两个过程。对中的目的是使仪器的中心与测站点位于同一铅锤线上。整平的目的是使仪器的竖轴铅垂，水平度盘水平。根据仪器对中器的不同对中可分为垂球对中和光学对中器对中，下面主要以光学对中法为例介绍经纬仪的对中和整平方法。

(1)安放仪器。打开三脚架，调节脚架高度适中，目估三脚架头大致水平，使三脚架中心大致对准地面标志中心，如图 3.11(a)所示。

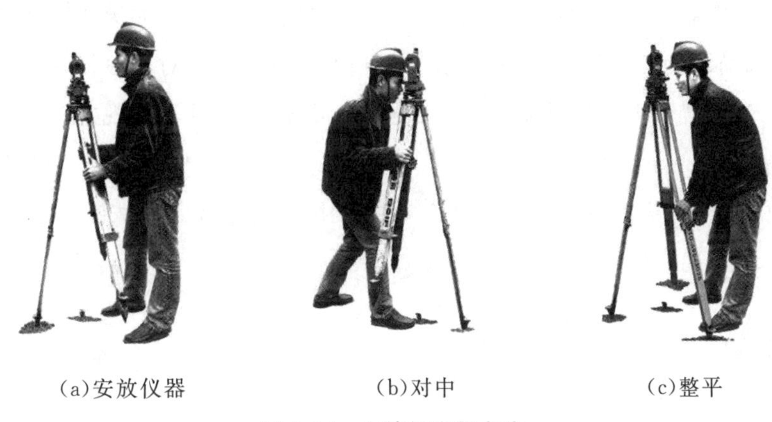

(a)安放仪器　(b)对中　(c)整平

图 3.11　经纬仪安置方法

(2)对中器对光。对中器对光即消除对中器的视差，先转动对中器目镜调焦螺旋进行目镜对光，再调节对中器物镜调焦螺旋进行物镜对光，眼睛在对中器前上下移动直到对中器十字分划板与地面点无相对位移为止，如图 3.12 所示。

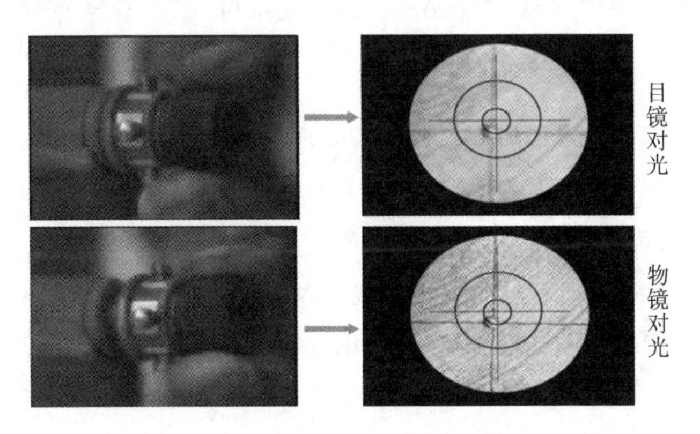

图 3.12　光学对中器对光方法

(3)粗对中。将仪器放在三脚架上，并拧紧连接仪器和三脚架的中心连接螺旋，双手分别握住另两条架腿稍离地面前后左右摆动，眼睛看对中器的望远镜，直至分划圈中心对准地面标志中心为止，放下两架腿并踏紧，如图 3.11(b)所示。

(4)精对中。旋转脚螺旋对中,对中误差≤±1 mm。

(5)粗平。升落脚架腿使圆水准气泡居中,如图3.11(c)所示。

(6)精平。转动照准部,旋转脚螺旋,使得管水准气泡在相互垂直两个方向居中。

(7)再精对中。精平操作会略微破坏已完成的对中关系。旋松连接螺旋,眼睛观察光学对中器,平移仪器基座(不要旋转),使得对中标志准确对准站点标志,拧紧连接螺旋。旋转照准部,在相互垂直的两个方向检查照准部管水准气泡的居中情况。如果仍居中,则仪器安置完成,否则从精平开始重复操作。

2. 经纬仪的瞄准方法

瞄准的目的就是确定目标方向所在的位置和所在度盘的读数位置。操作方法如下:

(1)目镜对光、粗瞄。松开制动螺旋,将望远镜指向远方明亮景(如天空),调节目镜,使十字丝影像清晰。然后转动照准部,利用望远镜的照门、准星或瞄准器对准目标,拧紧制动螺旋。

(2)物镜对光、精瞄。调节物镜对光螺旋,使目标成像清晰,并消除视差。

(3)转动微动螺旋使十字丝准确对准目标。测水平角时,视目标的大小,用纵丝平分目标,或与目标相重合(单丝),如图3.13所示。测竖直角时,则用中横丝与目标顶部相切,如图3.14所示。

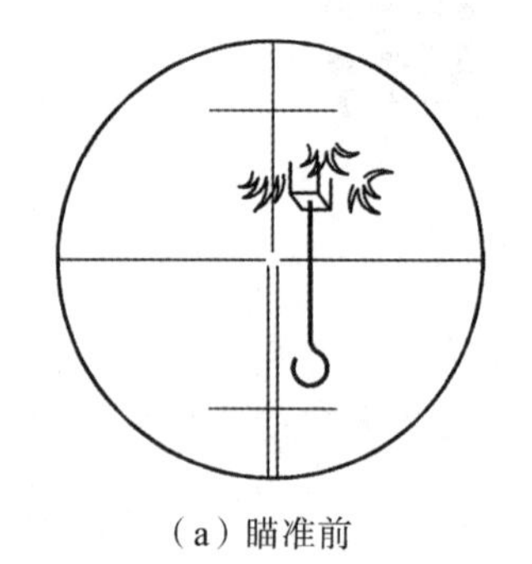

(a) 瞄准前

(b) 瞄准后

图3.13 经纬仪的水平角瞄准方法

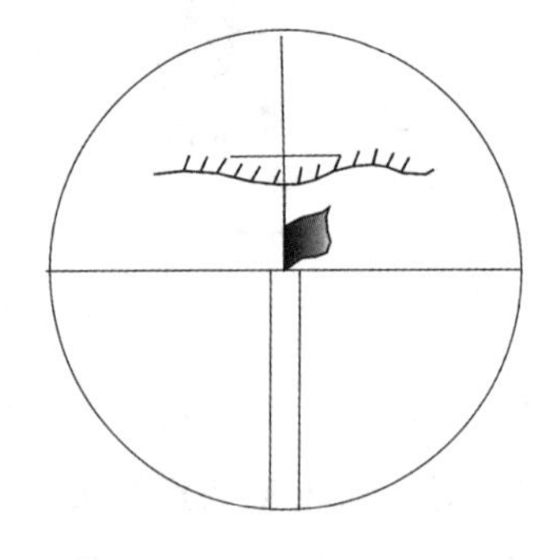

图3.14 经纬仪的竖直角瞄准方法

3. 经纬仪的读数方法

读数的目的就是读取目标方向所在度盘上的方向值。其操作方法如下:

(1)张开反光镜约45°,将镜面调向来光方向,使读数窗上照度均匀,亮度恰当。

(2)调节读数显微目镜,使视场影像清晰。

(3)读数。首先区分度盘的测微类型,判断度盘及其分微尺、测微尺的格值。然后根据前面介绍的读数方法读数。读数前和读数中,度盘和望远镜位置均不能动,否则读数一律无效,必须返工重测。

3.4 水平角测量方法

在水平角观测中,为发现错误并提高测角精度,一般要用盘左和盘右两个位置进行观测。当观测者对着望远镜的目镜。竖盘在望远镜的左边时称为盘左位置,又称正镜;若竖盘在望远镜的右边时称为盘右位置，又称倒镜。水平角观测方法，一般有测回法和方向观测法两种。

1. 测回法

设 O 为测站点，A、B 为观测目标，$\angle AOB$ 为观测角，如图3.10所示。先在 O 点安置仪器，进行整平、对中，然后按以下步骤进行观测。

(1)盘左位置。先照准左方目标，水平度盘置 0 或略大些，即后视点 A，读取水平度盘读数为 $a_{左}$，并记入测回法测水平角记录表中，见表 3.2。然后顺时针转动照准部照准右方目标，即前视点 B，读取水平度盘读数为 $b_{左}$，并记入记录表中。以上称为上半测回，其观测角值为

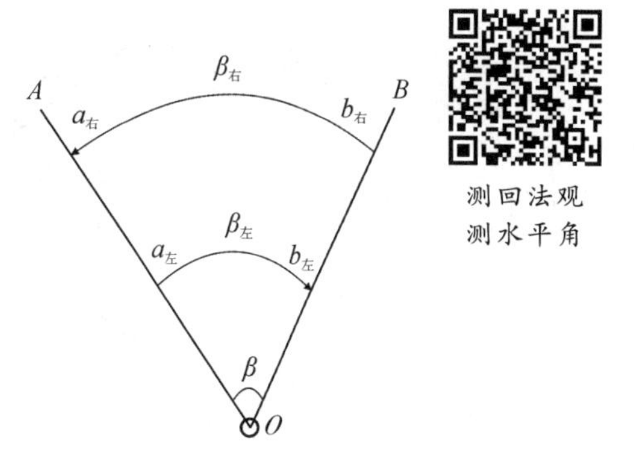

图 3.15 测回法测水平角

$$\beta_{左} = b_{左} - a_{左} \tag{3.4}$$

表 3.2 测回法测水平角记录表

测站	盘位	目标	水平度盘读数	水平角		备 注
				半测回角值	一测回角值	
O	左	A	0°01′24″	60°49′06″	60°49′03″	A 60° 49′ 03″ B
		B	60°50′30″			
	右	A	180°01′30″	60°49′00″		
		B	240°50′30″			

(2)盘右位置。纵转望远镜横轴 180°，先照准右方目标，即前视点 B，读取水平度盘读数为 $b_{左}$，并记入记录表中，再逆时针转动照准部照准左方目标，即后视点 A，读取水平度盘读数为 $a_{右}$，并记入记录表中，则得下半测回角值为

$$\beta_{右} = b_{右} - a_{右} \tag{3.5}$$

(3)角值计算。上、下半测回合起来称为一测回。一般规定，用 DJ6 级光学经纬仪进行观测，上、下半测回角值之差不超过 40″时，可取其平均值作为一测回的角值，即

$$\beta = (\beta_{左} + \beta_{右})/2 \tag{3.6}$$

为了提高测角精度，需进行 n 个测回观测时，每测回之间需要按 $180°/n$ 来配置水平度盘的初始位置，其目的是减少度盘分划误差的影响。如 $n=3$ 时，每测回水平度盘依次配置为 0°、60°、120°略大的值。

2. 方向观测法

上面介绍的测回法是对两个方向的单角观测。如要观测三个以上的方向，则采用方向观测法(又称为全圆测回法)进行观测。方向观测法应首先选择一起始方向作为零方向。如图 3.16 所示，设 A 方向为零方向。要求零方向应选择距离适中、通视良好、呈像清晰稳定、俯仰角和折

光影响较小的方向。

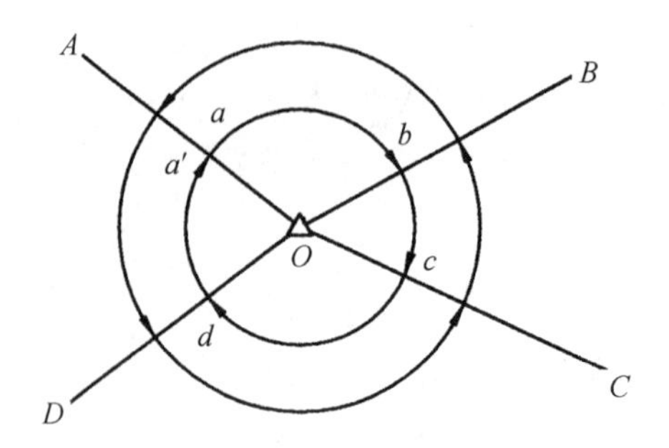

图 3.16　方向观测法测水平角

将经纬仪安置于 O 站，对中整平后按下列步骤进行观测。

(1)盘左位置。瞄准起始方向 A，转动度盘变换纽把水平度盘读数配置为 $0°00'$，而后再松开制动，重新照准 A 方向，读取水平度盘读数 a，并记入方向观测法测水平角记录表中，见表 3.3。按照顺时针方向转动照准部，依次瞄准 B、C、D 目标，并分别读取水平度盘读数为 b、c、d，并记入记录表中。最后回到起始方向 A，再读取水平度盘读数为 a'。这一步称为“归零”，a 与 a'之差称为“归零差”，其目的是检查水平度盘在观测过程中是否发生变动。“归零差”不能超过允许限值(DJ_2级经纬仪为 $8''$，DJ_6级经纬仪为 $18''$)。以上操作称为上半测回。

表 3.3　方向观测法记录表

测站	测回数	目标	读数		2C	平均读数	归零方向值	各测回归零方向值之平均值	角值	备注
			盘左	盘右						
O	1					(0°02′06″)				
		A	0°02′06″	180°02′00″	+6″	0°02′03″	00°00′00″	00°00′00″	51°13′28″	
		B	51°15′42″	231°15′30″	+12″	51°15′36″	51°13′30″	51°13′28″	80°38′34″	
		C	131°54′12″	311°54′00″	+12″	131°54′06″	131°52′00″	131°52′02″	50°08′20″	
		D	182°02′24″	2°02′24″	0	182°02′24″	182°00′18″	182°00′22″		
		A	0°02′12″	180°02′06″	+6″	0°02′09″				
	2					(90°03′32″)				
		A	90°03′30″	270°03′24″	+6″	90°03′27″	00°00′00″			
		B	141°17′00″	321°16′54″	+6″	141°16′57″	51°13′25″			
		C	221°55′42″	41°55′30″	+12″	221°55′36″	131°52′04″			
		D	272°04′00″	92°03′54″	+6″	272°03′57″	182°00′25″			
		A	90°03′36″	270°03′36″	0	90°03′36″				

(2)盘右位置。按逆时针方向旋转照准部，依次瞄准 A、D、C、B、A 目标，分别读取水平度盘读数，记入记录表中，并算出盘右的“归零差”，称为下半测回。上、下两个半测回合称为一测回。观测记录及计算如表 3.3 所列。

(3)角值计算。在同一测回中各方向 $2c$ 误差＝盘左读数－盘右读数±180°，即两倍照准误差不能超过限差要求，如表3.4所示。表3.3第7栏为同一方向盘左、盘右读数的平均值，计算时只需将秒值取平均，度、分以盘左为准。起始方向 A 有两个读数平均值，应再次平均作为 A 方向的平均读数(填入括号内)；第8栏为归零后的方向值，即将各方向的平均读数减去起始方向 A 的平均读数，将 A 方向化为 $0°00'00''$；第9栏为各测回归零方向值平均值，即将第8栏各测回中同一方向的归零后的方向值取平均值，同一方向值各测回互差应在限差值范围内；第10栏为观测角值，即第9栏相邻两方向值之差。

表3.4 方向观测法测水平角限差规定值

仪器型号	半测回归零差	一测回同方向2c互差	同一方向各测回互差
DJ2	8″	13″	9″
DJ6	18″	—	24″

3.5 竖直角测量方法

竖直角观测方法

竖盘装置包括竖盘、读数指标、指标水准管及其微动螺旋。如图3.17所示，竖直度盘安装在横轴的一端，随望远镜在竖直面同轴转动。经纬仪的读数指标与指标水准管连接在一起，由指标水准管的微动螺旋控制。当调节指标水准管的微动螺旋，指标水准管的气泡移动，读数指标随之移动。当指标水准管的气泡居中时，读数指标线移动到正确位置，即铅垂位置。

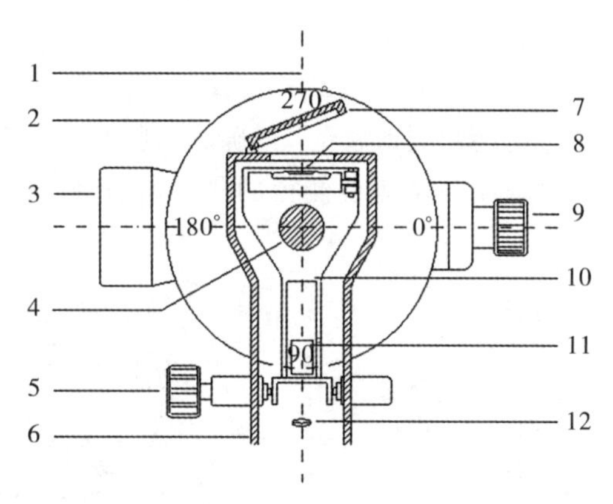

1—铅垂线；2—竖盘；3—望远镜物镜；4—横轴；5—竖盘水准管微动螺旋；6—支架外壳；7—水准管观察镜；8—竖盘水准管；9—望远镜目镜；10—竖盘水准管支架；11—竖盘读数棱镜；12—竖盘读数透镜。

图3.17 竖直度盘构造

竖盘的注记形式有多种，最常见的有0°～360°全圆式顺时针注记和逆时针注记两种。竖直角计算与竖盘注记有关，用时应注意区分。由于竖直角是指在同一竖直面内目标方向线与水平视线的夹角，因此仪器在制造时将水平视线的竖盘读数固定为某一整读数(0°、90°、180°、270°)。通常当望远镜视线水平，指标水准管的气泡居中，指标处于正确位置时，盘左读数为90°(见图13.8(a))，则盘右必为270°，如图13.8(b)所示(两者相差180°)。现以顺时针刻划注记的竖盘为例，得出竖直角的计算公式。

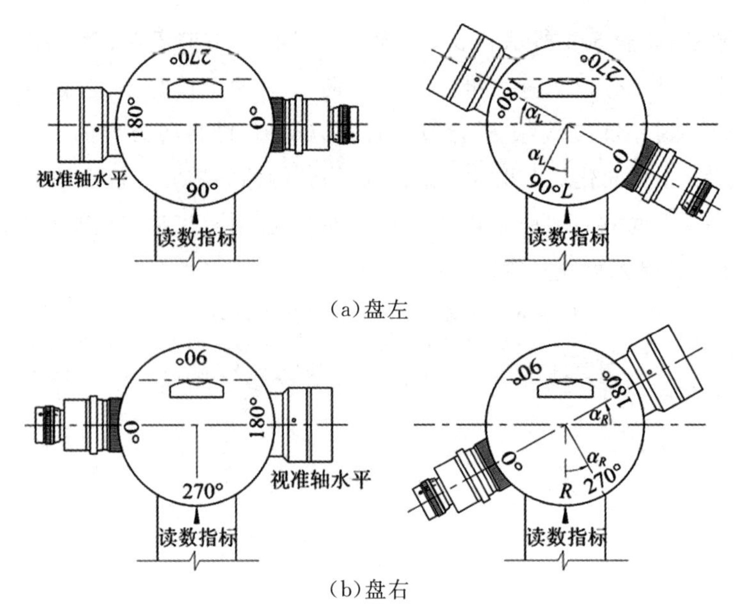

图 3.18 竖直角测量原理

盘左，如图 3.18(a)所示，当抬高视线观测一目标时，竖盘读数为 L，则竖直角为

$$\alpha_L = 90^\circ - L \tag{3.7}$$

盘右，如图 3.18(b)所示，当抬高视线观测原目标，竖盘读数为 R，则竖直角为

$$\alpha_R = R - 270^\circ \tag{3.8}$$

对于逆时针刻划注记的竖盘，可用类似的方法得出竖直角的计算公式为

$$\alpha_L = L - 90^\circ \tag{3.9}$$

$$\alpha_R = 270^\circ - R \tag{3.10}$$

当竖盘指标管水准轴与竖盘读数指标关系不正确时，则如图 3.19 所示，视线水平时的读数不是 90°或 270°，而是相差 x，这样用一个盘位测得的竖直角值，即含有误差 x，这个误差称为竖盘指标差。

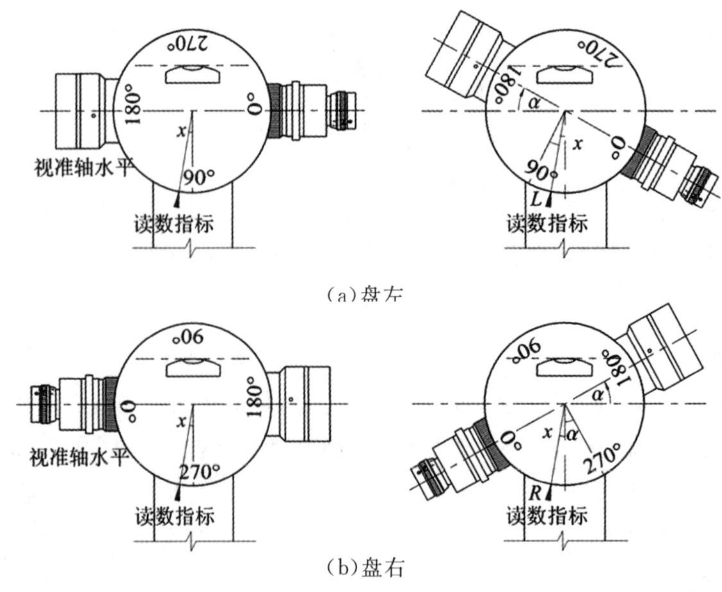

图 3.19 竖盘指标差

为求得正确角值，需加入指标差 x 改正，即

$$\alpha=\alpha_{左}+x \tag{3.11}$$

$$\alpha=\alpha_{右}-x \tag{3.12}$$

解上两式可得

$$\alpha=\frac{\alpha_{右}+\alpha_{左}}{2} \tag{3.13}$$

$$x=\frac{\alpha_{右}-\alpha_{左}}{2} \tag{3.14}$$

从式(3.13)可以看出，取盘左、盘右结果的平均值时，指标差 x 的影响已自然消除。将式(3.11)减去式(3.12)，可得

$$x=\frac{R+L-360°}{2} \tag{3.14}$$

即利用盘左、盘右照准同一目标的读数，可按式(3.15)直接求算指标差 x。如果 x 为正值，说明视线水平时的读数大于 90°或 270°，如果为负值，则说明视线水平时的读数小于 90°或 270°。在同一站上，x 可视为常数，盘左、盘右、角值的平均值可消除 x 的影响。但是，在观测中，如果 x 的变化超过一定范围，表明观测质量较差，式(3.13)就不可能消除其影响，必须返工重测。DJ6 经纬仪每测回间指标差的互差不应超过 25″，同一目标各测回竖直角互差不超过 25″。以上各公式是按顺时针方向注字的竖盘推导的，同理也可推导出逆时针方向注字竖盘的计算公式。

竖直角的观测步骤如下：

(1)仪器安置于测站点 O 上。

(2)盘左瞄准目标点 A(中丝切于目标顶部)，如图 3.14 所示。调节竖盘指标水准管气泡居中，读数 L，并记入表 3.5 中。

(3)盘右再瞄准 A 点并调节竖盘指标水准管气泡居中，读数 R，并记入表 3.5 中。

表 3.5 竖直角观测记录表

测站	目标	竖盘位置	竖盘读数 /(° ′ ″)	半测回竖直角 /(° ′ ″)	指标差 /(″)	一测回竖直角 /(° ′ ″)	备注
O	A	左	76°30′6″	+13°29′54″	-6	+13°29′48″	竖盘为全圆顺时针注记
		右	283°29′42″	+13°29′42″			
	B	左	109°26′12″	-19°26′12″	-9	-19°26′21″	
		右	250°33′30″	-19°26′30″			

(4)计算竖直角。

3.6 DJ6 经纬仪的检验与校正

根据角度测量原理，仪器主要轴线间应满足以下几何关系(见图 3.20)：

(1)照准部水准管轴 LL 垂直仪器竖轴 VV。

(2)望远镜视准轴 CC 垂直仪器横轴 HH。

(3)横轴 HH 垂直竖轴 VV。

(4)十字丝的纵丝垂直于 HH。

(5)竖盘指标差 $x=0$。

(6)光学对中器的视准轴与 VV 重合。

仪器出厂时，虽经检验合格，但由于搬运、使用中的震动等原因造成几何关系变化，因此应定期进行检校。

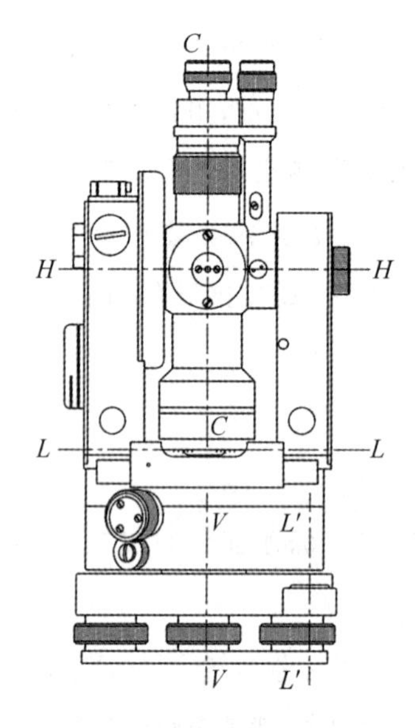

图 3.20 经纬仪的轴线关系图

3.6.1 照准部水准管轴的检校

目的：当照准部水准管气泡居中时，应使水平度盘水平，竖轴铅垂。

检验方法：将仪器安置好后，使照准部水准管平行于一对脚螺旋的连线，转动这对脚螺旋使气泡居中。再将照准部旋转 180°，若气泡仍居中，说明条件满足，即水准管轴垂直于仪器竖轴，否则应进行校正。

校正方法：如图 3.21 所示，转动平行于水准管的两个脚螺旋使气泡退回偏离零点的格数的一半，再用拨针拨动水准管校正螺丝，使气泡居中。校正需要反复进行，直至气泡在任何位置偏移中心小于半格为止。

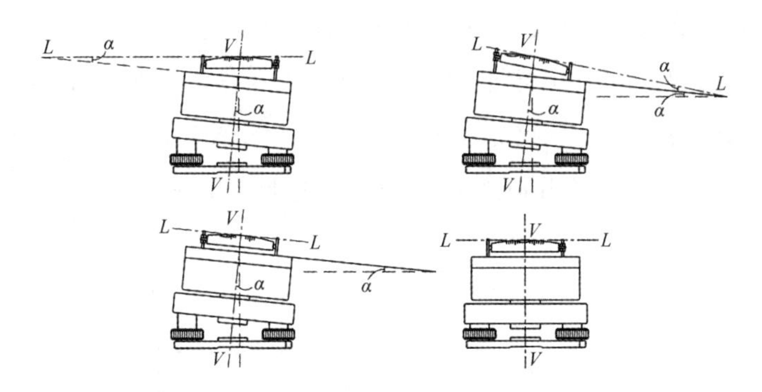

图 3.21 经纬仪水准管轴的检验与校正

3.6.2 十字丝竖丝的检校

目的:使十字丝竖丝垂直横轴。当横轴居于水平位置时,竖丝处于铅垂位置。

检验方法:用十字丝竖丝的一端精确瞄准远处某点,固定水平制动螺旋和望远镜制动螺旋,慢慢转动望远镜微动螺旋。如果目标不离开竖丝,说明此项条件满足,即十字丝竖丝垂直于横轴,否则需要校正。

校正方法:如图 3.22 所示,要使竖丝铅垂,就要转动十字丝板座或整个目镜部分。图 3.22 中的 1、2、3、4 是十字丝校正螺丝。校正时,首先旋松 4 个压环固定螺丝,用十字丝校正螺丝转动十字丝板座,直到照准部水平微动时,P 点始终在横丝上移动为止,最后再旋紧压环固定螺丝。

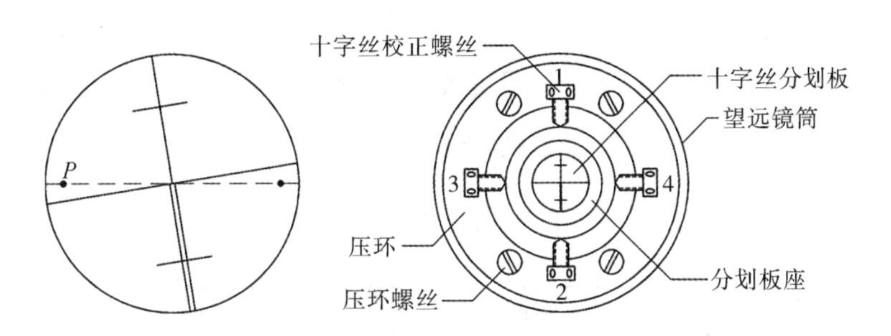

图 3.22 经纬仪十字丝竖丝的检验与校正

3.6.3 视准轴的检校

目的:使望远镜的视准轴垂直于横轴。视准轴不垂直于横轴的倾角 C 称为视准轴误差,也称为 $2C$ 误差,它是由于十字丝交点的位置不正确而产生的。

检验方法:如图 3.23 所示,选一长约 80 m 的平坦地区,将经纬仪安置于中间 O 点,在 A 点竖立与仪器同高的测量标志,在 B 点水平横置一根水准尺,使尺身垂直于视线 OB 并与仪器同高。盘左位置,视线大致水平照准 A 点,固定照准部,然后纵转望远镜,在 B 点的横尺上读取读数 B_1。松开照准部,再以盘右位置照准 A 点,固定照准部。再纵转望远镜在 B 点横尺上读取

读数 B_2。如果 B_1、B_2 两点重合，则说明视准轴与横轴相互垂直，否则需要进行校正。

校正方法：在 B_1、B_2 点间 1/4 处定出 B_3 读数，此时 OB_3 垂直于横轴 HH。用校正针拨动十字丝左、右校正螺旋，先松其中一个校正螺丝，后紧另一个校正螺丝，使十字丝交点与 B_3 点重合。如此反复检校，直到 $B_1B_2 \leqslant 2$ mm 为止。最后旋上十字丝分划板护罩。

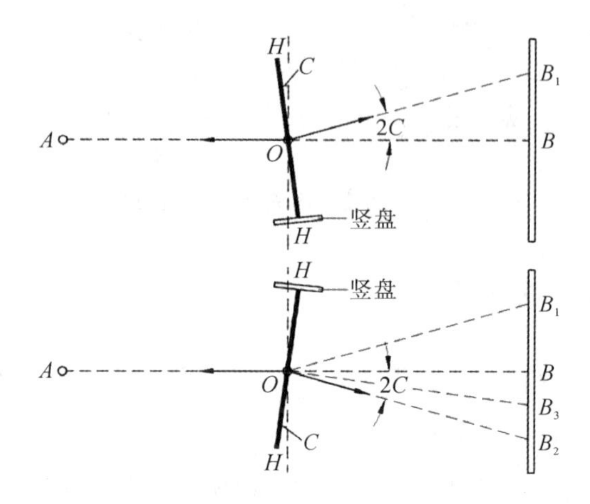

图 3.23　经纬仪视准轴的检校

3.6.4　横轴的检校

目的：使横轴垂直于仪器竖轴，使望远镜旋转的视准面为一铅垂面而不是倾斜面。

检验方法：如图 3.24 所示，将仪器安置在一个清晰的高目标附近，其仰角为 30°左右。盘左位置照准高目标 P 点，固定水平制动螺旋，将望远镜大致放平，在墙上或横放的尺上标出 P_1 点。纵转望远镜，盘右位置仍然照准 P 点，放平望远镜，在墙上标出 P_2 点。则横轴误差 i 的计算公式为

$$i = \frac{P_1P_2}{2D}\cot\alpha \cdot \rho'' \tag{3.16}$$

图 3.24　经纬仪横轴的检校

如果 P_1 和 P_2 重合，则说明此条件满足，即横轴垂直于仪器竖轴，否则需要进行校正。

校正方法：打开仪器支架护盖，调整偏心轴承环，抬高或降低横轴的一端使得 $i=0$。此项校正应在无尘室内环境进行，使用专用的平行光管进行操作。当条件不具备时，应由厂家或专业仪器修理人员进行。

3.6.5 竖盘指标差的检校

目的：使竖盘指标差 $x=0$，指标处于正确的位置。

检验方法：安置经纬仪于测站上，用望远镜在盘左、盘右两个位置观测同一目标，当竖盘指标水准管气泡居中后，分别读取竖盘读数 L 和 R，用式(3.15)计算出指标差 x。如果 x 超过限差，则须校正。

校正方法：保持望远镜盘右位置瞄准目标不变，计算指标差为零时盘右正确读数 $R-x$，转动竖盘指标水准管微动螺旋使指标线对准该读数，此时气泡必不居中，用校正针拨动竖盘指标水准管校正螺丝，使气泡居中即可。校正需要反复进行，直至不超过限差为止。

3.6.6 光学对中器的检校

目的：使光学对中器视准轴与仪器竖轴重合。

检验方法：地面上放置白纸，白纸上画十字形标志以标志点 P 为对中标志安置仪器，旋转照准部 180°，点像偏离对中器分划板中心到 P' 时对中器视准轴与竖轴不重合，需校正。

校正方法：在白纸上定出 P' 与 P 点的中点 O，转动对中器校正螺丝使对中器分划板中心对准 O 点需要反复进行。

3.7 水平角测量误差

水平角测量误差来源于三个方面：仪器误差、操作误差及外界条件的影响。现就三方面依次讲述如下。

3.7.1 仪器误差

仪器误差主要指仪器校正不完善而产生的误差，主要有视准轴误差、横轴误差、竖轴误差、照准部偏心差、度盘分划误差，讨论其中任一项误差时，均假设其他误差为零。

1. 视准轴误差

视准轴误差是视准轴 CC 不垂直于横轴 HH 的偏差 C，当 CC 绕 HH 旋转一周扫出两个圆锥面。如图 3.25 所示，盘左瞄准目标点 P，水平度盘读数为 L（见图 3.25 左图），因为水平度盘为顺时针注记，所以正确读数为 $L+C$；纵转望远镜（见图 3.25 中图），旋转照准部，盘右瞄准目标点，水平度盘读数为 R（见图 3.25 右图），正确读数为 $R-C$；通过盘左和盘右方向观测取平均法消除视准轴误差影响，则有

$$\bar{L} = L + C + R - C \pm 180^\circ = L + R \pm 180^\circ \tag{3.17}$$

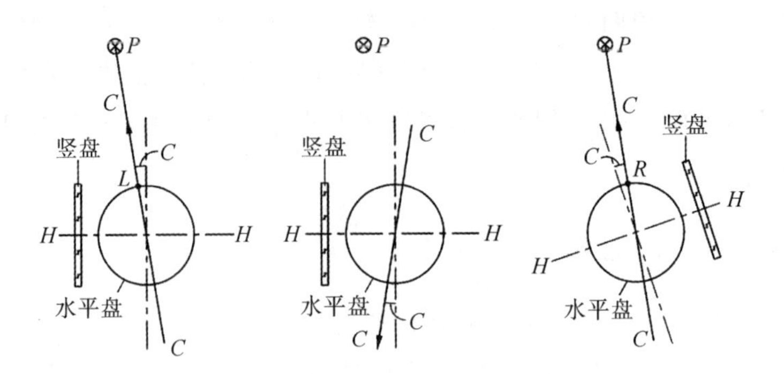

图 3.25 视准轴误差对水平方向观测的影响

2. 横轴误差

横轴 HH 不垂直于竖轴 VV 的偏差 i 称为横轴误差，当 VV 铅锤时，HH 与水平面的夹角为 i。假设 CC 已经垂直于 HH，此时，CC 绕 HH 旋转一周将扫出一个与铅锤面成 i 角的平面。如图 3.26 所示，当 CC 水平时，盘左瞄准 P'_1 点，然后将望远镜抬高竖直角 α，当 $i=0$ 时，瞄准的是 P' 点，视线扫过的平面为一铅锤面；当 $i\neq 0$ 时，瞄准的是 P 点，视线扫过的平面为与铅锤面成 i 角的倾斜平面。设 i 角对水平方向观测的影响为 (Δi)，考虑到 i 和 (i) 都比较小，由图 3.26 可以列出下列等式：

$$(\Delta i)'' = \frac{d}{D}\rho'' = \frac{D\tan\alpha \times i''/\rho''}{D}\rho'' = i''\tan\alpha \tag{3.18}$$

由式(3.18)知，当视线水平时，$\alpha=0$，$(\Delta i)''=0$，此时，水平方向观测不受 i 角的影响。盘右观测瞄准 P'_1 点，将望远镜抬高竖直角 α，视线扫过的平面是一个与铅锤面成反向 i 角的倾斜平面，它对水平方向的影响与盘左时的情形互为相反数，因此，盘左、盘右取平均可以消除横轴误差的影响。

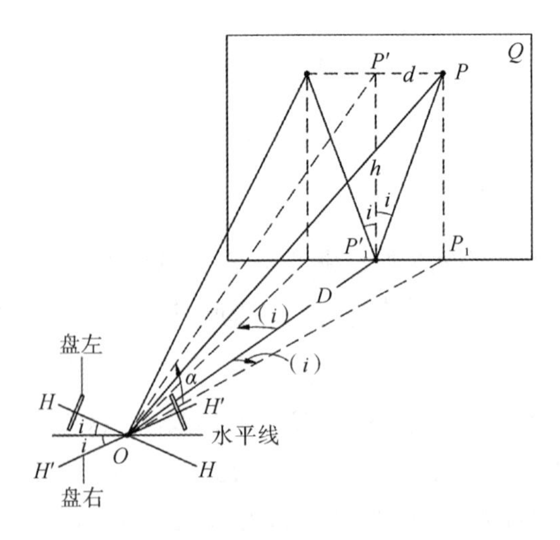

图 3.26 横轴误差对水平方向观测的影响

3. 竖轴误差

竖轴 VV 偏离铅垂线的偏差 δ 即为竖轴误差，当 LL 水平时，VV 偏离铅垂线 δ 角，造成水平

盘倾斜水平面 δ 角。因为照准部是绕倾斜的竖轴 VV 旋转，无论盘左或盘右观测，VV 倾斜方向相同，致使 HH 的倾斜方向也相同，所以竖轴误差不能用双盘位观测取平均值消除。为此，观测前应严格检校仪器，观测时保持照准部管水准气泡居中，观测过程中气泡偏离量应小于 1 格，否则应重新对中整平操作。

4. 照准部偏心差

水平度盘刻划中心 O 与照准部旋转中心 O' 不重合而产生的误差称为照准部偏心差。如图 3.27 所示，设 O、O' 重合时瞄准 A 目标的盘左正确读数为 $L_{左}$，不重合时则盘左读数 $L'_{左}$ 将比正确值 $L_{左}$ 大 x，盘右读数 $R_{右}$ 比正确读数 $R'_{右}$ 小 x，这对于 DJ6 单指标读数类型的仪器，同一目标盘左盘右观测取平均值即可消除照准部偏心差的影响。对于 DJ2 双指标度盘对径分划符合读数类型的仪器，一个盘位读取度盘对径 180°方向读数的平均值，就可消除照准部偏心差的影响。

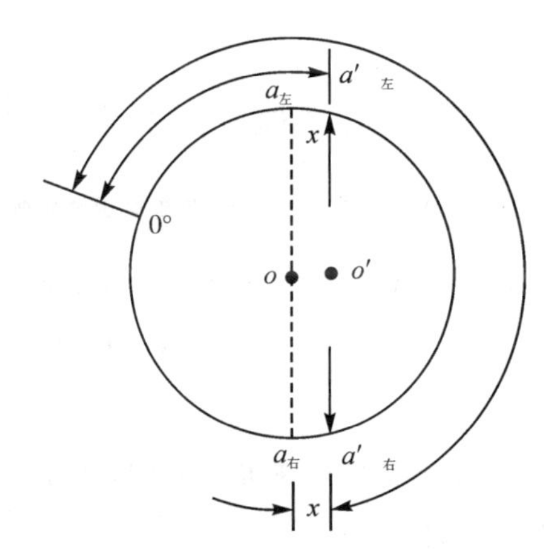

图 3.27 照准部偏心差对水平度盘读数影响

5. 度盘分划误差

现代光学测角仪器，度盘的分划误差很小，一般可忽略不计，若观测角度需要测多个测回，应变换度盘位置，使各测回的方向值分布在度盘的不同区间；取各测回角值的平均值，可以减小度盘分划误差的影响。

3.7.2 操作误差

1. 对中误差

对中误差又称测站偏心差，系仪器中心与测站中心不重合所引起的误差，如图 3.28 所示，B 为测站点，B' 为仪器中心，e 为偏心距，β 为欲测角，β' 为实测角，δ_1 和 δ_2 为对中误差产生的测角影响，则

$$\Delta\beta = \beta - \beta' = \delta_1 + \delta_2 = \left[\frac{\sin\theta}{D_1} + \frac{\sin(\beta' - \theta)}{D_2}\right] \cdot e \cdot \rho \tag{3.19}$$

由上式可知，$\Delta\beta$ 与偏心距 e 成正比，与边长 D 成反比，还与测角大小有关，β 越接近 180°，θ 越接近 90°，影响越大。所以在测角时，对于短边、钝角尤其要注意对中。

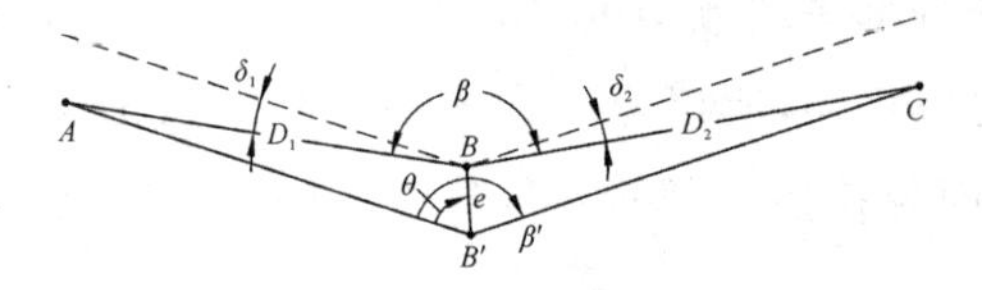

图 3.28 对中误差对水平角测量的影响

2. 目标偏心差

目标偏心差是由瞄准中心偏离标志中心所引起的误差。如图 3.29 所示，B 为测站点，A 为标志中心，A'为瞄准中心，e_1 为目标偏心差，γ''为目标偏心对水平角观测一个方向的影响，则

$$\gamma'' = \frac{e_1 \sin\theta_1}{D}\rho'' \tag{3.20}$$

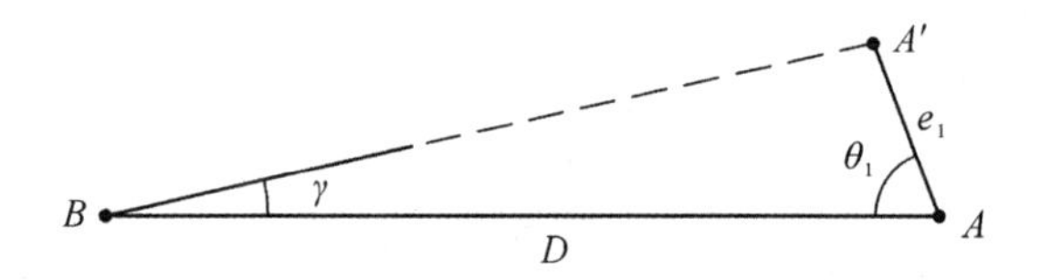

图 3.29 目标偏心误差对水平角观测的影响

由上式可知，γ''与目标倾斜角 θ_1、目标长度 e_1 成正比，与边长 D 成反比。因此观测水平角时，标杆应竖直，并尽量照准底部，当 D 较小时，应尽可能照准标志中心。

3. 瞄准误差

瞄准误差是视准轴偏离目标理想瞄准线的夹角，主要取决于人眼鉴辨角 P（约为 $60''$）和望远镜的放大倍率 V，一般可用下式表达：

$$m_v = \pm P/V \tag{3.21}$$

4. 读数误差

读数误差主要取决于仪器的读数设备、照度和判断的准确性。对于 DJ6 级，读数最大误差为$\pm 12''$左右，对于 DJ2 级一般在$\pm 2''$～$3''$范围内。

3.7.3 外界条件的影响

外界条件的影响因素很多，如温度变化、大气透明度、旁折光、风力等，这些因素均影响观测结果的精度。为此，在测量水平角时，应采取措施，例如选择有利的观测时间确保成像清晰稳定，踩实三脚架的脚尖，为仪器撑伞遮阳；尽可能使视线远离建筑物、水面以及烟囱顶，以防因气温引起的大气水平密度变化而产生旁折光影响等。

3.7.4 角度测量误差消除方法

通过上述分析，为了提高测角精度，观测时必须通过以下方式减小或消除对角度的观测误差：

（1）观测前检校仪器，使仪器误差降到最小。

(2)安置仪器要稳定,脚架应踩实,仔细对中和整平,一测回内不得重新对中整平。

(3)标志应竖直,尽可能瞄准标志的底部。

(4)观测时应严格遵守各项操作规定和限差要求,尽量采用盘左、盘右观测。

(5)水平角观测时应用十字丝交点对准目标底部;竖直角观测时应用十字丝交点对准目标顶部。

(6)对一个水平角进行 n 个测回观测,各测回间应按 $180°/n$ 来配置水平度盘的初始位置。

(7)读数准确、果断。

(8)选择有利的观测时间进行观测。

3.8 电子经纬仪

电子经纬仪具有与光学经纬仪类似的结构,测角方法基本相同。不同之处在于以光电扫描度盘代替光学度盘,以自动记录和显示读数代替人工读数,其关键技术是光电测角技术。下面分别从电子经纬仪的原理和操作方法两个方面来介绍。

3.8.1 电子经纬仪测角原理

1. 编码度盘绝对式测角原理

为了分区对度盘进行二进制编码,将整个玻璃度盘沿径向划分为 2^n 条由圆心向外辐射的等角距码区,n 条码道(同心圆环),使每条码区被码道分成 n 段黑白光区。设黑区透光为 1,白区不透光为 0,从而对不同码区组成以 n 位数为一组的编码。如图 3.30 所示,码道数 $n=4$,码区数 $2^4=16$,每条码区依次标有不同 4 位数的编码(见表 3.6),如第十三码区的编码为 1101。每码区的角值为 $360°/2^4=22.5°$。为了识别照准方向落在度盘所在码区位置的编码,在度盘上方按码道划分的光区位置,安装一排发光的二极管组成发光阵列,在度盘下方对应位置安装一排光电二极管组成光信号接收阵列,上下阵列对度盘光区扫描。发光阵列通过光区发出光信号 1(透光)和 0(不透光),使得接受阵列分别输出高压和低压信号,通过译码器而获得照准方向所在码区的绝对位置。

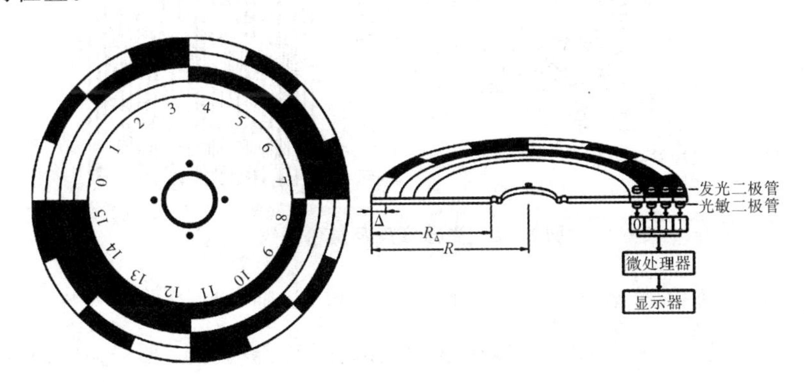

图 3.30 编码度盘测角原理

表 3.6 码区对应编码表

区间	编码	区间	编码	区间	编码	区间	编码
0	0000	4	0100	8	1000	12	1100
1	0001	5	0101	9	1001	13	1101
2	0010	6	0110	10	1010	14	1110
3	0011	7	0111	11	1011	15	1111

编码度盘的分辨率，即码区角值的大小($360°/2^n$)取决于码道数 n，n 越大，分辨率越高。如分辨率要求达到 10′，则需要 11 个码道，2 048 个码区，即 $360°/2^{11}=10'$。设度盘直径 $R=80$ mm，每码区圆心角所对的最大弧长：

$$\Delta S=\frac{10'R}{2\rho}=0.12\ \text{mm} \tag{3.22}$$

显然要将光区发光元件做成小于 0.12 mm 是极其困难的。因此，编码度盘只用于角度粗测，精测还需利用电子测微技术进行。

2. 光栅度盘绝对式测角原理

如图 3.31 所示，在玻璃圆盘刻度圈上，全圆式地刻划出密集型的径向细刻线，光线透过时呈现明暗条纹，这种度盘称为光栅度盘。通常光栅的刻线不透光，缝隙透光，两者的宽度相等，两宽度之和为 d，称栅距。栅距所对的圆心角，即为光栅度盘的分划值。例如，在直径为 80 mm 的度盘上，刻划有 12 500 条细刻线，其密度达每毫米 50 条，栅距分划值为 1′44″。

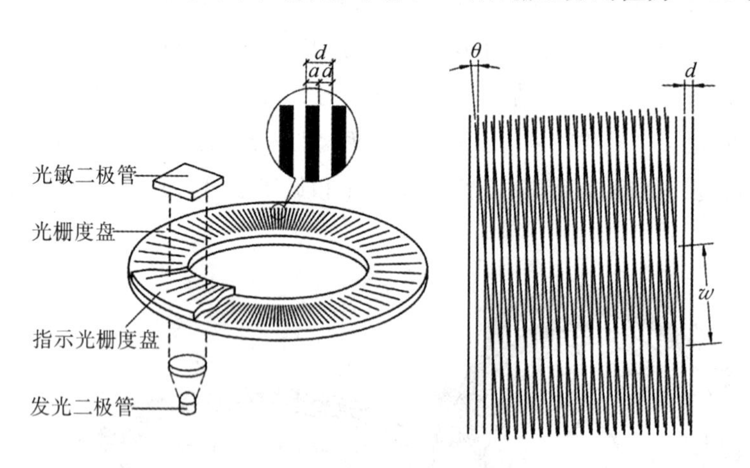

图 3.31 光栅度盘及莫尔条纹

为了提高度盘的分辨率，在度盘上下方的对称位置，分别安装发光器和光信号接收器。在接收器与底盘之间，设置一块与度盘刻线密度相同的光栅，称为指示光栅。如图 3.31 所示，指示光栅与度盘光栅相叠，并使它们的刻线相互倾斜一个微小角 θ。指示光栅、发光器和接收器三者位置固定，唯光栅度盘随照准部旋转。当发光器发出红外光穿透光栅时，指示光栅上就呈现出放大的明暗条纹，纹距宽为 w。这种条纹称为莫尔条纹。

根据光学原理，莫尔条纹具有以下特征：

(1)纹距 w 与栅距 d 成正比，与倾斜角 θ 成反比，三者应满足以下关系：

$$D=\frac{d}{\theta}\rho=kd \tag{3.23}$$

式中，k 为莫尔条纹放大倍数。当 $\theta=7'$ 时，$k=\rho/\theta=3\ 438'/7'=500$ 倍。

(2)度盘旋转一个栅距 d，莫尔条纹移动一个纹距 w，亮度相应按正弦波变化一个周期，从而使接收器将光信转换的电流变化一周。测角时，望远镜瞄准起始方向，使接收电路中计数器处于“0”状态。当度盘随照准部正、反向转至另一目标方向时，计数器在判向电路控制下，对莫尔条纹亮度变化的周期数进行累加、减计数。最后经过程序处理，显示出观测角值。如果在电流波形每一周期内插 K 个脉冲，并将流过的脉冲计数，从而将角度分辨率提高 K 倍。这种累加栅距测角的方法，称为增量式测角。

3. 区格度盘动态式测角原理

在玻璃度盘上分划出若干等距的径向区格。每一区格由一对黑白光区组成，白的透光、黑的不透光。区格相应的角值，即格距为 φ_0，如图 3.32 所示。例如将度盘分划为 1 024 区格，格距 $\varphi_0=360°/1\ 024=21'06''$。

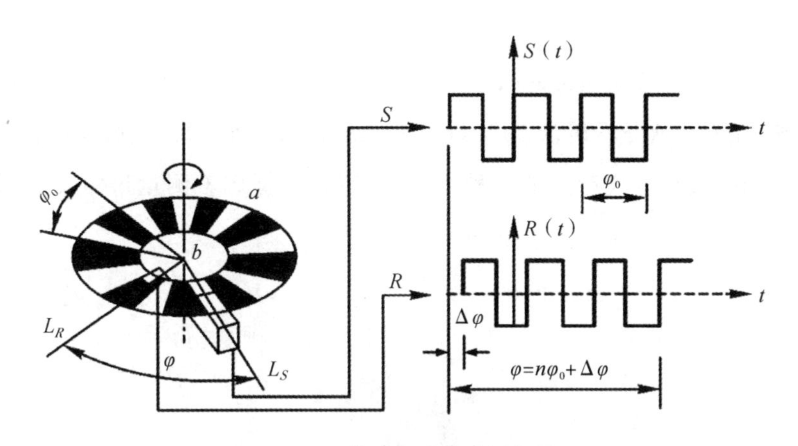

图 3.32 区格度盘动态式测角原理

测角时，为了消除度盘刻划误差，按全圆刻划误差总和等于零的原理，用微型马达带动度盘等速旋转，利用光栏上安装的电子元件对度盘进行全圆式扫描，从而获得目标的观测方向值。如图 3.32 所示，在度盘的外缘安装固定光栏 L_S 与基座相连，充当 0 位线；在度盘的内缘安装活动光栏 L_R，随照准部转动，充当方向指标线。在每支光栏上装有发光器和光信号接收器，分别置于度盘上下方的对称位置。通过光栏上的光孔，发光器发出旋转度盘透光、不透光区格明暗变化的光信号。接收器将光信号转换为正弦波经整形为方波的电流各自由 S、R 输出，以便计数和相位测量。L_S 与 L_R 之间的夹角 φ 为 $n\varphi_0$ 与不足一个格距 $\Delta\varphi$ 之和，即

$$\varphi = n\varphi_0 + \Delta\varphi \tag{3.24}$$

式中，n 与 $\Delta\varphi$ 可由粗测和精测求得。

(1)粗测。在度盘同一径向上，对应 L_S 与 L_R 光孔位置，各设置一个标志。度盘旋转时，标志通过 L_S，计数器对脉冲方波开始计数。当同一径向的另一标志通过 L_R 时，计数器停止计数。计数器计得的方波数即为 φ_0 的个数 n。

(2)精测。设 φ_0 对应的时间为 T_0，$\Delta\varphi$ 对应的时间为 ΔT，因度盘是等速旋转，它们的比值应相等，即

$$\Delta\varphi = \frac{\varphi_0}{T_0}\Delta T \tag{3.25}$$

式中，φ_0、T_0 均为已知数，ΔT 为任意区格通过 L_S，紧接着另一区格通过 L_R 所需要的时间。它可通过在相位差 $\Delta\varphi$ 中填充脉冲，并计其数，根据已知的脉冲频率和脉冲数计算出来。度盘转一周可测出 1 024 个 $\Delta\varphi$，取其平均值求得 $\Delta\varphi$。

粗测和精测的数据，经过微处理器，最后的观测角值，由液晶屏显出来。这种以旋转度盘的测角方法，称为动态式测角。

3.8.2 电子经纬仪的操作方法

1. 电子经纬仪的特点

光学经纬仪和电子经纬仪测量的原理和结构有所不同。光学经纬仪由以下部件组成：望远镜、照准部、度盘、光栅盘或光学码盘、测微器系统、轴系、水准器、基座及脚螺旋、光学对点器、读数面板等。电子经纬仪是近代产生的一种新型测量仪器，标志着测量仪器发展到一个新的阶段。电子经纬仪的基本结构如图 3.33 所示。

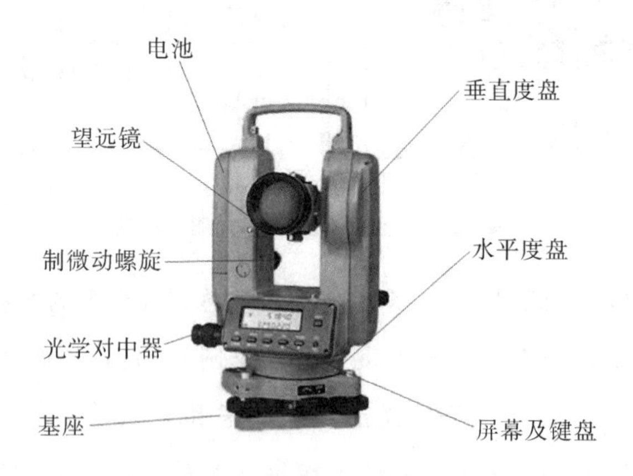

图 3.33 电子经纬仪的基本结构

与光学经纬仪相比较，电子经纬仪的主要特点有以下几点：

(1)由于采用扫描技术，从而消除了光学经纬仪在结构上的一些误差(如度盘偏心差、度盘

刻划误差)。

(2)现代电子经纬仪具有三轴自动补偿功能,即能自动测定仪器的横轴误差、竖轴误差及视准轴误差,并对角度观测值自动进行改正。

(3)电子经纬仪可将观测结果自动存储至数据记录器,并用数字方式直接显示在显示器上,实现角度测量自动化和数字化。

(4)将电子经纬仪与光电测距仪及微型电脑组合成一体,构成全站型电子速测仪,可直接测定测点的三维坐标。全站型电子速测仪与绘图仪相结合,可实现测量、计算、成图的一体化和自动化。

电子经纬仪在结构和外观上与光学经纬仪基本类似,使用方法与光学经纬仪也基本相同,包括安置仪器、照准目标和读数三个步骤。除读数是在显示器上直接读取外,其他步骤的操作方法与光学经纬仪完全相同。电子经纬仪与光学经纬仪主要区别在于读数系统,如图 3.34 所示。光学经纬仪采用带有数字注记刻划的光学度盘,以及由度盘和一系列光学棱镜、透镜所构成的光学读数系统。电子经纬仪采用电子度盘以及由它和机、电、光器件组成的测角系统。电子经纬仪有三种测角系统,即度盘编码法、增量法和动态法。各种测角系统的测角原理亦不相同。

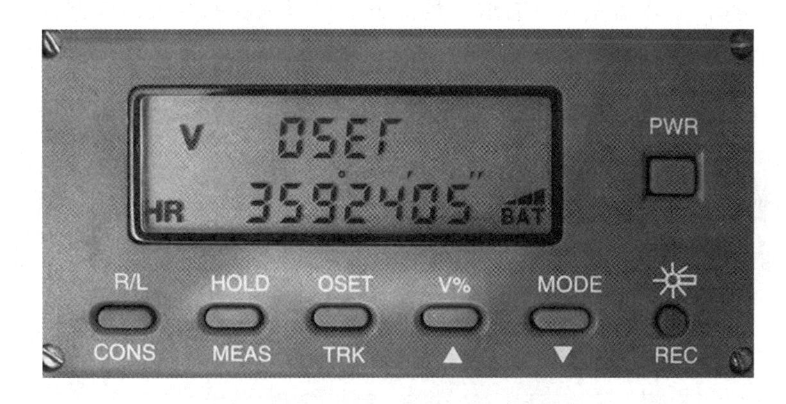

图 3.34 电子经纬仪的读数面板

2. 电子经纬仪的操作方法

如图 3.34 所示,下面介绍电子经纬仪读数面板各主要按钮的功能。

(1)PWR——电源开/关键,一般执行键上字符的第一功能(测角操作)。

(2)MODE +其余键——执行键下字符第二功能(测距操作)。

(3)R/L ——右/左旋水平角选择。右旋 HR :水平度盘顺时针注记。仪器向右旋转,水平度盘读数增加;向左旋转,水平度盘读数减少。左旋 HL :水平度盘为逆时针注记,与右旋相反。

(4)HOLD——水平度盘读数锁定键,连按 2 次锁定,按 1 次解锁。

(5)OSET——水平度盘置零键,连按 2 次,水平度盘被置 0。

(6)V/%——切换竖角角度制/斜率百分比显示。以角度制显示时,例如:盘左竖盘读数为

$87°48'25''$，按 V/%键的竖盘读数为 3.82%，转换公式为 $\tan\alpha=\tan(90°-87°48'25'')=3.82\%$。

(7) ——开/关显示窗和十字丝分划板照明。

将电子经纬仪对中整平后，按下“PWR”，即打开电源，按下“CONS”键至三声蜂鸣后松开“CONS”键，仪器进入初始化设置状态，设置完成后按“CONS”键予以确认，仪器返回测角模式。如果显示屏显示“b”，提示仪器的竖轴不垂直，将仪器精确整平后“b”消失。将望远镜十字丝中心照准目标，按“OSET”两次，使水平角读数为 0°00′00″，作为水平角起算的零方向。按“R/L”键，水平角设置为右旋 R 或左旋 L。一般设置为右旋 R(相当于光学经纬仪顺时针注记的水平度盘)，则顺时针转动照准部，瞄准另一目标，显示屏显示相应的水平角与竖直角。盘左完成后，倒转望远镜完成盘右观测。

思考题与练习题

1. 名词解释：水平角、竖直角、天顶距、测回法、视准面、竖盘指标差、对中、度盘分划值。

2. 经纬仪对中和整平的目的各是什么？

3. 简述一测回法测水平角的步骤。

4. 水平角测量时，采取盘左和盘右取平均的方法可以消除哪些仪器误差？

5. 竖直角测量时，为什么每次竖盘读数前应转动竖盘指标水准管的微动螺旋使气泡居中？

6. 什么是竖盘指标差？如何消除竖盘指标差？

7. 用 DJ6 经纬仪观测某一目标的竖直角，盘左时竖盘读数为 75°40′26″，竖盘注记形式为逆时针，已知该仪器的竖盘指标差−1′30″，试求该目标正确的竖直角。

8. 光学经纬仪与电子经纬仪有何异同？

9. 根据表 3.7 中的水平角观测记录(测回法)，计算出这些水平角值。

表 3.7　习题 9 表

测站	目标	竖盘	水平度盘读数			半测回角值			平均角值			备注
			°	′	″	°	′	″	°	′	″	
B	*C*	左	347	16	30							C A β B
	A		48	34	24							
	C	右	167	15	42							
	A		228	33	54							

10. 根据表 3.8 中的垂直度盘形式和垂直角观测记录，计算出这些垂直角值。

表 3.8　习题 10 表

测站	目标	竖盘	竖盘读数			半测回角值角			一测回垂直角			备　注
			°	′	″	°	′	″	°	′	″	
A	B	左	72	36	12							270° 180° 0° 90°
		右	287	23	44							
	C	左	88	15	52							
		右	271	44	06							
	D	左	88	15	52							
		右	271	44	06							

11. 经纬仪有哪些轴线？各轴线之间应满足哪些条件？为什么要满足这些条件？
12. 如何进行平盘水准管的检验和校正？
13. 如何进行视准轴垂直于横轴的检验和校正？
14. 经纬仪的视准轴误差如何影响水平度盘读数？如何影响水平角值？
15. 经纬仪的横轴误差如何影响水平度盘读数？如何影响水平角值？
16. 如何会产生经纬仪的纵轴误差？纵轴误差如何影响水平度盘读数？
17. 经纬仪的对中误差和目标偏心误差如何影响水平角观测？

第4章 距离测量

距离测量是指测量地面上两点连线长度的工作。通常需要测定的是水平距离,即两点连线投影在某水准面上的长度。它是确定地面点的平面位置的要素之一,是测量工作中最基本的任务之一。通常需要测定的是水平距离,即两点连线投影在某水准面上的长度。

距离测量概述

4.1 钢尺量距

1. 量距工具

距离测量的工具主要包括钢尺、测钎、标杆、垂球等。钢尺是钢制的带尺,宽 10～15 mm,厚 0.2～0.4 mm,长度有 20 m、30 m、50 m 等几种,卷放在圆形的盒内或金属架上。钢尺的基本分划为 cm,最小分划为 mm,在 m 处和 dm 处有数字注记。钢尺分为端点尺和刻划尺两种。端点尺是以尺外缘作为尺的零点(见图 4.1(a))。刻划尺是以尺的前端某一刻线作为尺的零点(见图 4.1(b))。钢尺的优点:钢尺抗拉强度高,不易拉伸,所以量距精度较高,在工程测量中常用钢尺量距。钢尺的缺点:钢尺性脆,易折断,易生锈,使用时要避免扭折、防止受潮。

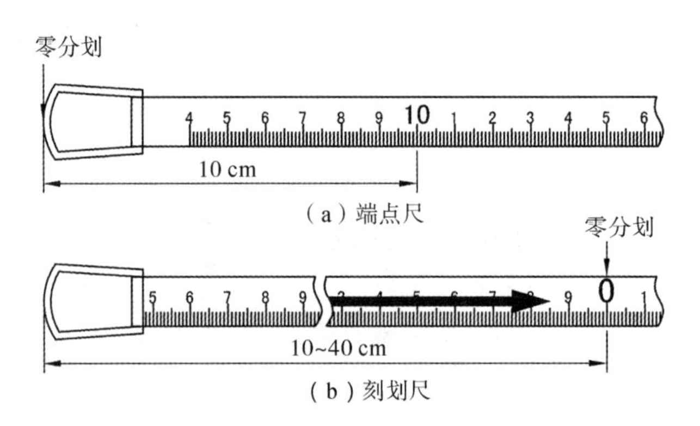

图 4.1 钢尺的分划

测钎一般用钢筋制成,上部弯成小圆环,下部磨尖,直径为 3～6 mm,长度为 30～40 cm。钎上可用油漆涂成红、白相间的色段,如图 4.2(a)所示。通常 6 根或 11 根系成一组。量距时,将测钎插入地面,用以标定尺端点的位置,亦可作为近处目标的瞄准标志。

标杆,也称测杆或花杆,多用木料或铝合金制成,直径约 3 cm、全长有 2 m、2.5 m 及 3 m 等几种规格,如图 4.2(b)所示。杆上用油漆涂成红、白相间的 20 cm 色段,非常醒目,测杆下端装有尖头铁脚,便于插入地面,作为照准标志。

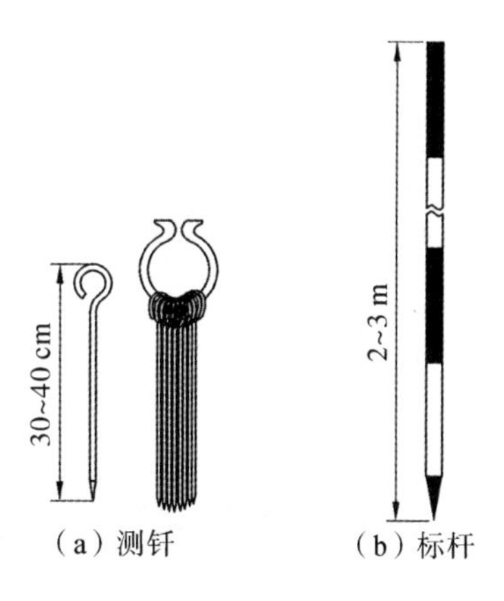

图 4.2 测钎与标杆

2. 直线定线

钢尺量距的外业工作

当地面两点的距离过长或地形起伏较大,为了便于量距,需要在两点的连线方向上标定出若干临时点,这项工作称为直线定线。相邻临时点间长度可以小于或等于尺子的长度。方法有测杆定线和仪器定线两种,前者用目估,精度较低;后者常用经纬仪定线,精度较高。

1)测杆定线

如图 4.3 所示,在互相通视的 A、B 两点直线上标出临时点 1、2 等点的做法:先在 A、B 两点上竖立测杆,然后测量员甲站在 A 点测杆后 1～2 m 处,用眼睛同时瞄准 A、B 测杆;测量员乙持测杆由 B 点走向 A 点,按照测量员甲的指挥,左、右移动测杆使之位于 AB 直线上为止,定出 1 点,依次再定出以后各点。从直线远端(以 A 为起始点)走向近端的定向方法,称为走近定线较高。反之,测量员乙持测杆由直线近端走向直线远端的定线方法,称为走远定线。走近定线法叫走远定向法精确些,这是因为走近定线过程中,新立测杆不受已立测杆的影响。

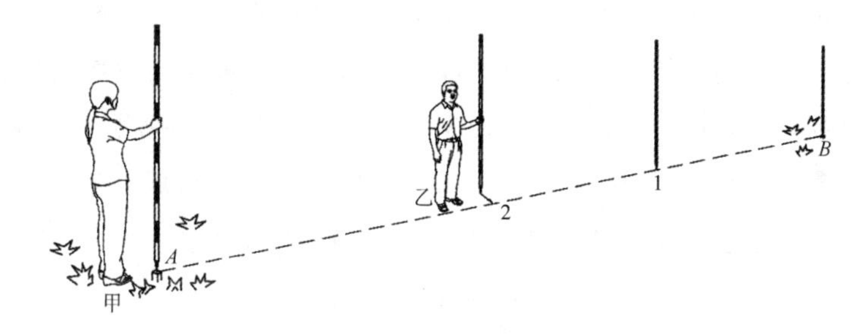

图 4.3 测杆定线

2)经纬仪定线

当直线定线的精度要求时,可用经纬仪定线。如图 4.4 所示,欲在 AB 直线上精确定出 1、2、3 等中间点的位置,一名测量员将经纬仪安置于 A 点,用望远镜十字丝瞄准 B 点,制动照准部。另一名测量员在距 B 点略小于一尺段的位置按经纬仪观测者的指挥移动测钎,当测钎与望远镜十字丝交点完全重合时,将其在地面上标定出来即为 1 点。同法,向下纵转望远镜,在地面上标定出 2、3 点的位置。

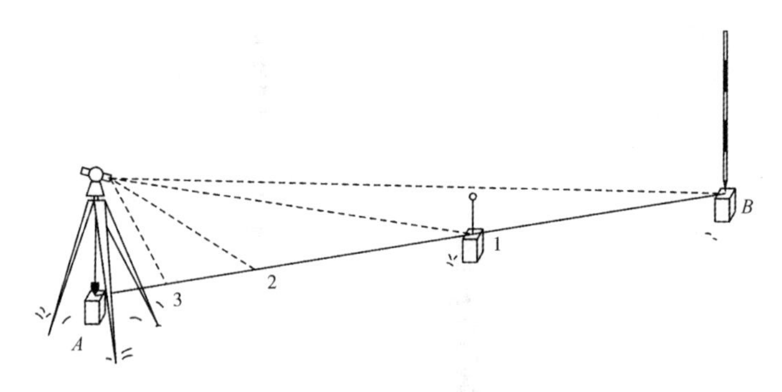

图 4.4　经纬仪定线

3. 钢尺量距的一般方法

1)平坦地面的丈量

丈量前,先将待测两个端点 A、B 用木桩(桩上钉一小钉)标定出来,然后在端点的外侧(必须位于 A、B 直线的延长线上)各竖定一测杆,如图 4.5 所示,清除直线上的障碍物后,即可开始量距。量距时可采用先定线后丈量或边定线边丈量。

图 4.5　平坦地面的丈量

量距工作一般由两人进行。后尺手持钢尺零端,站在 A 点处,前尺手手持钢尺末端沿丈量方向前进至一整尺长度处停下,拉紧钢尺。后尺手以手势指挥前尺手手持尺左、右移动,使钢尺位于 AB 直线方向上。然后,后尺手以尺的零点对准 A 点,当两人同时将钢尺拉紧、拉稳时,后尺手发出"预备"口令,此时前尺手在尺的末端划线处,竖直地插下一测钎,并喊"好",这样就量完了一个尺段。接着,前、后尺手将尺举起前进,同法量出第二个尺段。依此继续丈量下去直到最后量出不足一整尺的余长 q 凑整至厘米读出读数。AB 的全长为

$$D_{AB} = n \times l + q \tag{4.1}$$

式中,l 为钢尺长度,n 为整尺段,q 为不足一整尺的余长。

为了进行检核并提高精度,一般要往、返各量一次,取其平均值作为最后结果。量距精度通常用相对误差 K 来衡量:

$$K = \frac{|D_{往} - D_{返}|}{D_{均}} = \frac{1}{\frac{D_{均}}{|D_{往} - D_{返}|}} \tag{4.2}$$

式中,$D_{往}$ 为往测时的距离,D 返为返测时的距离,$D_{均}$ 为往返测的平均值。在平坦地区,钢尺量距的相对误差一般应不大于 1/3 000,在特殊困难地区,其相对误差也不应大于 1/1 000。

2)倾斜地面的丈量

①平量法。地面起伏不大时,可将尺子拉成水平后进行丈量。如图 4.6(a)所示,欲测量 AB 的水平距离,应先将钢尺零点对准地面 A 点,拉平钢尺(目测判定),然后用垂球将钢尺上某分划线投至地面 1 点,此时在尺上读数,即得 A—1 的水平距离,同法丈量 1—2、2—3、3—4 段。在丈量 4—B 时的水平距离应注意使垂球尖对准 B 点。各测段丈量结果的总和即是 AB 的水平距离。

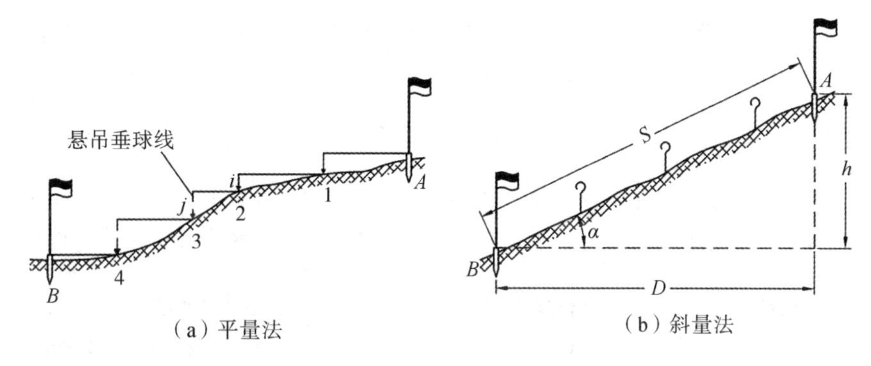

(a) 平量法　　(b) 斜量法

图 4.6 倾斜地面的丈量

②斜量法。当地面倾斜坡地较大时,可用下面的方法测量其水平距离:

如图 4.6(b)所示,直接丈量出 AB 的斜距 S,再测量出 A、B 两点之间的高差 h,按下式计算水平距离 D:

$$D = \sqrt{S^2 - h^2} \tag{4.3}$$

当倾斜地面的坡度比较均匀时,沿着斜坡丈量出 AB 的斜距 S',再用经纬仪测定其竖角 α 或两端的高差 h,用下式计算水平距离 D:

$$D = S \times \cos\alpha = \sqrt{S^2 - h^2} \tag{4.4}$$

4. 钢尺精密量距的方法

钢尺量距成果整理

用一般方法量距,相对精度只能达到 1/1 000～1/5 000。要达到更高的精度,则必须采用精密量距方法,其相对精度可达到 1/10 000～1/40 000。但使用的钢尺必须经过尺长检定,测量时还需使用拉力计和温度计,以控制钢尺拉力和测定温度,进行相应的尺长改正。

1)经纬仪定线

精密量距前要先清理场地,然后安置仪器于 A 点上,瞄准 B 点,用经纬仪定线。并用钢尺进行概量,以便在视线上依次定出比钢尺一整尺长略短的尺段,打下木桩,桩顶高出地面 3～5 cm。桩上画十字作为标记,十字纵向(沿直线方向)由经纬仪定出,横向与纵向垂直。

2)尺段丈量

量距要用检定过的钢尺,每组由 5 人组成,两人拉尺,两人读数,一人指挥并读温度和记录。丈量时后司尺员要用弹簧秤控制拉力(力的大小与钢尺检定时相同,30 m 的钢尺,一般施加

100 N的力）。前、后司尺员同时在钢尺上读数。每尺段要移动钢尺前后位置三次，三次测得的结果最大差值在 3 mm 以内，取平均值作为该段的结果。同时记录温度，估读到 0.5 ℃。

3）尺段高差测定

为了将斜距改算成水平距离，用水准仪测尺段木桩顶间高差，往、返测高差之差不超过 ±10 mm；如在限差内，则取平均值作为该段最终高差。

4）尺段改正计算

精密量距中，每一尺段需进行尺长改正、温度改正和倾斜改正，求出改正后的水平距离。下面以表 4.1 中的 A1 尺段为例，计算各改正值。

表 4.1 钢尺精密量距记录表

钢尺号码：No. 11 钢尺名义长度 l_0：30 m			钢尺膨胀系数：0.000 012 ℃ 钢尺检定长度 l'：30.002 5 m				钢尺检定时温度 t_0：20 钢尺检定时拉力：100 N		计算者： 日期：	
尺段编号	实测次数	前尺读数/m	后尺读数/m	尺段长度/m	温度/℃	高差/m	温度改正数/mm	尺长改正数/mm	倾斜改正数/mm	改正后尺段长/m
A1	1	29.936 0	0.070 0	29.866 0	25.8	-0.152	+2.1	+2.5	-0.4	29.869 4
	2	29.940 0	0.075 5	29.864 5						
	3	29.950 0	0.085 0	29.865 0						
	平均			29.865 2						
A2	1	29.923 0	0.017 5	29.905 5	27.6	-0.174	+2.7	+2.5	-0.5	29.910 4
	2	29.930 0	0.025 0	29.905 0						
	3	29.938 0	0.031 5	29.906 5						
	平均			29.905 7						
…	…	…	…	…	…	…	…	…	…	…
6B	1	18.975 0	0.075 0	18.900 0	27.5	-0.065	+1.7	+1.6	-0.1	18.902 7
	2	18.954 0	0.054 5	18.899 5						
	3	18.980 0	0.081 0	18.899 0						
	平均			18.899 5						
总和										198.283 8

注：钢尺经过检定，其尺长是以尺长方程式的形式表示。如某钢尺的尺长方程式为 $l_t=30\ \text{m}-0.012\ \text{m}+1.2\times10^{-5}\times(t-20\ ℃)\times30\ \text{m}$，式中右边第一项为名义长度；第二项为整尺段的尺长改正；第三项为温度改正。利用上式即可进行尺长改正和温度改正。

①尺长改正。假设钢尺在标准拉力、标准温度下的检定长度为 l'，它与钢尺的名义长度 l_0 存在差异，这个差异 $\Delta l=l'-l_0$ 称为整尺段的尺长改正数。非整尺段 l 的尺长改正数 Δl_d 则为

$$\Delta l_d = \frac{\Delta l}{l_0} \cdot l \tag{4.5}$$

表 4.1 中，$l'=30.002\ 5$ m，$l_0=30$ m，$A1$ 尺段的斜长 $l_{A1}=29.865\ 2$ m，则 $A1$ 尺段的尺长改正数 Δl_d 为

$$\Delta l_d = \frac{30.002\ 5\ \text{m} - 30\ \text{m}}{30\ \text{m}} \times 29.865\ 2\ \text{m} = 0.002\ 5\ \text{m} \tag{4.6}$$

②温度改正。设钢尺在检定时的温度为 t_0（标准温度），丈量时的温度为 t，钢尺的膨胀系数为 α（一般为 $1.2\times10^{-5}\sim1.25\times10^{-5}$），则因温度变化引起的尺长改正简称为温度改正。尺段 l 的温度改正数 Δl_t 为

$$\Delta l_t = \alpha \cdot (t - t_0) \cdot l \tag{4.7}$$

表 4.1 中，No. 11 钢尺的膨胀系数为 1.2×10^{-5}，检定时的温度为 20 ℃，A1 尺段的斜长 $l_{A1}=29.865\ 2$ m，丈量时的温度为 25.8 ℃，则 A1 尺段的温度改正数 Δl_t 为

$$\Delta l_t = 1.2\times10^{-5}\times(25.8-20)\times29.865\ 2\ \text{m} = 0.002\ 1\ \text{m}$$

③倾斜改正。设任一尺段的斜距为 l，h 为尺段两端点间的高差，现要将 l 改化为水平距离 d，故要加倾斜改正数 Δl_h。根据三角函数关系得：$h^2 = l^2 - d^2 = (l+d)(l-d)$，又 $\Delta l_h = d - l = -\frac{h^2}{l+d}$，$\Delta l_h$ 很小，认为 $l = d$，所以可得

$$\Delta l_h = -\frac{h^2}{2l} \tag{4.8}$$

表 4.1 中，A1 尺段的斜长 $l_{A1}=29.865\ 2$ m，高差 $h=-0.152$ m，则 A1 尺段的倾斜改正数 Δl_h 为

$$\Delta l_h = -\frac{(-0.152\ \text{m})^2}{2\times29.865\ 2\ \text{m}} = -0.000\ 4\ \text{m}$$

综上所述，每一尺段改正后的水平距离 d_{A1} 为

$$d_{A1} = 29.865\ 2\ \text{m} + 0.002\ 5\ \text{m} + 0.002\ 1\ \text{m} - 0.000\ 4\ \text{m} = 29.869\ 4\ \text{m}$$

5）计算全长和相对误差

将改正后的各尺段水平距离加起来，便得到 AB 的水平距离。表 4.1 中的结果为往测结果，其值为 198.283 8 m。同样算出返测结果，设为 198.289 6 m，两者平均值为 198.286 7 m，其相对误差为

$$\frac{|D_{往} - D_{返}|}{D_0} = \frac{0.005\ 8\ \text{m}}{198.286\ 7\ \text{m}} \approx \frac{1}{34\ 000}$$

相对误差如果在限差范围内，则取往返测的平均值为观测结果，否则应重测。

5. 钢尺量距误差分析

1）钢尺本身误差

钢尺本身误差即尺长误差。钢尺检定后仍存在残余误差，一般尺长检定方法只能达到 ±0.5 mm精度。

2)操作误差

(1)拉力误差。施测时实际拉力与标准拉力存在差异,导致尺长产生误差。

(2)温度误差。除温度测量本身存在误差外,观测到的温度是空气温度,而非钢尺温度。根据实验,在日光暴晒下,两者的温差可达 5 ℃。

(3)定线误差。由于标定的尺段点不在所要丈量的直线上,导致丈量的是折线,而非直线。

(4)平距改正误差。按式(4.8)计算倾斜改正所引起的误差,因为该式是只取展开级数的前两项。

(5)对点读数误差。因人的感官分辨率有限,导致对点、插点和读数都会产生误差。

3)外界条件影响

(1)钢尺垂曲误差。钢尺悬空丈量时,由于自重而导致中间下垂,形成悬链线形,因此尺面长度并非直线长度。

(2)风力影响。风力吹动钢尺,影响读数和投点。

4)注意事项

(1)新购钢尺必须经过严格检定,获得精确的尺长改正数。

(2)精密量距时应使用经过检定的弹簧秤控制拉力。

(3)量距宜选择在阴天、微风的天气进行,最好采用半导体温度计直接测定钢尺本身的温度。

(4)为控制平距改正误差,精密量距时应限制每一尺段的高差(<1 m)或直接采用勾股定理进行改正。

(5)在丈量中采用垂球投点,对点读数尽量做到配合协调。

(6)采用悬空方式检定钢尺或进行垂曲改正。

(7)注意钢尺的维护:防锈、防折、防碾压、防地面拖拉。

4.2 视距测量

视距测量是根据几何光学原理,间接地同时测定底面上两点间距离和高差的一种方法。这种方法一般不受地形的限制,使用常规的水准仪、经纬仪等仪器均可实施,具有操作方便以及观测速度较快等优点。视距测量的相对误差仅为 1/200～1/300,在精度要求不高的测绘工作中,得到广泛应用。第 2 章中普通水准测量工作中用视距丝读取视距的方法,就是视距测量的典型例子。在一般测量仪器(如经纬仪、水准仪、全站仪)的望远镜十字丝板上刻有两条上下对称的短丝,被称作为视距丝,这是最简单的视距装置。装有简单视距装置的测量仪器测距,被称为普通视距测量。与视距测量配套的尺子称为视距尺。普通视距测量可用普通水准尺(或称标尺)代替。

1.视线水平时的视距测量

如图 4.7 所示,仪器置于测站点 A 上,使望远镜水平,照准 B 点上的视距尺(通常由水准尺替代),则尺上 M、N 两点的实像 m、n 落在十字丝平面上。从图中可以看出 $\Delta m'n'F \backsim \Delta ABF$,所以 $d=fl/p$,则水平距离 $D=d+f+\delta=fl/p+f+\delta$,令 $f/p=K$,称为视距乘常数;$f+\delta=c$,称为视距加常数。则 $D=kl+c$。经纬仪在设计和制造时,通常使 $K=100$,c 很小忽略不计,则

$$D = K \cdot l \tag{4.9}$$

同时：

$$h = i - v \tag{4.10}$$

式中，i 为仪器高，是测站点 A 到经纬仪横轴的高度，可用卷尺量出；v 为十字丝中横丝的标尺读数。

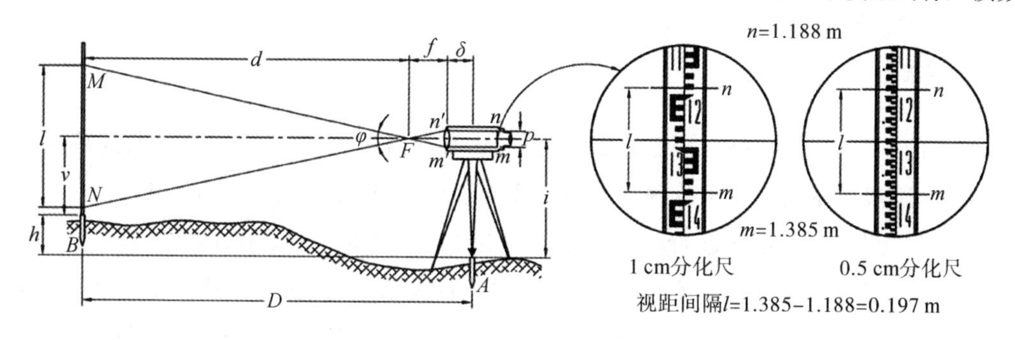

图 4.7 水准仪视距测量原理

2. 视线倾斜时的视距测量

在地形起伏比较大的地区进行视距测量时，视准轴处于倾斜位置，视距尺还是铅垂地竖立在 B 点上，与视准轴不垂直，如图 4.8 所示。对于这种情况，为了推导计算水平距离和高差的公式，设想视距尺绕 O 点旋转一个 α 角（α 为视准轴的竖角），使尺子与视准轴垂直，若以 l' 表示上下丝在此尺上截得的尺间隔，$l' = M'N'$，由公式(4.9)便可求得倾斜距离 S：

$$S = K \times l'$$

根据三角函数关系，进一步由 S 推导得水平距离 D 为

$$D = S\cos\alpha = K \cdot l \cdot \cos^2\alpha \tag{4.11}$$

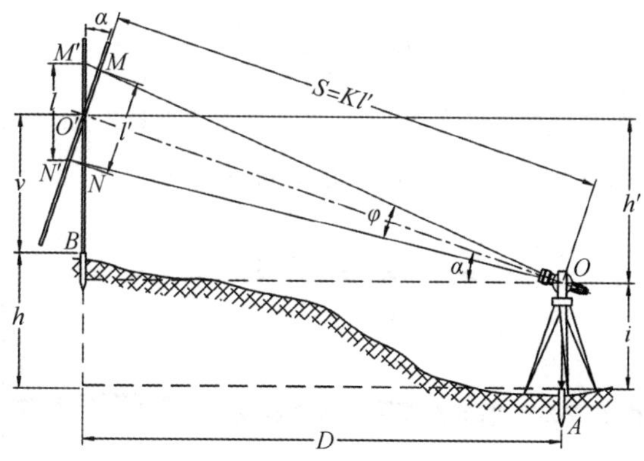

图 4.8 经纬仪视距测量原理

同时可以求得高差 h：

$$h = h' + i - v = S \cdot \sin\alpha + i - v = K \cdot l \cdot \sin\alpha \cdot \cos\alpha + i - v \tag{4.12}$$

在实际测量中，常以中横丝瞄准标尺上的 i 值，即使 $v = i$，以简化式(4.12)的计算。

3. 视距测量的步骤

在 A 点安置经纬仪，量取仪器高 i，在 B 点竖立视距尺。盘左位置，转动照准部瞄准 B 点视

距尺，分别读取上、下、中三丝读数，并算出尺间隔 l，中丝读数为 v。转动竖盘指标水准管微动螺旋，使竖盘指标水准管气泡居中，读取竖盘读数，并计算垂直角 α。根据公式(4.11)和(4.12)计算出水平距离 D 和高差 h。

4.3 光电测距

当测距的距离较长时，是一项非常繁重的工作，劳动强度大，工作效率低。尤其是在山区或者是沼泽区，距离测量的工作十分困难。为了改变这种状况，便产生了光电测距仪。

电磁波测距仪按照测程进行分类，可以分为短程(<3 km)、中程(3～15 km)和远程(>15 km)。按测距精度进行分类(用测距中误差 mD 表示)，可以分成一级(|mD|≤5 mm)、二级(5 mm ≤|mD|<10 mm)和三级(|mD|≥10 mm)。按照载波进行分类，采用微波作为载波的称为微波测距仪；采用光波作为载波的称为光电测距仪。光电测距仪所使用的光源有激光光源和红外光源，采用红外波段作为载波的称为红外测距仪。由于红外测距仪是以砷化镓发光二极管所发的荧光作为载波源，发出的红外线的强度随注入电信号的强度而变化，因此，它兼有载波源和调制器的双重功能。砷化镓发光二极管体积小，亮度高，功耗小，寿命长，且能连续发光，所以红外测距仪获得了更为迅速的发展。

1. 测距原理

如图 4.9 所示，欲测定 A、B 两点间的距离，安置仪器于 A 点，安置反射镜于 B 点。仪器发射的光束，由 A 至 B 经反射镜反射后又返回仪器。设光速 c 为已知，如果光束在待测距离 D 上往返传播的时间为 t_{2D}。则距离 D 可由下式求出：

$$D = \frac{1}{2}ct_{2D} \tag{4.13}$$

式中，$c = c_0/n$，c_0 为真空中的光速，其值约为(299 792 458±1.2)m/s；n 为大气折光率，它与测距仪所用光源的 λ，测距时的气温 T、气压 P 以及湿度 e 有关。

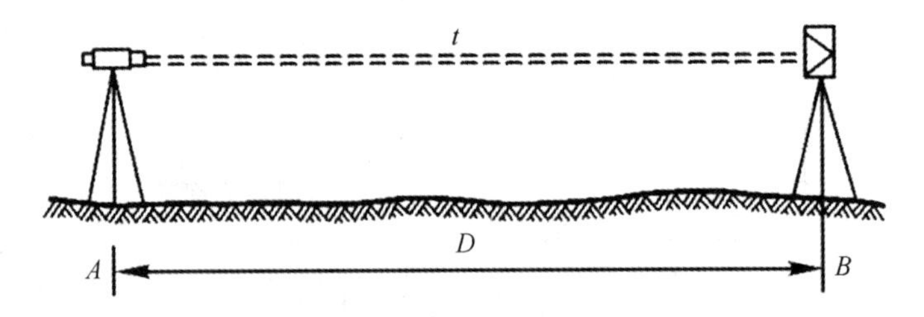

图 4.9 电磁波测距原理

由式(4.13)可知，测定距离的精度，主要取决于测定时间 t_{2D} 的精度。例如要求保证正负 1 cm的测距精度，时间测定要求准确到 6.7×10^{-11} s，这是难以做到的。因此，大多数采用间接测定法来测定 t_{2D}。间接测定 t_{2D} 的方法有以下两种方式。

1)脉冲式测距

由测距仪的发射系统发出光脉冲，经被测目标反射后，再由测距仪的接收系统接收，测出这一光脉冲往返所需时间间隔(t_{2D})的钟脉冲的个数以求得距离 D。由于计数器的频率一般为 300 mHz,测距精度为 0.5 m,精度较低。脉冲式测距仪的测距原理如式(4.13)所示。

2)相位式测距

由测距仪的发射系统发出一种连续的可调制光波,测出该调制光波在待测距离上往返传播所产生的相位移,以测定距离 D。红外光电测距仪一般都采用相位测距法。在砷化镓发光二极管上加了频率为 f 的交变电压后,它发出的光强就能够随着注入的交变电流成正弦变化,变成了一种可调制光。如图 4.10 所示,测距仪在 A 点发出的调制光在待测距离上传播,经反射镜反射后被接收器所接收,然后用相位计将发射信号与接收信号进行相位比较,由显示器显示出调制光在待测距离往返传播所引起的相位移 $\phi=N\cdot 2\pi+\Delta\phi$,其中 N 为相位整周数,$\Delta\phi$ 为不足一个整周(2π)的尾数。为了便于说明问题,将图中反射镜 B 反射回的光波沿着所测距离的方向展开画出。

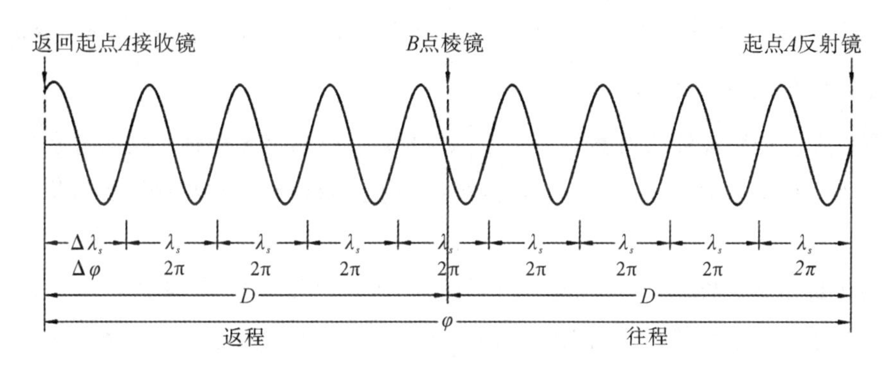

图 4.10 相位式测距原理

设发射光波的频率为 f,角频率为 ω,波长为 $\lambda_S(\lambda_S=c/f)$,光强变化一周期的相位移为 2π。由于 $\phi=\omega t=2\pi ft$,则有 $t=\phi/(2\pi f)=(N\cdot 2\pi+\Delta\phi)/(2\pi f)$,又 $c=\lambda f$,代入到式(4.13)得

$$D=\frac{\lambda f}{2}\cdot\frac{1}{2\pi f}(2\pi N+\Delta\varphi)=\frac{\lambda}{2}\left(N+\frac{\Delta\varphi}{2\pi}\right)=u(N+\Delta N) \tag{4.14}$$

式(4.14)为相位式测距的基本公式,u 通常称为一个“光尺”,相当于钢尺量距中的尺长,($N\cdot u+\Delta N\cdot u$)相当于 N 个尺段加余长。由于测距仪中的相位计只能测出相位值尾数 $\Delta\phi$ 或 ΔN,不能测定 N,因此式(4.14)存在多值解。为了求得单值解,可采用粗光尺和精光尺组合的方式测定同一距离。这时 ΔN 可认为是短测尺(频率高的调制波,又称精测尺)用以保证测距精度,N 可认为是长测尺(频率低的调制波,又称粗测尺)用来保证测程,一般仪器的测相精度为 1‰,测距频率与测尺的关系如表 4.2 所示。

表 4.2 测距频率与测尺的关系

测尺频率 f	15 mHz	1.5 mHz	150 kHz	15 kHz	1.5 kHz
测尺长度 u	10 m	100 m	1 km	10 km	100 km
精度	1 cm	10 cm	1 m	10 m	100 m

假设仪器各频率顺次为倍数关系，若采用粗测尺和精测尺配合测定同一距离，则对精测尺而言有式 $D=u_1(N_1+\Delta N_1)$，对粗测尺而言有式 $D=u_2(N_2+\Delta N_2)$，令粗测尺 $D<u_2$，则 $N_2=0$，粗测尺 $D=u_2\Delta N_2$，粗测尺公式与精测尺公式联立得 $N_1+\Delta N_1=u_2\Delta N_2/u_1=k\Delta N_2$（$k$ 表示放大系数），那么取 N_1 取 $k\Delta N_2$ 的整数部分，ΔN_1 取 $k\Delta N_2$ 的小数部分，但是小数部分取更准确的精测尺部分 ΔN_1，最终的距离计算公式为

$$D=u_1(N_1+\Delta N_1)=u_1[\mathrm{int}(k\Delta N_2)+\Delta N_1] \tag{4.15}$$

【例 4.1】一台相位式测距仪安装测程分别为 1 000 m 和 10 m 的 2 个测尺，欲测大约 587 m 的距离，粗测和精测结果分别为 587.1 m 和 6.486 m，最终测得距离为多少？

解：$k=u_2/u_1=1\ 000\ \text{m}/10\ \text{m}=100$；因测尺只测小数部分，所以由 $D=u_2\Delta N_2$ 得 $\Delta N_2=D/u_2=587\ \text{m}/1\ 000\ \text{m}=0.5871$，同理 $\Delta N_1=D/u_1=6.486\ \text{m}/10\ \text{m}=0.648\ 6$。因粗测尺远大于所测距离，所以粗测尺测的是距离的整数部分 $k\Delta N_2=100\times0.587\ 1=58$，反之，精测尺测的是距离的小数部分 $\Delta N_1=0.648\ 6$，则最终距离 $D=u_1(N_1+\Delta N_1)=10\ \text{m}\times(58+0.648\ 6)=586.486\ \text{m}$。

2. 光电测距仪的使用方法

(1)安置仪器。先将经纬仪安置在测站上，对中整平，然后将测距仪主机安置在经纬仪支架上，将电池插入主机下方的电池盒座内。在目标点安置反射棱镜，对中整平，然后将棱镜对准主机方向。

(2)观测竖直角和气象元素。用经纬仪望远镜照准棱镜觇板中心，使竖盘指标水准管气泡居中(如有竖盘指标自动补偿装置则无此操作)，读取并记录竖盘读数，计算竖直角。然后读取温度计和气压计的读数。

(3)测距。调节测距仪主机的竖直制动和微动螺旋，照准棱镜中心。按 ON/OFF 键，显示屏在 8 s 内依次显示设置的仪器加、乘常数和电池电压、回光信号强度。仪器自动减光，正常情况下回光信号强度显示在 40～60 之间，并有连续蜂鸣声，左下方出现“■”，表示仪器进入待测状态。若显示的仪器加、乘常数与实际不符，需重新输入。测量过程中，如果显示屏左下方不显示“■”，而显示“R”，同时连续蜂鸣声消失，表示回光强度不足。若是在有效测程内，则可能是测线上有物体挡光，此时需清除障碍。

3. 光电测距仪的改正计算

同钢尺精密量距一样，测距仪测得的初始值需进行三项改正计算，以获得所需要的水平距离。

(1)仪器加常数改正。测距仪在标准气象条件、视线水平、无对中误差的情况下，所测得的结果与真实值之间会相差一个固定量，这个量称为加常数。产生加常数的原因主要有：测距仪主机的发射、接收等效中心与几何中心不一致；反射棱镜的接收、反射等效中心与几何中心不一致；主机和棱镜的内、外光路延迟等。仪器加常数包括了主机加常数和棱镜常数，棱镜常数由厂家提供，主机加常数需定期检定测得。将加常数在测距前直接输入仪器，仪器可自动改正观测值，否则应进行人工改正。某些厂商的仪器将主机加常数和棱镜常数分开设置，即此时的加常

数只指主机加常数；此外，如主机配用不同厂商的棱镜，棱镜常数应实测检定。

(2)仪器乘常数改正和气象改正。测距仪在视线水平、无对中误差的情况下，所测得的结果与真实值之间会相差一个比例量，这个量称为比例因子。产生比例因子的主要原因是测距仪的频率漂移和大气折射的影响。其中由频率漂移所引起的那一部分比例量为仪器乘常数，需定期检定测得；而大气折射的影响可由气象改正公式计算，一般由厂家提供或内置于仪器。比例因子的改正可直接输入仪器，也可人工改正。例如某系列测距仪的气象改正公式为

$$R = 278.96 + \frac{793.12P}{273.16 + T} \tag{4.16}$$

式中，R 以 mm/km 为单位；P 是以 kPa 为单位的气压值；T 是以℃为单位的气温值。需要注意的是，某些厂商的仪器将乘常数和气象改正分开设置。

(3)倾斜改正。经上述改正后，所得距离值为测距仪主机中心至反射棱镜中心的倾斜距离 S，还需改正为水平距离 $D=S\cdot\cos\alpha$。此外，在使用光电测距仪过程中还需要注意以下事项：在晴天和雨天作业要撑伞遮阳、挡雨，防止阳光或其他强光直接射入接收物镜，损坏光敏二极管，防止雨水浇淋测距仪主机，发生短路；测线两侧和镜站背景应避免有反光物体，防止杂乱信号进入接收系统产生干扰；此外，主机和测线还应避开高压线、变压器等强电磁场干扰源；测线应保证一定的净空高度，尽量避免通过发热体和较宽水面的上空；仪器用完后要注意关机，保存和运输中要注意防潮、防振、防高温，长久不用要定期通电干燥；电池要及时充电，仪器不用时，电池要充电后存放。

4. 测距误差和标称精度

顾及大气折射率和仪器加常数 K，相位式测距的基本公式可写为

$$D = \frac{c_0}{2nf}\left(N + \frac{\Delta\varphi}{2\pi}\right) + K \tag{4.17}$$

式中，c_0 为真空中的光速值；n 为大气的群折射率，它是载波波长、大气温度、大气压力、大气湿度的函数。

由上式可知，测距误差是由光速值误差 m_{c_0}、气折射率误差 m_n、调制频率误差 m_f 和测相误差 $m_{\Delta\phi}$、加常数误差 m_K 决定的；但实际上不止如此，除上述误差外，测距误差还包括有仪器内部信号窜扰引起的周期误差 m_A、仪器的对中误差 m_g 等这些误差可分为两大类，一类与距离成正比，称为比例误差，如 m_{c_0}、m_n、m_f 和 m_g；另一类与距离无关，称为固定误差，如 $m_{\Delta\phi}$、m_K。此测距仪的标称精度表达式一般写为

$$m_D = \pm(a + b\cdot D) \tag{4.18}$$

式中，a 为固定误差，以 mm 为单位；b 为比例误差系数，以 mm/km 为单位；D 为距离，以 km 为单位。

【例 4.2】假设某测距仪的标称精度为±(3 mm+2 ppm·D)，现用其观测一段 1 000 m 的距离，则测距中误差 m 为多少？

解：$m=\pm(3\text{ mm}+2\times10^{-6}\times1.0\text{ km})=\pm5\text{ mm}$。

思考题与练习题

1. 名词解释:距离、端点尺、直线定线、相对误差、加常数和乘常数。

2. 当钢尺的实际长度小于其名义长度时,使用这把尺量距会把距离量长了,还是量短了?为什么?

3. 设某尺段长 30 m,因定线误差使量得的距离为 30.003 m,试问定线误差有多大?

4. 用钢尺量距前,要做哪些准备工作?

5. 设用一名义长度为 50 m 的钢尺,沿倾斜地面丈量 A、B 两点间的距离。该钢尺的尺方程式为 $l=50\ \text{m}+10\ \text{mm}+0.6(t-20\ ℃)\text{mm}$。丈量时温度 $t=32$ ℃,A、B 两点的高差为1.86 m,量得斜距为 128.360 m。试计算经过尺长改正、温度改正和高差改正后的 A、B 两点间的水平距离 D_{AB}。

6. 光电测距的基本原理是什么?脉冲式和相位式光电测距有何异、同之处?

第5章 测量误差

5.1 测量误差概述

测量误差概述

5.1.1 观测值及观测误差

为获得地球及其他实体的空间分布有关的信息，我们需要对空间实体进行测量。通过测量获得的数据称为测量数据或观测数据。观测数据可以是直接测量的结果，称为直接观测值；也可以是经过某种变换后的结果，称为间接观测值。在测量工作中，如对某条边进行重复观测就会发现，每次测量的结果通常是不一致的，又如观测一个闭合的水准路线，就会发现其高差之和不等于零，这种在同一个量的各观测值之间，或在各观测值与其理论上的应有值之间存在差异的现象，在测量工作中是普遍存在的，为什么会产生这种差异呢？这是由于观测值中包含有测量误差的缘故。

任何一个观测量客观上总是存在着一个能代表其真正大小的数值，这一数值就称为该观测量的真值，用 $\widetilde{L}$ 表示。每次观测得到的数值称为该量的观测值，用 L_i（$i=1,2,\cdots,n$）表示。观测值与真值之差则称为真误差（亦称观测误差），其定义公式为

$$\Delta_i = L_i - \widetilde{L}\ (i=1,2,\cdots,n) \tag{5.1}$$

由于观测结果中不可避免地存在误差的影响，因此，在实际工作中，为提高成果的质量，发现观测值中有无错误，必须进行多余观测，即观测值的个数多于确定未知量所必须观测的个数。例如，丈量距离，往返各测一次，则有一次多余观测；测一个平面三角形的三个内角和，则有一角多余。有了多余观测，势必在观测结果之间产生矛盾，同一量的不同观测值不相等，或观测值之间不符合某一应有的条件，其差值在测量时成为不符合值，亦称为闭合差。因此，必须对这些带有误差的观测成果进行处理，求出未知量真值的最优估值，并评定观测结果的质量，这项工作在测量上称为测量平差。

5.1.2 观测误差的来源

任何一项测量工作，都是由观测者使用测量仪器、工具在一定的外界环境下进行的。通常把测量仪器、观测者的技术水平和外界环境三个方面综合起来，称为观测条件。观测条件不理想和不断变化，是产生测量误差的根本原因。因此测量误差主要源于以下三个方面。

1. 测量仪器

仪器在加工和装配等工艺过程中，不能保证仪器的结构能否满足各种几何关系，这样的仪器必然会给测量带来误差。例如水准仪的视准轴不平行于水准管轴、水准尺的分划误差，J_6级经纬仪水平度盘分划误差可能达到 3″，由此引起的水平角观测误差也必然存在等。

2. 观测者

由于观测者的感觉器官的鉴别能力有一定的局限性，所以在操作仪器的过程中也会产生误差。例如，用厘米刻度的钢尺测量水平距离时，观测者直接估读其毫米数，则毫米以下的估读误差是不可避免的。同时，观测者的技术水平和工作态度也会对观测的质量产生影响。

3. 外界条件

在测量时所处的自然环境，如地形、温度、湿度、风力、大气折光等因素及其变化都会给观测结果带来影响。例如，温度变化对钢尺的影响，大气折光使目标生产偏差等。很明显，观测条件的好坏与观测成果的质量有密切联系，可以说，观测成果的质量高低客观上也反映了观测条件的优劣，在相同观测条件下进行的观测称为同精度观测；否则称为不同精度观测。但是不管观测条件如何，在测量过程中，由于受到上述种种因素的影响，观测结果都含有误差。从这一意义上来说，在测量中产生误差是不可避免的。

5.1.3 观测误差的分类及其处理方法

测量误差的分类

测量误差按其产生的原因和对观测结果影响性质的不同，可以分为系统误差、偶然误差和粗差。

1. 系统误差

在相同的观测条件下，对某一量进行一系列的观测，如果出现的误差在符号、大小上表现出系统性，或在观测过程中按一定的规律变化，或者为某一常数，这种误差称为系统误差。例如，用长度为 30 m 钢尺量距，测量时的温度为 30 ℃，由于钢尺在高温下的膨胀，使得每测量一整尺段就使距离量产生了 Δ 的误差。量距误差的符号不变，且与所量距离的长度成正比，因此系统误差具有累积性。由于系统误差具有累积性，它对测量成果的影响也就特别显著，在实际工作中，应采取各种方法来消除或减弱其影响。通常有以下 3 种方法：

(1)对观测值加以改正。例如用钢尺量距时，通过对钢尺进行检定求出尺长改正数，对观测结果加上尺长改正值和温度变化改正值，来消除尺长误差和温度变化引起的误差。

(2)采用合理的观测程序。采用合理的观测程序，可以使系统误差在数据处理时加以抵消。如进行水准测量时，采用前后视距相等的对称观测，可以消除由于视准轴不平行于水准管轴所引起的误差；用经纬仪测水平角时，用盘左、盘右观测取中数的方法可以消除横轴倾斜误差等系统误差。

(3)检校仪器。通过检校仪器使其残留的系统误差尽量降低到最小限度，以减小仪器系统误差对观测成果的影响。

外界条件(如大气折光、风力等)的影响,观测者的感官鉴别能力的不足,也会产生系统误差,有的可以改正,有的难以完全消除。

2. 偶然误差

在相同的观测条件下对某一量进行一系列的观测,所产生的误差大小不等,符号不同,表面上看没有明显的规律性,但就大量误差的总体而言,具有一定的统计规律,这类误差成为偶然误差,又称随机误差。偶然误差是由人力所不能控制的因素或无法估计的因素(如人眼的分辨能力、仪器的极限精度和气象因素等)共同引起的测量误差,例如,用经纬仪测角时的照准误差、在厘米分划的水准尺上估读毫米数的误差;大气折光使望远镜目标成像不稳定,使照准目标时有可能偏左或偏右的误差。偶然误差反映了观测结果的准确程度。准确度是指在相同观测条件下,用同一种观测方法对某量进行多次观测时,其观测值之间相互离散的程度。观测值中的偶然误差,常常是按数理统计的理论和方法进行处理。

3. 粗差

粗差即粗大误差,又称过失误差或疏失误差,是指比在正常观测条件下所可能出现的最大误差和还要大的误差。粗差是由于观测者的粗心或各种干扰因素造成的,例如,观测时瞄准目标、读错数等。所以粗差也叫错误,凡含有粗差的观测值应将其剔除。一般而言,只要严格遵守规范,工作中仔细谨慎并对观测成果认真核验,粗差是可以发现和避免的。对粗差的处理,也可按照现代测量误差理论和测量数据处理方法探测粗差的存在并剔除粗差。

在观测过程中,系统误差和偶然误差往往是同时存在的。当观测值中有显著的系统误差时,偶然误差就处于次要地位,观测误差呈现出系统性;反之,呈现出偶然性。如果观测列已经排除了系统误差和粗差,或者与偶然误差相比已经处于次要地位,则该观测就可以认为是带有偶然误差的观测列。

5.1.4 偶然误差的特性

偶然误差的特性

观测结果中不可避免地存在偶然误差,为了评定观测成果的质量,以及如何根据一系列具有偶然误差的观测值求得未知量的最可靠值,必须对偶然误差的性质做进一步的讨论。

偶然误差产生的原因纯属随机性的。只有通过大量观测才能揭示其内在的规律,这种规律具有重要的实用价值,现在通过一个实例来阐述偶然误差的统计规律。

例如,在相同的条件下独立观测了358个三角形的全部内角,每个三角形内角之和应等于180°,但由于误差的影响往往不等于180°,按式(5.1)计算各内角和的真误差为

$$\Delta_i = (L_1 + L_2 + L_3)_i - 180°(i = 1, 2, \cdots, n) \tag{5.2}$$

并按误差区间的间隔2″进行统计,按误差出现的区间统计列于表5.1。

从表5.1的统计数字中,可以总结出偶然误差具有如下四个统计特性。

(1)误差的有界性。在一定观测条件下的有限次观测中,偶然误差的绝对值不会超过一定

的限值，表 5.1 中没有大于 16″的误差。

表 5.1　三角形内角和真误差统计

误差区间(dΔ)	正误差		负误差		总数	
	个数(k)	频率(k/n)	个数(k)	频率(k/n)	个数(k)	频率(k/n)
0″—2″	46	0.128	45	0.126	91	0.254
2″—4″	41	0.115	40	0.112	81	0.226
4″—6″	33	0.092	33	0.092	66	0.184
6″—8″	21	0.059	23	0.064	44	0.123
8″—10″	16	0.045	17	0.047	33	0.092
10″—12″	13	0.036	13	0.036	26	0.073
12″—14″	5	0.014	6	0.017	11	0.031
14″—16″	2	0.006	4	0.011	6	0.017
16″以上	0	0.000	0	0.000	0	0.000
总和	177	0.495	181	0.505	358	1.000

(2)误差的集中性。绝对值较小的误差出现的频率大，绝对值较大的误差出现的频率小，上表中 2″以下的误差有 91 个，14″—16″的误差仅为 6 个。

(3)误差的对称性。绝对值相等的正、负误差出现频率大致相等，表 5.1 中正误差为 177 个，负误差为 181 个。

(4)误差的抵偿性。偶然误差的理论平均值(数字期望)趋近于零，即

$$\lim_{n\to\infty}\frac{\Delta_1+\Delta_2+\cdots+\Delta_n}{n}=\lim_{n\to\infty}\frac{[\Delta]}{n}=0 \tag{5.3}$$

式中，[ ]表示取括号中数值的代数和。

为了更直观地表示偶然误差的正、负及大小的分布情况，分析研究偶然误差的特性，根据表 5.1 中的数据画出如图 5.1 所示的偶然误差频率直方图。图中横坐标表示误差的大小，纵坐标表示误差出现于各区间的频率(k/n，$n=358$)除以区间的间隔值(dΔ)。图 5.1 中每一个误差区间上的长方条面积就表达误差出现在该区间内的频率，各长方条面积的总和等于 1。该直方图形象地表示了误差的分布情况。

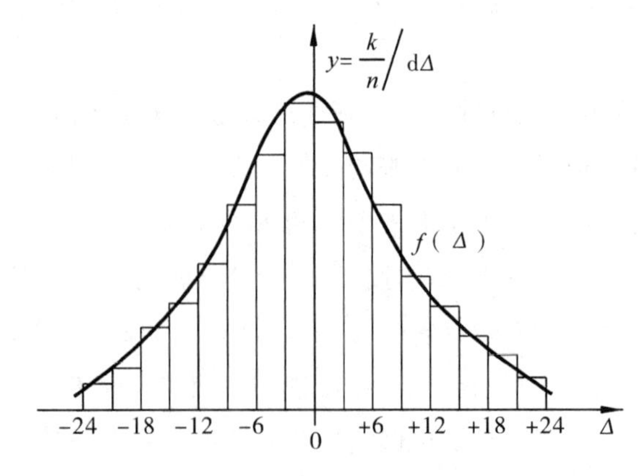

图 5.1　偶然误差频率直方图

在独立等精度条件下所得的一组观测误差，只要误差的总个数 n 足够多，那么，误差出现在各区间的频率总是稳定在某一常数附近，而且观测个数较多，稳定程度越高。如果在观测条件不变的情况下，再继续观测更多的三角形，则可以预见，随着观测个数的增加，误差出现在各区间的频率变动幅度也就越来越小，当 $n \to \infty$ 时，各频率将趋于一个确定的值，这个值即为误差出现在各区间的概率，也就是说，一定的测量条件对应着一种确定的误差分布。

实际上误差的取值是连续的，当设想误差个数无限增多，所取区间间隔无限缩小时，则图5.1 所示的直方图中各长方形上底的极限将分别形成一条连续光滑的曲线，该曲线在概率论中称为正态分布曲线，也完整地表示了偶然误差出现的概率 P。即当 $n \to \infty$ 时，上述误差区间内误差出现的概率将趋于稳定，称为误差出现的概率。正态分布曲线的数学方程式为

$$y = f(\Delta) = \frac{1}{\sqrt{2\pi\delta}} e^{-\frac{\Delta^2}{2\delta^2}} \tag{5.4}$$

式中，δ 为标准差。

$$\delta = \pm \lim_{n \to \infty} \sqrt{\frac{[\Delta\Delta]}{n}} \tag{5.5}$$

由式(5.5)可知，标准差的大小决定于在一定条件下偶然误差出现的绝对值大小，是和观测条件有关的参数，也是评定测量精度的一个重要指标。

5.2 评定精度的指标

评价精度的指标

观测值中误差的计算

所谓精度是指一组误差分布的密集或离散程度。在相同的观测条件下，对某一量所进行的一组观测对应着同一种误差分布，因此，这一组中的每一个观测值都具有同样的精度。但在实际工作中，用误差分布曲线来衡量观测值精度的高低很不方便。为了方便地使用某个具体的数字来反映观测值的精度，下面介绍几种衡量精度的指标。

1. 中误差

为了统一衡量在一定观测条件下观测值的精度，取标准差 δ 作为衡量精度的依据是比较合适的。但在实际测量工作中，不可能对某一量进行无穷多次观测。因此，定义按有限次数的观测的偶然误差求得的标准差为中误差(m)，即

$$m = \pm \sqrt{\frac{\Delta_1^2 + \Delta_2^2 + \cdots + \Delta_n^2}{n}} = \pm \sqrt{\frac{[\Delta\Delta]}{n}} \tag{5.6}$$

例如，对某条闭合水准路线用两种不同精度分别进行了10次观测，其结果见表5.2。

每组观测值中误差是各个观测值误差的函数，它的大小说明每组观测值的精度。第一组观测值的中误差 m_1 小于第二组观测值的中误差 m_2，说明第一组的观测精度高于第二组。

表 5.2 按观测值的真误差计算中误差

观测次序	第一组观测			第二组观测		
	观测值 h /mm	真误差 Δ/mm	Δ^2	观测值 h /mm	真误差 Δ/mm	Δ^2
1	+2	+2	4	−1	−1	1
2	0	0	0	+2	+2	4
3	−4	−4	16	+8	+8	64
4	+3	+3	9	0	0	0
5	+1	+1	1	−2	−2	4
6	−2	−2	4	−1	−1	1
7	−1	−1	1	+4	+4	16
8	+1	+1	1	−7	−7	49
9	−1	−1	1	+3	+3	9
10	−3	−3	9	−3	−3	9
$\sum$		−4	46		+3	157
中误差	$m_1=\pm\sqrt{\frac{[\Delta^2]}{10}}=\pm 2.1$ (mm)			$m_2=\pm\sqrt{\frac{[\Delta^2]}{10}}=\pm 4.0$ (mm)		

2. 相对误差

在某些测量工作中，仅用中误差来衡量观测值的精度还是不能完全反映出观测结果的质量。例如，用钢尺分别丈量了 300 m 和 500 m 的两段距离，其距离丈量中误差均为±5 cm。此时如果认为两者的丈量精度相同那肯定是不正确的，这是因为在距离丈量时，误差的大小与距离是相关的。因此，这时就应该用相对误差来说明两者的精度。观测误差与观测值之比称为相对误差，观测值中误差 m 的绝对值与观测值称为相对中误差，它们都是一个无量纲数，在测量中通常将其分子化为 1，即可采用 $k=1/M$ 的形式来表示。

在上例中前者的相对中误差为 1/6 000，后者则为 1/10 000。显然，相对中误差越小(分母越大)，表明观测结果的精度越高，反之越低。在一般的钢尺量距中进行往返丈量，通常采用往返测量值之差值与往返测量值的平均值之比来衡量测量精度，这是相对误差的另一种形式，它没有计算出观测值的中误差，不同于上述的相对中误差。它反映的是往返测量结果的符合程度。分数值越小，观测精度越高。

3. 极限误差

由偶然误差的有界性可知，在一定的观测条件下，偶然误差的绝对值不会超出一定限度，这个限度就是极限误差，也称容许误差。由频率直方图 5.1 可知：图中各矩形的面积代表了误差出现在该区间的频率，此时直方图的顶边即形成正态分布曲线。因此，根据正态分布曲线表示出误差在微小区间 dΔ 出现的概率，即

$$p(\Delta)=f(\Delta)\cdot \mathrm{d}\Delta \tag{5.7}$$

但实际测量中，观测的次数总是有限的，可用 m 代替 σ ，则式(5.7)可写成：

$$p(\Delta)=f(\Delta)\cdot \mathrm{d}\Delta=\frac{1}{\sqrt{2\pi}m}\mathrm{e}^{-\frac{\Delta^2}{2m^2}}\mathrm{d}\Delta \tag{5.8}$$

对式(5.8)进行积分，可得到偶然误差在任意区间内出现的概率。若以 k 倍的中误差作为积分区间，则在该区间内误差出现的概率可表示为

$$P(|\Delta|<km)=\int_{-km}^{+km}\frac{1}{\sqrt{2\pi}m}\mathrm{e}^{-\frac{\Delta^2}{2m^2}}\mathrm{d}\Delta \tag{5.9}$$

将 $k=1,2,3$ 代入上式，可分别求得偶然误差绝对值不大于中误差、2 倍中误差和 3 倍中误差的概率，即

$$P(|\Delta|\leqslant m)=0.683=68.3\%$$
$$P(|\Delta|\leqslant 2m)=0.954=95.4\%$$
$$P(|\Delta|\leqslant 3m)=0.997=99.7\%$$

从以上计算可以看出，绝对值大于 1 倍和 2 倍中误差的偶然误差出现的概率分别为31.7%和 4.6%；而绝对值大于 3 倍中误差的偶然误差出现的概率仅为 0.3%，概率接近于零，误差的几率极小，故通常以 3 倍中误差作为偶然误差的极限，即 $\Delta_{允}=3m$ 。在精度要求较高的时候，可取 2 倍的中误差作为极限误差。即 $\Delta_{允}=2m$ 。观测中，当观测值大于极限误差时，应剔除并重新观测。

5.3 误差传播定律

5.3.1 误差传播定律

1. 线性函数

设有线性函数：

$$z=k_1x_1+k_2x_2+\cdots+k_nx_n \tag{5.10}$$

式中，$x_1,x_2,\cdots,x_n$ 为独立观测值；$k_1,k_2,\cdots,k_n$ 为任意常数，其中误差分别为 $m_1,m_2,\cdots,m_n$ 。

设 $x_1,x_2,\cdots,x_n$ 的真误差分别为 $\Delta x_1,\Delta x_2,\cdots,\Delta x_n$，函数 z 的真误差为 Δz，则式(5.10)可表示为

$$z+\Delta z=k_1(x_1+\Delta x_1)+k_2(x_2+\Delta x_2)+\cdots+k_n(x_n+\Delta x_n) \tag{5.11}$$

$$\Delta z=k_1\Delta x_1+k_2\Delta x_2+\cdots+k_n\Delta x_n \tag{5.12}$$

如对 $x_1,x_2,\cdots,x_n$ 各观测 n 次，可得

$$\begin{cases}\Delta z_1=k_1\Delta x_{11}+k_2\Delta x_{21}+\cdots+k_n\Delta x_{n1}\\ \Delta z_2=k_1\Delta x_{12}+k_2\Delta x_{22}+\cdots+k_n\Delta x_{n2}\\ \qquad\vdots\\ \Delta z_n=k_1\Delta x_{1n}+k_2\Delta x_{2n}+\cdots+k_n\Delta x_{nn}\end{cases} \tag{5.13}$$

将式(5.13)平方后求和，再除以 n 得

$$\frac{[\Delta z^2]}{n}=\frac{k_1^2[\Delta x_1^2]}{n}+\frac{k_2^2[\Delta x_2^2]}{n}+\cdots+\frac{k_n^2[\Delta x_n^2]}{n}+2\frac{k_1k_2[\Delta x_1\Delta x_2]}{n}+\cdots+2\frac{k_{n-1}k_n[\Delta x_{n-1}\Delta x_n]}{n} \tag{5.14}$$

由于 $x_1,x_2,\cdots,x_n$ 均为独立观测值的偶然误差，所以乘积 $\Delta x_i\Delta x_j(i\neq j)$ 也必呈现偶然性。由偶然误差的特性可知，当观测次数 $n\to\infty$时，上式右边非自乘项均等于零。根据中误差的定义，可得函数 z 的中误差关系式为

$$m_z^2=k_1^2m_1^2+k_2^2m_2^2+\cdots+k_n^2m_n^2 \tag{5.15}$$

式(5.15)就是测量值中误差与线性函数中误差的关系式，即误差传播定律。

2. 一般函数

设有一般函数：

$$Z=F(x_1,x_2,\cdots,x_n) \tag{5.16}$$

式中，$x_1,x_2,\cdots,x_n$ 为可直接观测的未知量；Z 为不便于直接观测的未知量。

设 $x_i(i=1,2,\cdots,n)$的独立观测值为 r_i，其相应的真误差为 Δx_i。由于 Δx_i 的存在，使函数 Z 亦产生相应的真误差ΔZ。将上式取全微分，有

$$\mathrm{d}Z=\frac{\partial F}{\partial x_1}dx_1+\frac{\partial F}{\partial x_2}dx_2+\cdots+\frac{\partial F}{\partial x_n}dx_n \tag{5.17}$$

因误差 Δx_i 及 ΔZ 都很小，故在上式中，可近似用 Δx_i 及 ΔZ 代替 dx_i 及 dZ，于是有

$$\Delta Z=\frac{\partial F}{\partial x_1}\Delta x_1+\frac{\partial F}{\partial x_2}\Delta x_2+\cdots+\frac{\partial F}{\partial x_n}\Delta x_n \tag{5.18}$$

式中，$\frac{\partial \mathrm{VF}}{\partial \mathrm{x_i}}$ 为函数 F 对各自变量的偏导数。将 $x_i=r_i$ 带入各偏导数中，即为确定的常数，设

$$\left(\frac{\partial F}{\partial x_i}\right)=f_i$$

则式(5.18)可写成

$$\Delta Z=f_1\Delta x_1+f_2\Delta x_2+\cdots+f_n\Delta x_n \tag{5.19}$$

为了求得函数和观测值之间的中误差关系式，设想对各 x_i 进行了 k 次观测，则可写出 k 个类似于式(5.19)的关系式：

$$\begin{cases}\Delta Z^{(1)}=f_1\Delta x_1^{(1)}+f_2\Delta x_2^{(1)}+\cdots+f_n\Delta x_n^{(1)}\\ \Delta Z^{(2)}=f_1\Delta x_1^{(2)}+f_2\Delta x_2^{(2)}+\cdots+f_n\Delta x_n^{(2)}\\ \vdots\\ \Delta Z^{(k)}=f_1\Delta x_1^{(k)}+f_2\Delta x_2^{(k)}+\cdots+f_n\Delta x_n^{(k)}\end{cases} \tag{5.20}$$

将以上各式等号两边平方后，再相加，得

$$[\Delta Z^2]=f_1^2[\Delta x_1^2]+f_2^2[\Delta x_2^2]+\cdots+f_n^2[\Delta x_n^2]+2\sum_n f_if_j[\Delta x_i\Delta x_j]$$

上式两端各除以 k，得

$$\frac{[\Delta Z^2]}{k}=f_1^2\frac{[\Delta x_1^2]}{k}+f_2^2\frac{[\Delta x_2^2]}{k}+\cdots+f_n^2\frac{[\Delta x_n^2]}{k}+2\sum_n f_if_j\frac{[\Delta x_i\Delta x_j]}{k} \tag{5.21}$$

设对各 x_i 的观测值r_i 为彼此独立的观测，则 $\Delta x_i\Delta x_j(i\neq j)$ 时，亦为偶然误差。根据偶然

误差的统计特性，可知上式的末项当 $k\to\infty$ 时趋近于零，即

$$\lim_{k\to\infty}=\frac{[\Delta x_i\Delta x_j]}{k}=0 \tag{5.22}$$

故式(5.21)可写为

$$\lim_{k\to\infty}=\frac{[\Delta Z^2]}{k}=\lim_{k\to\infty}\left(f_1^2\frac{[\Delta x_1^2]}{k}+f_2^2\frac{[\Delta x_2^2]}{k}+\cdots+f_n^2\frac{[\Delta x_n^2]}{k}\right) \tag{5.23}$$

根据中误差的定义，上式可写成

$$m_z^2=f_1^2m_{x_1}^2+f_2^2m_{x_2}^2+\cdots+f_n^2m_{x_n}^2 \tag{5.24}$$

式(5.24)就是测量值中误差与一般函数中误差的关系式，即误差传播定律。

应用误差传播定律求观测值函数的中误差时，注意各观测值必须是相互独立的变量，可按下述步骤进行。

(1)列出函数式：

$$Z=F(x_1,x_2,\cdots,x_n)$$

(2)对函数式进行全微分：

$$\mathrm{d}Z=\frac{\partial F}{\partial x_1}dx_1+\frac{\partial F}{\partial x_2}dx_2+\cdots+\frac{\partial F}{\partial x_n}dx_n$$

(3)代入误差传播定律公式：

$$m_z^2=\pm\sqrt{\left(\frac{\partial F}{\partial x_1}\right)^2m_{x_1}^2+\left(\frac{\partial F}{\partial x_2}\right)^2m_{x_2}^2+\cdots+\left(\frac{\partial F}{\partial x_n}\right)^2m_{x_n}^2}$$

5.3.2 几种常用函数的中误差

1. 和差函数的中误差

设和差函数为

$$z=x_1\pm x_2\pm x_3\pm\cdots\pm x_n \tag{5.25}$$

$$m_z^2=m_{x_1}^2+m_{x_2}^2+m_{x_3}^2+\cdots+m_{x_n}^2 \tag{5.26}$$

当观测值 x_i 为等精度观测时，有

$$m_{x_1}=m_{x_2}=\cdots=m_{x_n}=m_x$$

$$m_z=\sqrt{n}m_x$$

【例 5.1】水准观测了一条水准路线，共观测了 n 个测站，设各站的高差分布为 $h_1,h_2,\cdots,h_n$，则两点的高差为

$$h=h_1+h_2+\cdots+h_n$$

设各站高差均为等精度独立观测值，且中误差均为 $m_{站}$，则有

$$m_h=\pm\sqrt{m_{h_1}^2+m_{h_2}^2+\cdots+m_{h_n}^2}=\pm\sqrt{n}m_{站} \tag{5.27}$$

这说明水准测量高差的中误差与测站数 n 的平方根成正比。

在平坦地区，由于各站视线程度大概相等，所以每千米测站数接近相等，由此可以认为每千米水准路线高差中误差大小相等，假设每千米高差中误差为 m_{km}，等精度测量的水准路线为

l(km)时，两点的高差中误差为

$$m_h = \pm \sqrt{m_{km_1}^2 + m_{km_2}^2 + \cdots + m_{km_n}^2} = \pm \sqrt{l} m_{km} \tag{5.28}$$

这说明在平坦地区，水准测量高差的中误差与水准路线的长度 l 的平方根成正比。

2. 算术平均值的中误差

1)求算术平均值

在相同观测条件下，对某一未知量进行了 n 次观测，其观测结果为 $L_1, L_2, \cdots, L_n$。设该量的真值为 X，观测值的真误差为 $\Delta_1, \Delta_2, \cdots, \Delta_n$，即

$$\begin{aligned} \Delta_1 &= L_1 - X \\ \Delta_2 &= L_2 - X \\ &\vdots \\ \Delta_n &= L_n - X \end{aligned}$$

将上列各式求和得

$$[\Delta] = [L] - nX$$

上式两端各除以 n 得

$$\frac{[\Delta]}{n} = \frac{[L]}{n} - X$$

令

$$\frac{[\Delta]}{n} = \delta \qquad \frac{[L]}{n} = x$$

代入上式移项后得

$$X = x + \delta \tag{5.29}$$

δ 为 n 个观测值真误差的平均值，根据偶然误差的第四个性质，当 $n \to \infty$ 时，$\delta \to 0$，则有

$$\delta = \lim_{n \to \infty} \frac{[\Delta]}{n} = 0$$

这时算术平均值就是某量的真值，即

$$x = \frac{[L]}{n}$$

在实际工作中，观测次数总是有限的，也就是只能采用有限次数的观测值来求得算术平均值 x 是根据观测值所能求得的最可靠的结果，称为最或是值或算术平均值。

2)观测值中误差的计算

根据中误差定义公式(5.6)，计算观测值中误差 m 需要知道观测值 L_i 的真误差 Δ_i，但是真误差往往是不知道的。因此，实际工作中多采用观测值的似真误差来计算观测值的中误差。观测值的似真误差用 v_i ($i = 1$ 、2、…、n)表示。由 Δ_i 及 v_i 的定义得

$$\Delta_i = l_i - X$$

$$v_i = l_i - x$$

将上面两式相减得

$$\Delta_i - v_i = x - X$$

由式(5.28)可得

$$\Delta_i - v_i = \delta$$

对以上 n 个等式分别自乘得

$$\Delta_i \Delta_i = v_i v_i + 2v_i\delta + \delta^2$$

对 n 个等式求和得

$$[\Delta\Delta] = [vv] + 2\delta[v] + n\delta^2$$

由于

$$[v] = [L] - nx = [L] - n\frac{[L]}{n} = 0$$

所以

$$[\Delta\Delta] = [vv] + n\delta^2$$

等式两边同时除以 n 得

$$\frac{[\Delta\Delta]}{n} = \frac{[vv]}{n} + \delta^2 \tag{5.30}$$

又因

$$\begin{aligned}
\delta^2 &= (x - X)^2 = \left(\frac{[L]}{n} - X\right)^2 \\
&= n\frac{1}{n^2}(\Delta_1 + \Delta_2 + \cdots + \Delta_n) \\
&= \frac{1}{n^2}(\Delta_1^2 + \Delta_2^2 + \cdots + \Delta_n^2 + 2\Delta_1\Delta_2 + 2\Delta_1\Delta_3 + \cdots) \\
&= \frac{[\Delta\Delta]}{n^2} + \frac{2(\Delta_1\Delta_2 + \Delta_1\Delta_3 + \cdots)}{n^2}
\end{aligned} \tag{5.31}$$

因为 $\Delta_1, \Delta_2, \cdots, \Delta n$ 为偶然误差,故由偶然误差的特性可知,当 $n \to \infty$时,式(5.30)等号右边第二项趋向为零,则有

$$\frac{[\Delta\Delta]}{n} = \frac{[vv]}{n} + \frac{[\Delta\Delta]}{n^2}$$

即

$$m^2 - \frac{1}{n}m^2 = \frac{[vv]}{n}$$

所以

$$m = \pm\sqrt{\frac{[vv]}{n-1}} \tag{5.32}$$

式(5.31)是用观测值似真误差计算观测值中误差的公式,也称白赛尔公式。

3)算术平均值中误差的计算

设对某角度进行了 n 次等精度观测,其观测值为 $\alpha_1, \alpha_2, \cdots, \alpha_n$,则有

$$\bar{\alpha} = \frac{\alpha_1 + \alpha_2 + \cdots + \alpha_n}{n} = \frac{1}{n}\alpha_1 + \frac{1}{n}\alpha_2 + \cdots + \frac{1}{n}\alpha_n$$

$$m_{\bar{\alpha}} = \frac{1}{n^2}m_{\alpha_1} + \frac{1}{n^2}m_{\alpha_2} + \cdots + \frac{1}{n^2}m_{\alpha_n}$$

由于各观测为等精度观测，设其中误差为 m_{α} ，则有

$$m_{\bar{\alpha}} = \pm\sqrt{n \times \frac{1}{n^2}m_{\alpha}^2} = \pm\frac{m}{\sqrt{n}} \tag{5.33}$$

上式说明，算术平均值的中误差比观测值的中误差缩小了 $\sqrt{n}$ 倍，因此，多次观测取平均值能提高测量成果的精度。

【例 5.2】对某水平距离丈量了 8 次，将其观测值列入表 5.3，并完成算术平均值、观测值中误差及算术平均值中误差的计算。

表 5.3 按观测值的似真误差计算中误差

观测次数	观测值/m	v/mm	vv	算术平均值及中误差计算
1	127.353	+5	25	算术平均值：
2	127.347	−1	1	$\bar{l} = \frac{[l]}{n} = 127.348$ m
3	127.348	0	0	观测值中误差：
4	127.345	−3	9	$m_l = \pm\sqrt{\frac{[vv]}{n-1}} = 3.2$ mm
5	127.349	+1	1	算术平均值中误差：
6	127.352	+4	16	$\bar{m}_l = \pm\frac{m_l}{\sqrt{n}} = \pm\sqrt{\frac{[vv]}{n(n-1)}} = 1.1$ mm
7	127.344	−4	16	
8	127.346	−2	4	
$\sum$	1 018.784	0	72	

3. 倍数函数的中误差

设有倍数函数

$$z = kx$$

$$m_z = \pm km_x$$

【例 5.3】在比例尺 1∶500 的地形图上，量得某两点间的直线距离 $d = 287.354$ mm，其中误差为 $m_d = \pm 0.5$ mm，求两点间的实际距离 D 及中误差 m_D 。

解：根据比例尺列出两点间实际距离和图上距离间的函数关系式：

$$D = 500 \times 287.354 \text{ mm} = 143.677 \text{ m}$$

$$m_D = \pm 500m_d = \pm 0.25 \text{ m}$$

4. 线性函数的中误差

设有线性函数

$$z = k_1x_1 \pm k_2x_2 \pm \cdots \pm k_nx_n$$

$$m_z = \pm\sqrt{k_1^2m_{x_1}^2 + k_2^2m_{x_2}^2 + \cdots + k_n^2m_{x_n}^2}$$

【例 5.4】设有某线性函数

$$z=\frac{4}{14}x_1+\frac{9}{14}x_2+\frac{1}{14}x_3$$

其中 x_1、x_2、x_3 分别为独立观测值，它们的中误差分别为 $m_1=\pm 3$ mm，$m_2=\pm 2$ mm，$m_3=\pm 6$ mm，求 z 的中误差。

解：对上式全微分得

$$\mathrm{d}z=\frac{4}{14}\mathrm{d}x_1+\frac{9}{14}\mathrm{d}x_2+\frac{1}{14}\mathrm{d}x_3$$

由中误差式得

$$\begin{aligned}m_z&=\pm\sqrt{(f_1m_1)^2+(f_2m_2)^2+(f_3m_3)^2}\\&=\pm\sqrt{\left(\frac{4}{14}\times 3\right)^2+\left(\frac{9}{14}\times 2\right)^2+\left(\frac{1}{14}\times 6\right)^2}=\pm 1.6\ \text{mm}\end{aligned}$$

思考题与练习题

1. 什么是真误差？怎么求算真误差？

2. 什么是系统误差？它有哪些特性？

3. 什么是偶然误差？它有哪些特性？

4. 什么是中误差？为什么中误差能作为衡量精度的指标？

5. 什么是相对误差和极限误差？

6. 公式 $m=\pm\sqrt{\frac{[\Delta\Delta]}{n}}$ 与 $m=\pm\sqrt{\frac{[vv]}{n-1}}$ 分别适用什么情况？式中 Δ 和 v 有何区别？

7. 等精度观测条件下，用经纬仪对某角观测了六个测回，其结果为 145°50′12″、145°49′55″、145°50′07″、145°49′57″、145°50′00″、145°50′11″。试求：①半测回方向值的中误差；②两个测回角值互差的中误差；③六测回平均值的中误差。

8. 用 DJ6 经纬仪测量水平角，欲使测角精度达到 ±4″，需要观测几个测回？

9. 用钢尺丈量某正方形一条边长为 $l\pm m_l$，求该正方形的周长 S 和面积 A 的中误差。

10. 用钢尺丈量某正方形四条边的边长为 $l_i\pm m_{li}$，其中：$l_1=l_2=l_3=l_4=l$ 且 $m_{l1}=m_{l2}=m_{l3}=m_{l4}=m_l$，求该正方形的周长 S 和面积 A 的中误差。

11. 对某基线丈量 6 次，其结果为 $L_1=246.535$ m，$L_2=246.548$ m，$L_3=246.520$ m，$L_4=246.529$ m，$L_5=246.550$ m，$L_6=246.537$ m。试求：①算术平均值；②每次丈量结果的中误差；③算术平均值的中误差和基线相对误差。

第6章

控制测量

6.1 概述

控制测量的作用是限制测量误差的传播和积累,保证必要的测量精度,使分区的测图能拼接成整体,整体设计的工程建筑物能分区施工放样。控制测量贯穿在工程建设的各阶段;在工程勘测的测图阶段,需要进行控制测量;在工程施工阶段,要进行施工控制测量;在工程竣工后的营运阶段,为建筑物变形观测而需要进行专用控制测量。控制测量分为平面控制测量和高程控制测量,平面控制测量确定控制点的平面位置(x, y),高程控制测量确定控制点的高程(H)。平面控制网常规的布设方法有三角网、三边网和导线网。三角网是测定三角形的所有内角以及少量边,通过计算确定控制点的平面位置。三边网则是测定三角形的所有边长,各内角是通过计算求得。导线网是把控制点连成折线多边形,测定各边长和相邻边夹角,计算它们的相对平面位置。

在全国范围内布设的平面控制网,称为国家平面控制网。国家平面控制网采用逐级控制、分级布设的原则,分一、二、三、四等,主要由三角测量法布设,在西部困难地区采用导线测量法。一等三角锁沿经线和纬线布设成纵横交叉的三角锁系,锁长 200～250 km,构成许多锁环。如图 6.1 所示,一等三角锁内由近似等边的三角形组成,边长为 20～30 km,二等三角测量有两种布网形式,一种是由纵横交叉的两条二等基本锁将一等锁环划分成 4 个大致相等的部分,这 4 个空白部分用二等补充网填充,称纵横锁系布网方案;另一种是在一等锁环内布设全面二等三角网,称全面布网方案。二等基本锁的边长为 20～25 km,二等网的平均边长 13 km。一等锁的两端和二等网的中间,都要测定起算边长、天文经纬度和方位角。所以国家一、二等网合称为天文大地网。我国天文大地网于 1951 年开始布设,1961 年基本完成,1975 年修补测工作全部结束,全网约有 5 万个大地点。

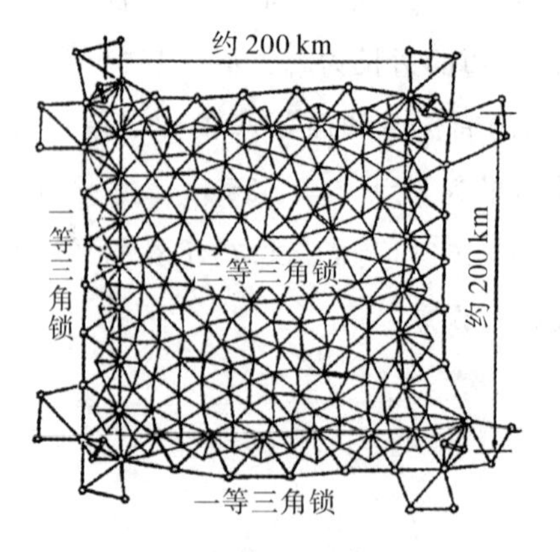

图 6.1　国家一、二等三角网

在城市地区为满足大比例尺测图和城市建设施工的需要，需布设城市平面控制网。城市平面控制网在国家控制网的控制下布设，按城市范围大小布设不同等级的平面控制网，分为二、三、四等三角网，一、二级及图根小三角网或三、四等，一、二、三级和图根导线网。城市三角测量和导线测量的主要技术要求分别见表 6.1、表 6.2。

表 6.1　城市三角测量的主要技术要求

等级	平均边长/km	测角中误差/″	起始边相对中误差	最弱边边长相对中误差	测回数			三角形最大闭合差/″
					DJ1	DJ2	DJ6	
二等	9	±1	1/300 000	1/120 000	12	—	—	±3.5
三等	5	±1.8	首级 1/200 000	1/80 000	6	9	—	±7
四等	2	±2.5	首级 1/120 000	1/45 000	4	6	—	±9
一级小三角	1	±5	1/40 000	1/20 000	—	2	6	±15
二级小三角	0.5	±10	1/20 000	1/10 000	—	1	2	±30
图根	最大视距的 1.7 倍	±20	1/10 000					±60

注：①当最大测图比例尺为 1∶1 000 时，一、二级小三角边长可适当放长，但最长不大于表中规定的 2 倍。

②图根小三角方位角闭合差为 $\pm 40''\sqrt{n}$，n 为测站数。

表 6.2　城市导线测量的主要技术要求

等级	导线长度/km	平均边长/km	测角中误差/″	测距中误差/mm	测回数			方位角闭合差/″	导线全长相对闭合差
					DJ1	DJ2	DJ6		
三等	15	3	±1.5	±18	8	12	—	$\pm 3\sqrt{n}$	1/60 000
四等	10	1.6	±2.5	±18	4	6	—	$\pm 5\sqrt{n}$	1/40 000
一级	3.6	0.3	±5	±15	—	2	4	$\pm 10\sqrt{n}$	1/14 000
二级	2.4	0.2	±8	±15	—	1	3	$\pm 16\sqrt{n}$	1/10 000
三级	1.5	0. 12	±12	±15	—	1	2	$\pm 24\sqrt{n}$	1/6 000
图根	$\leqslant 1.0M$		±30					$\pm 40\sqrt{n}$	1/2 000

注：①n 为测站数，M 为测图比例尺分母。

②图根测角中误差为±30″，首级控制为±30″，方位角闭合差一般为 $\pm 60''\sqrt{n}$，首级控制为 $\pm 40\sqrt{n}''$。

在小于 10 km^2 的范围内建立的控制网，称为小区域控制网。在这个范围内，水准面可视为水平面，不需要将测量成果归算到高斯平面上，而是采用直角坐标，直接在平面上计算坐标。在建立小区域平面控制网时，应尽量与已建立的国家或城市控制网连测，将国家或城市高级控制点的坐标作为小区域控制网的起算和校核数据。如果测区内或测区周围无高级控制点，或者是不便于连测时，也可建立独立平面控制网。

20 世纪 80 年代末，卫星全球定位系统(GPS)开始在我国用于建立平面控制网，目前已成为建立平面控制网的主要方法。应用 GPS 卫星定位技术建立的控制网称为 GPS 控制网，根据我国 1992 年颁布的 GPS 测量规范要求，GPS 相对定位的精度，划分为 A、B、C、D、E 五级，如表 6.3 所示。我国 A 级和 B 级 GPS 大地控制网分别由 30 个点和 800 个点构成。它们均匀地分布在中国大陆，平均边长相应为 650 km 和 150 km。该 GPS 大地控制网不仅在精度方面比以往的全国性大地控制网大体提高了两个量级，而且其三维坐标体系是建立在有严格动态定义的先进的国际公认的 ITRF 框架之内。这一高精度三维空间大地坐标系的建成为我国 21 世纪前 10 年的经济和社会持续发展提供了基础测绘保障。

表 6.3　GPS 相对定位的精度指标

测量分级	常量误差 a_0/mm	比例误差系数 b_0/(mm/km)	相邻点距离/km
A	≤5	≤0.1	100～2 000
B	≤8	≤1	15 ～250
C	≤10	≤5	5 ～40
D	≤10	≤10	2～15
E	≤10	≤20	1 ～10

高程控制测量就是在测区布设高程控制点，即水准点，用精确方法测定它们的高程，构成高程控制网。高程控制测量的主要方法有水准测量和三角高程测量。国家高程控制网是用精密水准测量方法建立的，所以又称国家水准网。国家水准网的布设也是采用从整体到局部，由高级到低级，分级布设逐级控制的。国家水准网分为四个等级。一等水准网是沿平缓的交通路线布设成周长 1 500 km 的环形路线。一等水准网是精度最高的高程控制网，它是国家高程控制的骨干，也是地学科研工作的主要依据。二等水准网是布设在一等水准环线内，形成周长为 500 ～750 km 的环线，它是国家高程控制网的全面基础。三、四等级水准网是直接为地形测图或工程建设提供高程控制点。三等水准一般布置成附合在高级点间的附合水准路线，长度不超过 200 km。四等水准均为附合在高级点间的附合水准路线，长度不超过 80 km。城市高程控制网是用水准测量方法建立的，称为城市水准测量，按其精度要求分为二、三、四、五等水准和图根水准。根据测区的大小，各级水准均可首级控制。首级控制网应布设成环形路线，加密时宜布设成附合路线或结点网。水准测量主要技术要求见表 6.4。

表 6.4 水准测量主要技术要求

等级	每公里高差中误差/mm	路线长度/km	水准仪的型号	水准尺	观测次数		往返较差、附合或环线闭合差	
					与已知点联测	附合路线或环线	平地/mm	山地/mm
二等	2	—	DS1	铟瓦	往返各一次	往返各一次	$4\sqrt{L}$	—
三等	6	≤50	DS3	铟瓦	往返各一次	往一次	$12\sqrt{L}$	$4\sqrt{n}$
			DS3	双面		往返各一次		
四等	10	≤16	DS3	双面	往返各一次	往一次	$20\sqrt{L}$	$6\sqrt{n}$
五等	15	—	DS3	单面	往返各一次	往一次	$30\sqrt{L}$	—
图根	20	≤5	DS10	—	往返各一次	往一次	$40\sqrt{L}$	$12\sqrt{n}$

注：①结点之间或结点与高级点之间，其路线的长度不应大于表中规定的70%。

②L为往返测段，附合或环线的水准路线长度以km为单位；n为测站数。

6.2 平面控制网的定向与定位

直线定向　平面控制测量基本原理

6.2.1 直线定向

1. 三北方向及其方位角

确定地面直线与标准北方向间的水平夹角称为直线定向。标准方向分类为真北方向、磁北方向和坐标北方向，合称“三北方向”。真北方向：过地表P点的天文子午面与地球表面的交线称为P点的真子午线，真子午线在P点的切线北方向称为P点的真北方向，可以用天文测量法或陀螺经纬仪测定地表P点的真北方向。磁北方向：在地表P点，磁针自由静止时北端所指方向为磁北方向，磁北方向用罗盘仪测定。坐标北方向：将高斯平面直角坐标系x轴方向作为坐标北方向，各点的坐标北方向相互平行。

常用方位角表示直线的方向，由标准方向北端起，顺时针到直线的水平夹角，方位角范围为0°～360°，利用真北方向、磁北方向和坐标北方向可以分别定义地表直线的真方位角A、磁方位角A_m和坐标方位角α，三者的关系可以表示如下：

$$\begin{cases} A = A_m + \delta \\ A = \alpha + \gamma \end{cases} \tag{6.1}$$

2. 正反坐标方位角

如图6.2所示，每条直线段都有2个端点，若直线从起点1到终点2为直线的前进方向，则在起点1处的坐标方位角α_{12}为正方位角，在终点2处的坐标方位角α_{21}为反方位角，同一直线段的正、反坐标方位角相差为180°，即$\alpha_{12}=\alpha_{21}\pm180°$。

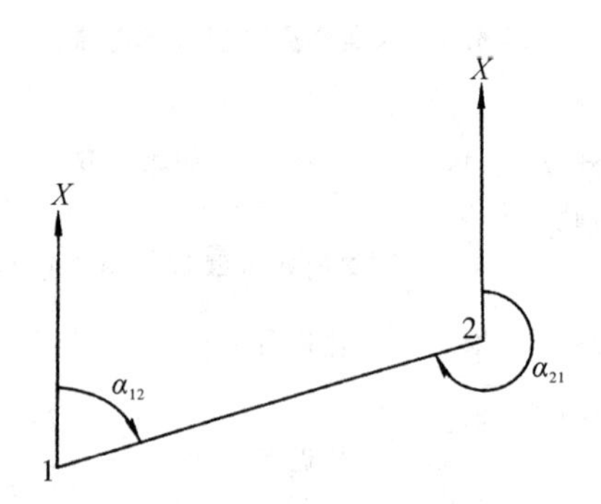

图 6.2 正反坐标方位角

3. 坐标方位角的推算

如图 6.3 所示，在 B 点安置经纬仪观测水平角 $\beta_{左}$（前进方向的左侧）、$\beta_{右}$（前进方向的右侧），则对于左角有 $\alpha_{AB}-\alpha_{BC}=180°-\beta_{左}$，$\alpha_{BC}=\alpha_{AB}+\beta_{左}-180°$，$\alpha_{前}=\alpha_{后}+\beta_{左}-180°$；对于右角有 $\beta_{右}=360°-\beta_{左}$，$\alpha_{BC}=\alpha_{AB}-\beta_{右}+180°$，$\alpha_{前}=\alpha_{后}-\beta_{右}+180°$，为方便记忆，左右方位角推算公式简称“左加右减”。当计算的方位角 $\alpha>360°$时，需要 $\alpha-360°$；当计算的方位角 $\alpha<0°$时，需要 $\alpha+360°$。

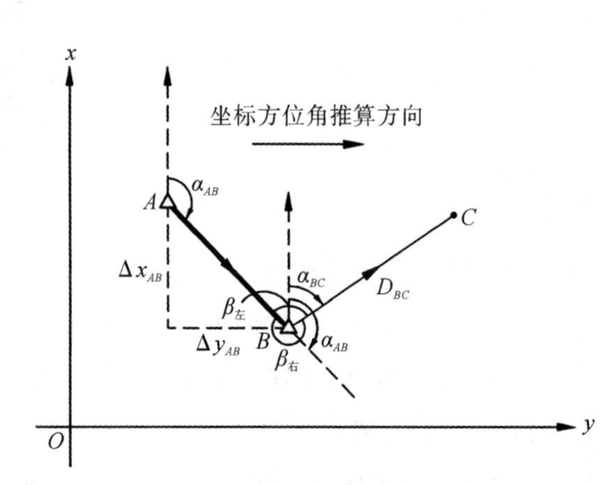

图 6.3 坐标方位角的推算

6.2.2 坐标的正算和反算

如图 6.4 所示，已知一点 A 的坐标 x_A、y_A，边长和坐标方位角 α_{AB}，求 B 点的坐标（x_B，y_B），这一过程称为坐标正算。由图可知

$$\begin{cases} x_B = x_A + D_{AB} \cdot \cos\alpha_{AB} \\ y_B = y_A + D_{AB} \cdot \sin\alpha_{AB} \end{cases} \tag{6.2}$$

式中，Δx 为纵坐标增量，Δy 为横坐标增量，是边长在坐标轴上的投影。

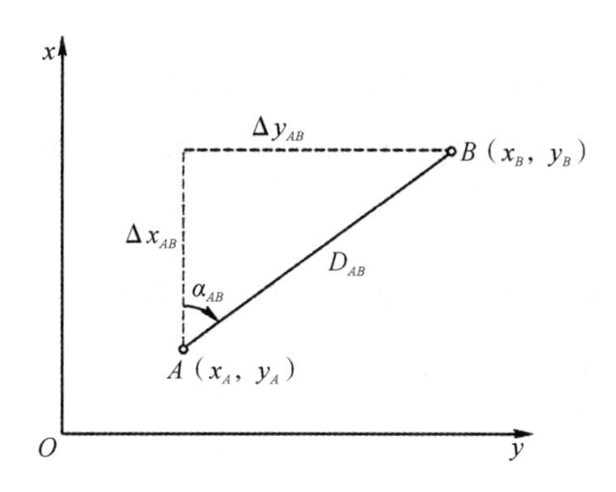

图 6.4 坐标正、反算

已知两点 A、B 的坐标，求边长和坐标方位角，这一过程称为坐标反算。则可得

$$\alpha_{AB} = \arctan\left|\frac{\Delta y_{AB}}{\Delta x_{AB}}\right| \tag{6.3}$$

$$D_{AB} = \sqrt{\Delta x_{AB}^2 + \Delta y_{AB}^2} \tag{6.4}$$

式中，$\Delta x_{AB} = x_B - x_A$，$\Delta y_{AB} = y_B - y_A$。

如图 6.5 所示，由式(6.3)求得的象限角 R(象限角，直线段与 X 轴所夹的锐角)可在四个象限之内，坐标方位角 α 所在的象限由 Δx_{AB} 和 Δy_{AB} 的正负符号确定，即

在第一象限时，$\alpha = \arctan\left|\frac{\Delta y_{AB}}{\Delta x_{AB}}\right|$；在第二象限时，$\alpha = 180° - \arctan\left|\frac{\Delta y_{AB}}{\Delta x_{AB}}\right|$；在第三象限时，$\alpha = 180° + \arctan\left|\frac{\Delta y_{AB}}{\Delta x_{AB}}\right|$；在第四象限时，$\alpha = 360° - \arctan\left|\frac{\Delta y_{AB}}{\Delta x_{AB}}\right|$。

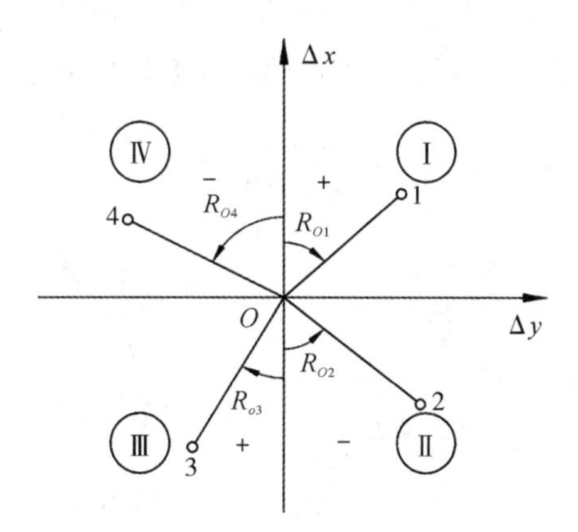

图 6.5 坐标增量的正负判断

实际上，由图 6.5 可知 $\alpha = \arctan\left|\frac{\Delta y}{\Delta x}\right| = R$(象限角，直线段与 X 轴所夹的锐角)，根据 R 所在的象限，将象限角换算为方位角，也可得到同样结果。

【例 6.1】已知 $x_A = 1\ 874.43$ m，$y_A = 43\ 579.64$ m，$x_B = 1\ 666.52$ m，$y_B = 43\ 667.85$ m，求 α_{AB}。

解：由已知坐标得

$$\Delta y_{AB} = 43\ 667.85\ \text{m} - 43\ 579.64\ \text{m} = 88.21\ \text{m}$$

$$\Delta x_{AB} = 1\ 666.52\ \text{m} - 1\ 874.43\ \text{m} = -207.91\ \text{m}$$

由上知，α 在第Ⅱ象限，则

$$\alpha_{AB} = 180° - \arctan\left|\frac{88.21}{207.91}\right| = 180° - 225°9'24'' = 157°00'36''$$

6.3 导线测量

6.3.1 导线的布网形式

导线测量是小区控制测量的常用方法，多用于地物复杂的建筑物区、视线障碍多的隐蔽区和带状区。导线测量是依次测定导线边的长度和各转折角，再根据起算数据，推算各边的坐标方位角，从而求出各导线点坐标导线是由若干条直线连成的折线，每条直线叫导线边，相邻两直线之间的水平角叫作转折角。测定了转折角和导线边长之后，即可根据已知坐标方位角和已知坐标算出各导线点的坐标。按照测区的条件和需要，导线可以布置成下列几种形式。

1. 附合导线

如图 6.6 所示，附合导线起始于一个已知控制点，而终止另一个已知控制点。控制点上可以有一条边或几条边是已知坐标方位角的边，也可以是没有已知坐标方位角的边。

2. 闭合导线

如图 6.6 所示，闭合导线由一个已知控制点出发，最后仍旧回到这一点，形成一个闭合多边形。在闭合导线的已知控制点上必须有一条边的坐标方位角是已知的。

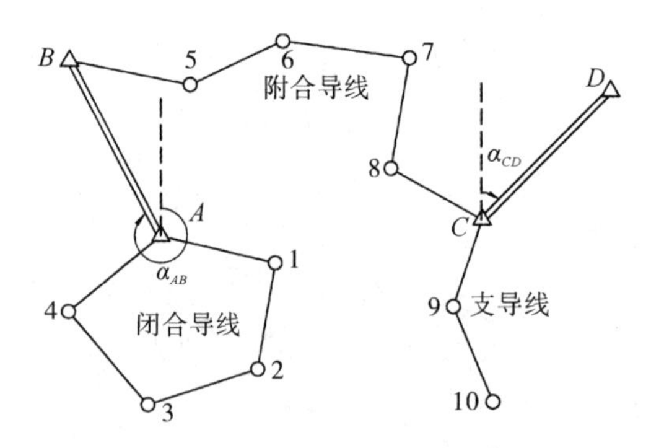

图 6.6 附合导线、闭合导线与支导线

3. 支导线

如图 6.6 所示，支导线从一个已知控制点出发，既不附合到另一个控制点，也不回到原来的起始点。由于支导线没有检核条件，故一般只限于在地形测量的图根导线中采用。

6.3.2 导线测量的外业观测

导线测量
外业工作

导线测量的外业包括踏勘、选点、埋石、造标、测角、测边、测定方向。

1.踏勘、选点及埋设标志

踏勘是为了了解测区范围、地形及控制点情况，以便确定导线的形式和布置方案；选点应考虑便于导线测量、地形测量和施工放样。选点的原则如下：

①相邻导线点间必须通视良好。

②等级导线点应便于加密图根点，应选在地势高、视野开阔便于碎部测量的地方。

③导线边长大致相同。

④密度适宜、点位均匀、土质坚硬、易于保存和寻找。

选好点后应直接在地上打入木桩，桩顶钉一小铁钉或划“ ＋ ”作点的标志。必要时在木桩周围灌上混凝土（见图 6.7(a)）。如导线点需要长期保存，则应埋设混凝土桩或标石（见图 6.7(b)）。埋桩后应统一进行编号。为了今后便于查找，应量出导线点至附近明显地物的距离。绘出草图，注明尺寸，称为点之记（见图 6.8）。

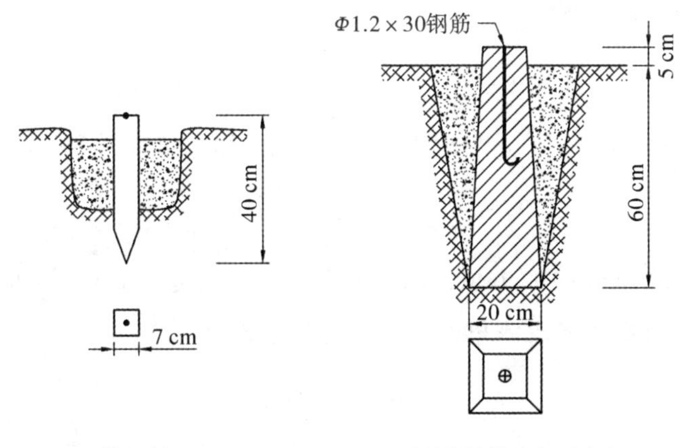

(a)灌混凝土　　(b)埋设混凝土桩或标石

图 6.7　导线点标志

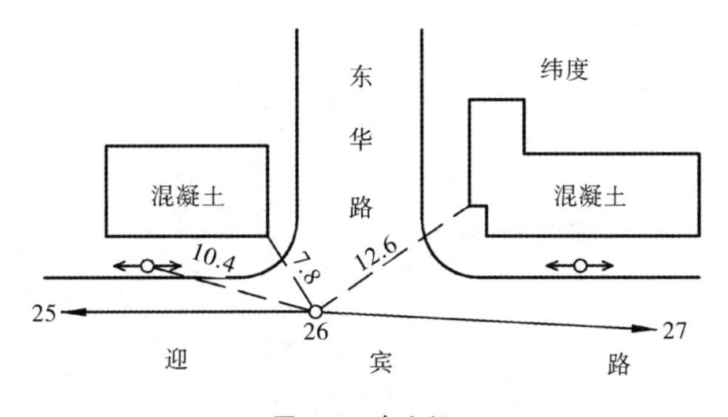

图 6.8　点之记

2. 测角

测角可测左角，也可测右角，左右角之和为 360°，闭合导线测内角。

3. 测边

传统导线边长可采用钢尺、测距仪(气象、倾斜改正)、视距法等方法测量水平距离，遇有斜距要改化为平距，当钢尺改正数大于 1/10 000 时，应加尺长改正；当量距时温度与检定相差 10°以上时，应加温度改正；当沿地面丈量而坡度大于 1%时，应加倾斜改正或高差改正。随着测绘技术的发展目前全站仪已成为距离测量的主要手段。

4. 测定方向

测区内有国家高级控制点时，可与控制点连测推求方位，包括测定连测角和连测边；当联测有困难时，也可采用罗盘仪测磁方位或陀螺经纬仪测定方向。

6.3.3 导线测量的内业计算

导线测量内业数据处理

1. 闭合导线的内业计算

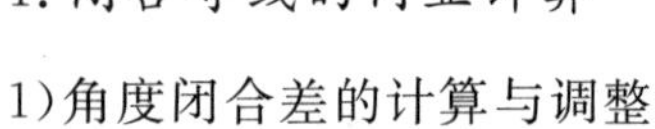

1)角度闭合差的计算与调整

图 6.9 所示为闭合导线计算示意图。n 边形内角和的理论值 $\sum\beta_{理}=(n-2)\times180°$。由于测角误差，使得实测内角和 $\sum\beta_{测}$ 与理论值不符，其差称为角度闭合差，以 f_β 表示，即

$$f_\beta=\sum\beta_{测}-(n-2)\times180° \tag{6.5}$$

其容许值 $f_{\beta_{容}}$ 参照表 6.2 中"方位角闭合差"栏，当 $f_{\beta_{允}}\leqslant\pm60\sqrt{n}$ 时，可进行闭合差调整，将 f_β 以相反的符号平均分配到各观测角去。其角度改正数为

$$v_\beta=-\frac{f_\beta}{n} \tag{6.6}$$

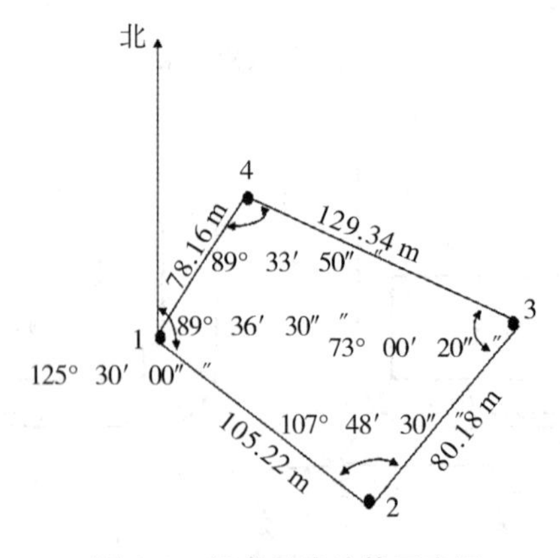

图 6.9 闭合导线计算示意图

当 f_β 不能整除时，则将余数凑整到测角的最小位分配到短边大角上去。改正后的角值为

$$\beta_i = \beta_i' + v_\beta \tag{6.7}$$

调整后的角值必须满足 $\sum \beta_{理} = (n-2) \times 180^\circ$，否则表示计算有误。

闭合导线内业计算表如表 6.5 所示。

表 6.5　闭合导线内业计算表

点号	观测角（左角）/(°′″)	改正数 /(″)	改正角 /(°′″)	方位角 α /(°′″)	距离 m (°′″)	坐标增量		改正后坐标增量		坐标值	
						Δx/m	Δy/m	Δx/m	Δy/m	x/m	y/m
1										5 00.00	5 00.00
				125 30 00	105.22	−0.02 −61.10	0.02 85.66	−61.12	85.68		
2	107 48 30	+13	107 48 43							438.88	585.68
				53 18 43	80.18	−0.02 47.90	0.02 64.30	47.88	64.32		
3	73 00 20	+12	73 00 32							486.76	650.00
				306 19 15	129.34	−0.03 76.61	0.02 −104.21	76.58	−104.19		
4	89 33 50	+12	89 34 02							563.34	545.81
				215 53 17	78.16	−0.02 −63.32	0.01 −45.82	−63.34	−45.81		
1	89 36 30	+13	89 36 43							500.00	500.00
				125 30 00							
2											
Σ	359 59 10	+50	360 00 00	826 31 15	392.90	+0.09	−0.07	0.00	0.00		
辅助计算	$f_\beta = \sum \beta_{测} - (n-2) \cdot 180^\circ = -50'' \leqslant f_{\beta容} = \pm 60''\sqrt{4} = \pm 120''$ $K = \frac{0.11}{392.90} \approx \frac{1}{3\ 500} \leqslant K_{容} = \frac{1}{2\ 000}$ $f_x = \sum \Delta x_{测} = 0.09$ $f_y = \sum \Delta y_{测} = -0.07$ $f = \pm\sqrt{f_x^2 + f_y^2} = \pm 0.11$										

2)各边坐标方位角推算

根据导线点编号，根据导线转折角计算转角改正值和起始边的方位角，然后按式 $\alpha_{前} = \alpha_{后} + \beta_{左} - 180^\circ$ 和 $\alpha_{前} = \alpha_{后} - \beta_{右} + 180^\circ$ 分别计算其他转角，本例中依次计算 α_{23}、α_{34}、α_{41}，直到回到起始边 α_{12}。经校核无误，方可继续往下计算。

3)坐标增量计算及其闭合差调整

根据各边长及其方位角，即可按式(6.2)计算出相邻导线点的坐标增量。如图 6.9 所示，闭合导线纵横坐标增量的总和的理论值应等于零，即

$$\begin{cases} \sum \Delta x_{理} = 0 \\ \sum \Delta y_{理} = 0 \end{cases} \tag{6.8}$$

由于量边误差和改正角值的残余误差，其计算的观测值 $\sum x_{测}$、$\sum y_{测}$ 不等于零，观测值与理论值之差，称为坐标增量闭合差，即

$$f_x = \sum \Delta x_{测} - \sum \Delta x_{理} = \sum \Delta x_{测} \tag{6.9}$$

如图 6.10 所示，由于 f_x、f_y 的存在，使得导线不闭合而产生 f，称为导线全长闭合差，即

$$f = \sqrt{f_x^2 + f_y^2} \tag{6.10}$$

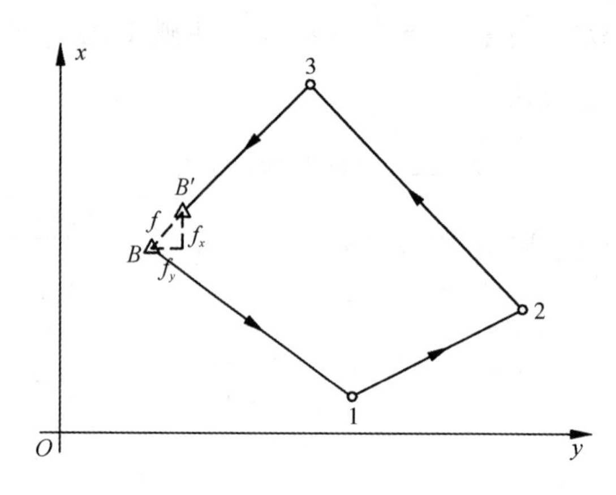

图 6.10 闭合导线坐标闭合差计算原理

f 值与导线长短有关。通常以全长相对闭合差 K 来衡量导线的精度，即

$$K = \frac{f}{\sum D} = \frac{1}{\frac{\sum D}{f}} \tag{6.11}$$

式中，$\sum D$ 为导线全长。当 $K<1/2\ 000$ 在容许值(见表 6.2)范围内，可将 f_x、f_y 相反符号按边长成正比分配到各增量中去，其改正数为

$$\begin{aligned} v_{x_i} &= (-\frac{f_x}{\sum D}) \times D_i \\ v_{y_i} &= (-\frac{f_y}{\sum D}) \times D_i \end{aligned} \tag{6.12}$$

按增量的取位要求，改正数凑整至 cm 或 mm，凑整后的改正数总和必须与反号的增量闭合差相等。然后将表 6.5 中 7、8 栏相应的增量计算值加以改正数来计算改正后的增量。

4)坐标计算

根据起点已知坐标和改正后的增量依次计算 2、3、4 直至回到 1 点的坐标，以资检查。闭合导线内业计算表见表 6.5。

2. 附合导线的坐标计算

图 6.11 所示为附合导线计算实例，表 6.6 显示了附合导线计算的过程。计算步骤与闭合导线完全相同，但计算方法中，f_β、f_x、f_y 三项不同，现分述如下。

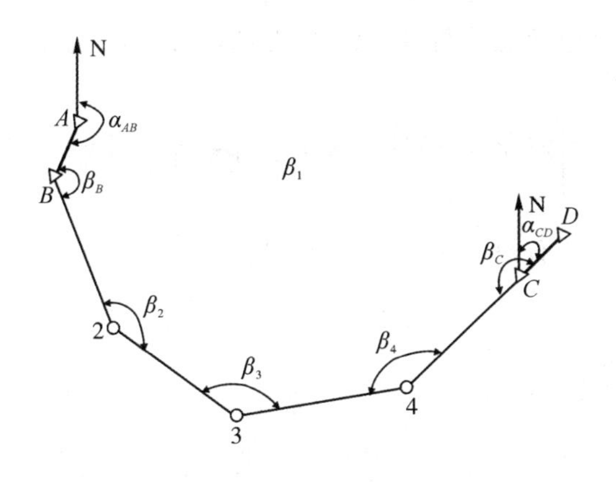

图 6.11 附合导线计算实例

表 6.6 附合导线内业计算表

点号	观测角（左角）/(°′″)	改正数/(″)	改正角/(°′″)	方位角 α /(°′″)	距离 m (°′″)	坐标增量		改正后坐标增量		坐标值	
						Δx/m	Δy/m	Δx/m	Δy/m	x/m	y/m
A				224 03 00							
B(1)	114 17 00	−6	114 16 54							640.931	1068.444
				158 19 54	82.181	0.006 −76.374	0.014 30.344	−76.368	30.358		
2	146 59 30	−6	146 59 24							564.563	1 098.802
				125 19 18	77.274	0.006 −44.677	0.013 63.049	−44.671	63.062		
3	135 11 30	−6	135 11 24							519.892	1 161.864
				80 30 42	89.645	0.007 14.778	0.016 88.419	14.785	88.435		
4	145 38 30	−6	145 38 24							534.677	1 250.299
				46 09 06	79.813	0.006 55.291	0.014 57.559	55.297	57.573		
C(5)	158 00 00	−6	157 59 54							589.974	1307.872
D				24 09 00							
Σ	700 06 30	−30	700 06 00		328.913	−50.982	239.371	−50.957	239.428		
辅助计算	$f_\beta=(\alpha_{AB}+\sum\beta_{左}-n\cdot180^\circ)-\alpha_{CD}=30''\leqslant f_{\beta允}=\pm60''\sqrt{5}=\pm134''$ $K=\dfrac{0.062}{328.913}=\dfrac{1}{5300}\leqslant K_{容}=\dfrac{1}{2\ 000}$ $f_x=-0.025$ $f_y=-0.057$ $f=\pm\sqrt{f_x^2+f_y^2}=\pm0.062$										

1）角度闭合差 f_β 中的计算

如图 6.11 所示，已知始边和终边方位角 α_{AB}、α_{CD}，根据方位角计算公式，导线各转折角（左角）β 的理论值应满足下列关系式：

$$\alpha_{B2}=\alpha_{AB}+\beta_B-180^\circ$$

$$\alpha_{23}=\alpha_{B2}+\beta_2-180^\circ$$

$$\vdots$$

将上列式取和得

$$\alpha'_{CD}=\alpha_{AB}+\sum_{i=1}^{5}\beta_i-5\times180^\circ$$

式中，$\sum\beta$ 即为各转折角(包括连接角)理论值的总和。将上式写成一般式：

$$\begin{cases}\text{左角}\quad \alpha'_{终} = \alpha_{始} + \sum_{i=1}^{n}\beta_{左} - n \cdot 180^\circ \\ \text{右角}\quad \alpha'_{终} = \alpha_{始} - \sum_{i=1}^{n}\beta_{左} + n \cdot 180^\circ \end{cases} \tag{6.13}$$

计算角度闭合差.

按右角计算的角度闭合差：

$$f_\beta = (\alpha_{始} - \sum_{i=1}^{n}\beta_{右} + n \cdot 180^\circ) - \alpha_{终} \tag{6.14}$$

若 $f_\beta > 0$，$\sum\beta_{右}$ 比实际的小，故分配的角度改正数为"+"；若 $f_\beta < 0$，$\sum\beta_{右}$ 比实际的大，故分配的角度改正数为"−"；因此，按右角计算时，角度闭合差分配按同号进行。

按左角计算的角度闭合差：

$$f_\beta = (\alpha_{始} + \sum_{i=1}^{n}\beta_{左} - n \cdot 180^\circ) - \alpha_{终} \tag{6.15}$$

若 $f_\beta > 0$，$\sum\beta_{左}$ 比实际的大，故分配的角度改正数为"−"；若 $f_\beta < 0$，$\sum\beta_{左}$ 比实际的小，故分配的角度改正数为"+"；因此，按左角计算时，角度闭合差分配按反号进行，即：角度左角和右角的改正数分别为：$v_{\beta_{左}} = -\dfrac{f_\beta}{n}$，$v_{\beta_{右}} = \dfrac{f_\beta}{n}$。

2)坐标增量 f_x、f_y 闭合差中 $\sum\Delta x_{理}$、$\sum\Delta y_{理}$ 的计算

由附合导线图可知，导线各边在纵横坐标轴上投影的总和，其理论值应等于终、始点坐标之差，即

$$\begin{cases} f_x = \sum x_{测} - (x_{终} - x_{始}) \\ f_y = \sum y_{测} - (y_{终} - y_{始}) \end{cases} \tag{6.16}$$

6.4 交会定点

交会定点是加密控制点常用的方法，它可以采用在数个已知控制点上设站，分别向待定点观测方向或距离，也可以在待定点上设站向数个已知控制点观测方向或距离，然后计算待定点的坐标。交会定点方法有前方交会法、测边交会法、侧方交会法、后方交会法和自由设站法等。下面前方交会法、测边交会法侧方交会法和后方交会法。

6.4.1 前方交会法

如图 6.12 所示，在已知点 A、B 上设站测定待定点 P 与控制点的夹角 α、β，即可得到 AP 边的方位角 $\alpha_{AP} = \alpha_{AB} - \alpha$，$BP$ 边的方位角 $\alpha_{BP} = \alpha_{AB} + \beta$。$P$ 点的坐标可由已知直线 AP 和 BP

交会求得，直线 AP 和 BP 的点斜式方程为

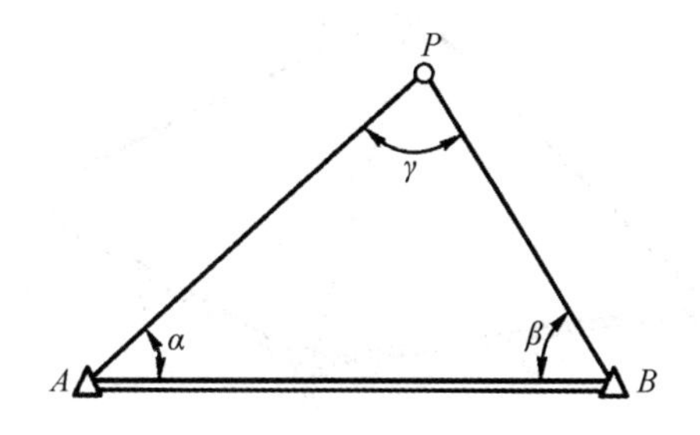

图 6.12 前方交会

$$\begin{aligned} x_P - x_A &= (y_P - y_A)\cot\alpha_{AP} \\ x_P - y_P \cdot \cot\alpha_{AP} + y_A\cot\alpha_{AP} - x_A &= 0 \end{aligned} \tag{a}$$

和

$$\begin{cases} x_P - x_B = (y_P - y_B)\cot\alpha_{BP} \\ x_P - y_P \cdot \cot\alpha_{BP} + y_B\cot\alpha_{BP} - x_B = 0 \end{cases} \tag{b}$$

式(a)减去式(b)得

$$y_P = \frac{y_A\cot\alpha_{AP} - y_B\, g\ \cot\alpha_{BP} - x_A + x_B}{\cot\alpha_{AP} - \cot\alpha_{BP}} \tag{6.17}$$

则

$$x_P = x_A + (y_P - y_A)g\ \cot\alpha_{AP} \tag{6.18}$$

前方交会中，γ 称为交会角。交会角过大或过小，都会影响 P 点位置测定精度，要求交会角一般应大于 30°并小于 120°。一般测量中，都布设三个已知点进行交会，这时可分两组计算 P 点坐标，当两组计算 P 点的坐标较差在容许限差内，则取它们的平均值作为 P 点的最后坐标。即

$$\Delta D = \sqrt{(x'_P - x''_P)^2 + (y'_P - y''_P)^2} \leqslant 0.2M$$

式中，M 为测图比例尺分母；ΔD 以 mm 为单位。

6.4.2 测边交会法

除前方交会法外，还可用测边交会法定点，通常采用三边交会法，如图 6.13 所示，A、B、C 为已知点，a、b、c 为测定的边长。由已知点反算边的方位角和边长为 α_{AB}、α_{CB} 和 D_{AB}、D_{CB}。在三角形 ABP 中，

$$\cos A = \frac{D_{AB}^2 + a^2 - b^2}{2aD_{AB}}$$

则

$$\begin{cases} \alpha_{AP} = \alpha_{AB} - A \\ x'_P = x_A + a\cos\alpha_{AP} \\ y'_P = y_A + a\sin\alpha_{AP} \end{cases} \tag{6.19}$$

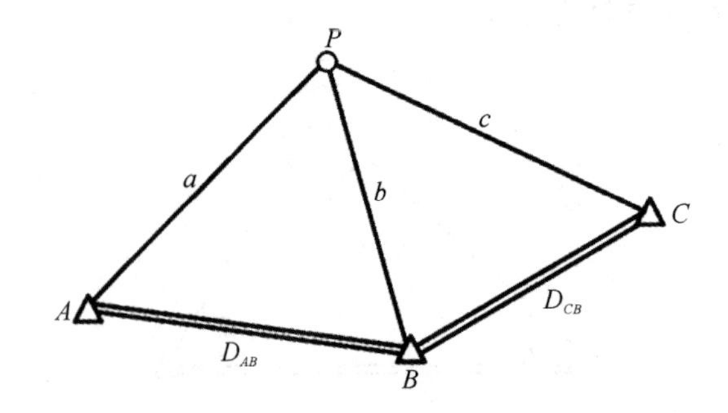

图 6.13 测边交会

同理，在三角形 CBP 中，

$$\cos C=\frac{D_{CB}^2+c^2-b^2}{2D_{CB}c}$$

$$\alpha_{CP}=\alpha_{CB}-C$$

$$\begin{cases}x''_P=x_C+c\cos\alpha_{CP}\\y''_P=y_C+c\sin\alpha_{CP}\end{cases}\tag{6.20}$$

按式(6.19)和式(6.20)计算的两组坐标，其校差在容许限差内，则取它们的平均值作为 p 点的最后坐标。

6.4.3 侧方交会

如图 6.14 所示，已知 A、B、C 点，在已知点 A 和待定点 P 安置经纬仪，分别观测检查角 θ、水平角 α 和 γ，先算出 $\beta=180°-(\alpha+\gamma)$，然后按前方交会余切公式计算交会点 P 的坐标，计算时要求 $A\to B\to P$ 为逆时针方向。检查角的较差

$\Delta\theta=\theta_{算}-\theta=360°-(\alpha_{AC}-\alpha_{AP})-\theta$ 用以检核观测成果的正确性。

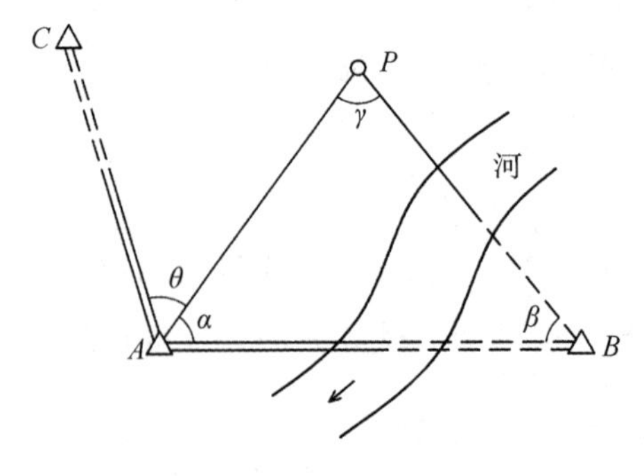

图 6.14 侧方交会

6.4.4 后方交会法

A、B、C 为已知点，P 点是待定点，将经纬仪安置在 P 点，观测 P 至 A、B、C 各方向间的水平夹角 α、β、γ，然后根据已知点的坐标，即可解算 P 点的坐标，该法称为后方交会法，应避免使

P 点位于 A、B、C 构成的危险圆上。后方交会公式很多，本书仅介绍一种方法，如图 6.15 所示。

待定点 P 坐标为

$$\begin{cases} x_P=\dfrac{P_Ax_A+P_Bx_B+P_Cx_C}{P_A+P_B+P_C} \\ y_P=\dfrac{P_Ay_A+P_By_B+P_Cy_C}{P_A+P_B+P_C} \end{cases} \tag{6.21}$$

式中系数值：

$$\left.\begin{aligned} P_A&=\frac{1}{\cot\angle A-\cot\alpha}=\frac{\tan\alpha\tan\angle A}{\tan\alpha-\tan\angle A} \\ P_B&=\frac{1}{\cot\angle B-\cot\beta}=\frac{\tan\beta\tan\angle B}{\tan\beta-\tan\angle B} \\ P_C&=\frac{1}{\cot\angle C-\cot\gamma}=\frac{\tan\gamma\tan\angle C}{\tan\gamma-\tan\angle C} \end{aligned}\right\}$$

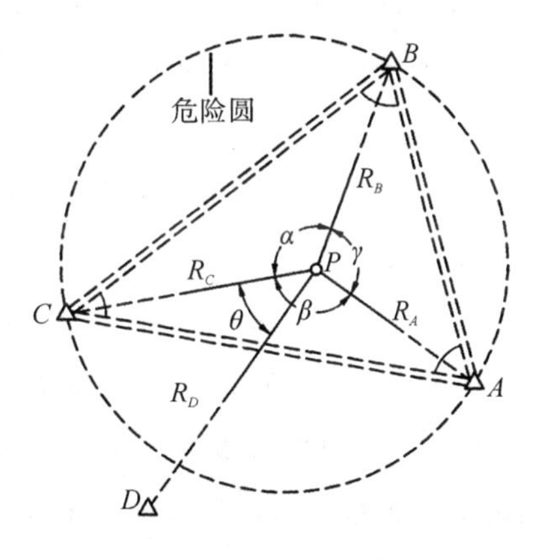

图 6.15 后方交会

6.5 高程控制测量

6.5.1 三、四等水准测量

三、四等水准网作为测区的首级控制网，一般应布设成闭合环线，然后用附合水准路线和结点网进行加密。只有在山区等特殊情况下，才允许布设支线水准。水准路线一般尽可能沿铁路、公路以及其他坡度较小、施测方便的路线布设。尽可能避免穿越湖泊、沼泽和江河地段。水准点应选在土质坚实、地下水位低、易于观测的位置。凡易受淹没、潮湿、震动和沉陷的地方，均不宜作水准点位置。水准点选定后，应埋设水准标石和水准标志，并绘制点之记，以便日后查寻。水准路线长度和水准点的间距，可参照表 6.7 的规定。对于工矿区，水准点的距离还可适当地减小。一个测区至少应埋设三个水准点。

表 6.7　三、四等水准路线长度和水准点间距

水准点间距	建筑物	1 ～2 km
	其他地区	2～4 km
环线或附合于高级点水准路线的最大长度	三等	50 km
	四等	16 km

三、四等水准测量的观测程序、记录计算、校核方法，以及技术要求，详见第 2 章。现就测量中的实施要点，做进一步的说明。

(1)三等水准测量必须进行往返观测。当使用 DS1 和铟瓦标尺时，可采用单程双转点观测，观测程序仍按后—前—前—后，即黑—黑—红—红进行。

(2)四等水准测量除支线水准必须进行往返和单程双转点观测外，对于闭合水准和附合水准路线，均可用单程观测。每个站上观测程序也可为后—后—前—前，即黑—红—黑—红。采用单面尺，用后—前—前—后的读数程序时，在两次前视之间必须重新整置仪器，用双仪高法进行测站检查。

(3)三、四等水准测量每一测段的往测和返测，测站数均应为偶数，否则应加入标尺零点误差改正。由往测转向返测时，两根标尺必须互换位置，并应重新安置仪器。

(4)在每一测站上，三等水准测量不得两次对光。四等水准测量尽量少做两次对光。

(5)工作间歇时，最好能在水准点上结束观测。否则应选择两个坚固可靠、便于放置标尺的固定点作为间歇点，并做出标记。间歇后，应进行检查。如检查两间歇点高差不符值，三等水准小于 3 mm，四等小于 5 mm，则可继续观测。否则须从前一水准点起重新观测。

(6)在一个测站上，只有当各项检核符合限差要求时，才能迁站。如其中有一项超限，可以在本站立即重测，但须变更仪器高度。如果仪器迁站后才发现超限，则应以前一水准点或间歇点重测。

(7)当每千米测站数小于 15 时，闭合差按平地限差公式计算；如超过 15 站，则按山地限差公式计算。

(8)当成像清晰、稳定时，三、四等水准的视线长度，可容许按规定长度放大 20%。

(9)水准网中，结点与结点之间或结点与高级点之间的附合水准路线长度，应为规定值的 0.7倍。

(10)当采用单面标尺进行三、四等水准观测时，变更仪器高前后所测两尺垫高差之差的限制，与红黑面所测高差之差的限差相同。

6.5.2　三角高程测量

三角高程测量是根据两点间的水平距离或斜距离以及竖直角按照三角公式来求出两点间的高差。如图 6.16 所示，已知 A 点高程 H_A ，欲求 B 点高程 H_B ，在 A 点安置经纬仪或测距仪，仪器

高为 i_a 。在 B 点设置觇标或棱镜，其高度为 v_b ，望远镜瞄准觇标或棱镜的竖直角为 α_a ，则 AB 两点的高差为

$$h_{ab} = h' + i_a - v_b \tag{6.22}$$

式中 h' 的计算因观测方法不同而不同。利用平面控制已知的边长 D，用经纬仪测量竖角 α 求两点高差，称为经纬仪三角高程测量，$h' = D\tan\alpha$；利用测距仪测定斜距 S 和 α ，求算 h_{ab} ，称为光电测距三角高程测量，它通常与测距仪导线一道进行，$h' = S\sin\alpha$ 此外，当 AB 距离较长时，式(6.22)还须加上地球曲率和大气折光的合成影响，称为球气差。考虑到 $f = 0.43\dfrac{D^2}{R}$ ，故上式写为

$$h_{ab} = D\tan\alpha_a + i_a - v_b + f_a \tag{6.23}$$

和

$$h_{ab} = S\sin\alpha_a + i_a - v_b + f_a \tag{6.24}$$

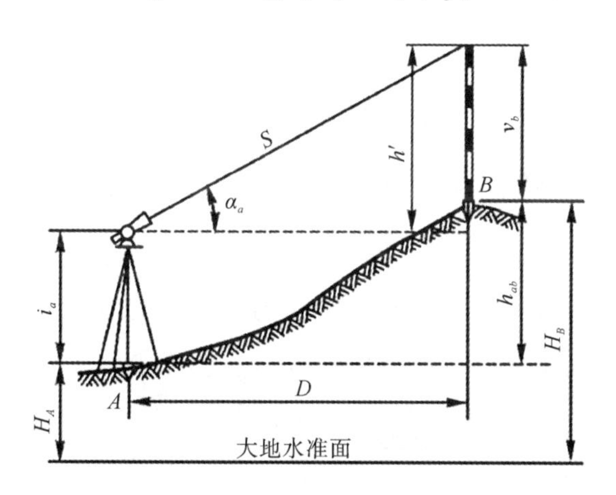

图 6.16　三角高程测量原理

为了消除或削弱球气差的影响，通常对三角高程进行对向观测。由 A 向 B 观测得 h_{ab}，由 B 向 A 观测得 h_{ba} ，当两高差的校差在容许值内，则取其平均值，得

$$h_{AB} = \frac{1}{2}(h_{ab} - h_{ba}) = \frac{1}{2}[(h' - h'') + (i_a - i_b) + (v_a - v_b) + (f_a - f_b)] \tag{6.25}$$

当外界条件相同，$f_a = f_b$ ，上式的最后一项为零，消除了其影响。但在检查高差校差时，计算中仍需加入球气差改正，这一点应引起注意。最后，B 点高程为

$$H_B = H_A + h_{AB} \tag{6.26}$$

三角高程路线高差计算见表 6.8。高差计算后再计算路线闭合差，并进行闭合差的分配和高程的计算。三角高程控制网一般是在平面网的基础上，布设成三角高程网或高程导线。为保证三角高程网的精度，应采用四等水准测量联测一定数量的水准点，作为高程起算数据。三角高程网中任一点到最近高程起算点的边数，当平均边长为 1 km 时，不超过 10 条，平均边长为 2 km时，不超过 4 条。竖直角观测是三角高程测量的关键工作，对竖直角观测的要求见表 6.8。

为减少垂直折光变化的影响,应避免在大风或雨后初晴时观测,也不宜在日出后和日落前 2 h 内观测,在每条边上均应作对向观测。觇标高和仪器高用钢尺丈量两次,读至毫米,其校差对于四等三角高程不应大于 2 mm,对于五等三角高程不大于 4 mm。

光电测距三角高程测量的精度较高,且可提高工效,故应用较广。高程路线应起闭于高级水准点,高程网或高程导线的边长应不大于 1 km,边数不超过 6 条。竖直角用 DJ_2 级经纬仪,在四等高程测 3 个测回,五等测 2 个测回。距离应采用标称精度不低于(5mm + 5ppm)的测距仪,四等高程测往返各一测回,五等测一个测回。光电测距三角高程测量的主要技术要求见表 6.9。

表 6.8 三角高程路线高差计算表

测站点	Ⅲ 10	401	401	402	402	Ⅲ 12
觇点	401	Ⅲ 10	402	401	Ⅲ 12	402
觇法	直	反	直	反	直	反
α	+ 3°24′15″	−3°22′47″	−0°47′23″	+ 0°46′56″	+ 0°27′32″	−0°25′58″
S/m	577. 157	577. 137	703. 485	703. 490	417. 653	417.697
$h' = S\sin\alpha/m$	+ 34. 271	−34. 024	−9. 696	+ 9. 604	+ 3. 345	−3. 155
$i/$ m	1.565	1.537	1.611	1.592	1.581	1.601
$V/$ m	1.695	1.680	1.590	1.610	1.713	1.708
$f = 0.34\dfrac{D^2}{R}$ /m	0. 022	0. 022	0. 033	0. 033	0. 012	0. 012
$h = h' + i - v + f/m$	+ 34. 163	−34. 145	−9. 642	+ 9. 942	+ 3. 225	−3. 250
$h_{平均}$ /m	+ 34.154		−9. 630		+ 3. 238	

表 6.9 光电测距三角高程测量主要技术要求

等级	仪器	竖直角测回数(中丝法)	指标差较差/(″)	竖直角较差/(″)	对向观测高差较差/mm	附合路线或环线闭合差/mm
四等	DJ2	3	≤7	≤7	$40\sqrt{D}$	$20\sqrt{\sum D}$
五等	DJ2	2	≤10	≤10	$60\sqrt{D}$	$30\sqrt{\sum D}$
图根	DJ6	2	≤25	≤ 25	$400D$	$40\sqrt{\sum D}$

注:D 为光电测距边长,单位为 km。

思考题与练习题

1. 名词解释：坐标正算、坐标反算、坐标增量、导线全长相对闭合差、前方交会、球气差、对向观测。

2. 为什么要建立控制网？控制网可分为哪几种？

3. 导线测量外业有哪些工作？选择导线点应注意哪些问题？

4. 导线与高级控制点连接有何目的？

5. 在没有高级控制点连接的情况下，采用哪种导线形式为好？

6. 角度闭合差在什么条件下进行调整？调整的原则是什么？

7. 四等水准在一个测站上的观测程序是什么？有哪些限差要求？

8. 坐标增量的正负号与坐标象限角和坐标方位角有何关系？

9. 三角高程路线上 AB 的平距为 85.7 m，由 A 到 B 观测时，竖直角观测值为 $-12°00'09''$，仪器高为 1.561 m，觇标高为 1.949 m。由 B 到 A 观测时，竖直角观测值为 $+12°22'23''$，仪器高为 1.582 m，觇标高为 1.803 m，已知 A 点高程为 500.123 m，试计算该边的高差及 B 点高程。

10. 完成表 6.10 的附合导线坐标计算（观测角为右角）。

表 6.10　附合导线坐标计算

点号	观测角/(°′″)	改正后的角值/(°′″)	坐标方位角/(°′″)	边长/m	增量计算值/m		改正后的增量值/m		坐标/m	
					Δx	Δy	$\Delta' x$	$\Delta' y$	x	y
1	2	4	5	6	6	7	8	9	11	12
A										
B	267 29 58		317 52 06						4 028.53	4 006.77
2	203 29 46			133.84						
3	184 29 36			154.71						
4	179 16 06			80.74						
5	81 16 52			148.93						
C	147 07 34			147.16						
D			334 42 42						3 671.03	3 619.24
$\sum$										
辅助计算	$f_\beta =$　　$F_\beta = \pm 40'' \sqrt{n} =$　　$f_x =$　　$f_y =$　　$f = \sqrt{f_x^2 + f_y^2}$　　$K = \dfrac{f}{\sum D} =$									

第7章

地形图测绘方法

地形图的基本知识

7.1 地物地貌的表示方法

地形测量的任务是测绘地形图。地形图测绘是以测量控制点为依据，以一定的步骤和方法将地物和地貌测定在图之上，并用规定的比例尺和符号绘制成图，如图 7.1 所示。

地物和地貌的表示方法

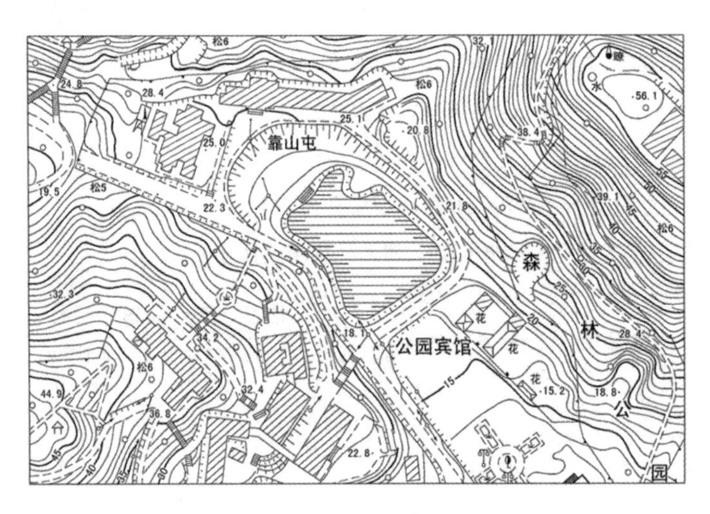

图 7.1　1∶2000 地形图

7.1.1 比例尺

图上任一线段 d 与地上相应线段水平距离 D 之比，称为图的比例尺。常见的比例尺有两种：数字比例尺和直线比例尺。用分子为 1 的分数式来表示的比例尺，称为数字比例尺，即

$$\frac{d}{D}=\frac{1}{M} \tag{7.1}$$

式中，M 称为比例尺分母，表示缩小的倍数。M 愈小，比例尺愈大，图上表示的地物地貌愈详尽。通常把 1∶500、1∶1 000、1∶2 000、1∶5 000 的比例尺称为大比例尺，1∶10 000、1∶25 000、1∶50 000、1∶100 000 的称为中比例尺，小于 1∶100 000 的称为小比例尺。不同比例尺的地形图有不同的用途。大比例尺地形图多用于各种工程建设的规划和设计，为国防和经济建设等多种用途服务的多属中小比例尺地图。

为了用图方便，以及避免由于图纸伸缩而引起的误差，通常在图上绘制图示比例尺，也称直

线比例尺。图 7.2 所示为 1∶1 000 的图示比例尺，在两条平行线上分成若干 2 cm 长的线段，称为比例尺的基本单位，左端一段基本单位细分成 10 等分，每等分相当于实地 2 m，每一基本单位相当于实地 20 m。

图 7.2 1∶1 000 的图示比例尺

人眼正常的分辨能力，在图上辨认的长度通常认为 0.1 mm，它在地上表示的水平距离 0.1 mm× M，称为比例尺精度。利用比例尺精度，根据比例尺可以推算出测图时量距应准确到什么程度。例如，1∶1 000 地形图的比例尺精度为 0.1 m，测图时量距的精度只需大于 0.1 m，小于 0.1 m 的距离在图上表示不出来。反之，根据图上表示实地的最短长度，可以推算出测图比例尺。例如，欲表示实地最短线段长度为 0.5 m，则测图比例尺不得小于 1∶5 000。

比例尺愈大，采集的数据信息愈详细，精度要求就愈高，测图工作量和投资往往成倍增加，因此使用何种比例尺测图，应从实际需要出发，不应盲目追求更大比例尺的地形图。

7.1.2 地物符号

地面上的地物，如房屋、道路、河流、森林、湖泊等，其类别、形状和大小及其在地图上的位置，都是用规定的符号来表示的，见表 7.1。根据地物的大小及描绘方法的不同，地物符号分为以下几类：

1. 比例符号

轮廓较大的地物，如房屋、运动场、湖泊、森林、田地等，凡能按比例尺把它们的形状、大小和位置缩绘在图上的，称为比例符号。这类符号表示出地物的轮廓特征。

2. 非比例符号

轮廓较小的地物，或无法将其形状和大小按比例画到图上的地物，如三角点、水准点、独立树、里程碑、水井和钻孔等，则采用一种统一规格、概括形象特征的象征性符号表示，这种符号称为非比例符号，只表示地物的中心位置，不表示地物的形状和大小。

3. 半比例符号

对于一些带状延伸地物，如河流、道路、通信线、管道、垣栅等，其长度可按测图比例尺缩绘，而宽度无法按比例表示的符号称为半比例符号，这种符号一般表示地物的中心位置，但是城墙和垣栅等，其准确位置在其符号的底线上。

4. 地物注记

对地物加以说明的文字、数字或特定符号，称为地物注记。如地区、城镇、河流、道路名称，江河的流向、道路去向以及林木、田地类别等说明。

表 7.1 地物符号

编号	符号名称	图 例	编号	符号名称	图 例
1	三角点	梁山 383.27 3.0	23	村庄	1.5 李 村
2	导线点	2.0 I12 41.38	24	学校	文 3.0
3	普通房屋	1.5	25	医院	3.0
4	水池	水	26	工厂	工 3.0
5	坟地	2.0 2.0	27	公路	0.15 0.3 沥 砾
6	宝塔	3.5 1.0	28	大车路	2.0 8.0 0.15 0.15
7	水塔	2.0 1.0 3.5 1.0	29	小路	4.0 1.0 0.3
8	小三角点	3.0 狮 山 125.34	30	铁路	10.0 0.8
9	水准点	2.0 Ⅱ蓉石 8 328.903	31	隧道	6.0 2.0 45° 0.3 1.5
10	高压线	4.0 1.0	32	挡土墙	5.0 0.3
11	低压线	4.0 1.0	33	车行道	45° 1.5

续表

编号	符号名称	图例	编号	符号名称	图例
12	通讯线	4.0 1.0	34	人行桥	45° 1.5
13	砖石及混凝土围墙	10.0	35	高架公路	0.3 1.0 0.5 1.5
14	土墙	10.0 0.5	36	高架铁路	1.0
15	等高线	首曲线 0.15 计曲线 45 0.3 间曲线 6.0 1.0 0.15	37	路堑	1.5 0.8
16	梯田坎	未加固的 1.5 加固的 3.0	38	路堤	1.5 0.8
17	垄	1.5 0.2	39	土堤	1.5 3.0 45.3
18	独立树	阔叶 果树 针叶	40	人工沟渠	
19	输水槽	1.5 1.0 45°	41	地类界	0.25 1.5
20	水闸	2.0 1.5	42	经济林	3.0 梨 1.5 10.0 10.0
21	河流溪流	0.15 清 0.5 河 7.0	43	水稻田	3.0 10.0 10.0
22	湖泊池塘	塘	44	旱地	1.0 2.0 10.0 10.0

7.1.3 等高线

1. 等高线原理

等高线是地面相邻等高点相连接的闭合曲线。一簇等高线，在图上不仅能表达地面起伏变化的形态，而且还具有一定立体感。如图 7.3 所示，设有一座小山头的山顶被水恰好淹没时的水面高程为 50 m，水位每退 5 m，则坡面与水面的交线即为一条闭合的等高线，其相应高程为 45 m、40 m、35 m。将地面各交线垂直投影在水平面上，按一定比例尺缩小，从而得到一簇表现山头形状、大小、位置以及起伏变化的等高线。相邻等高线之间的高差 h，称为等高距或等高线间隔，在同一幅地形图上，等高距是相同的，相邻等高线之间的水平距离 d，称为等高线平距。由图可知，d 愈大，表示地面坡度愈缓，反之愈陡。坡度与平距成反比。用等高线表示地貌，等高距选择过大，就不能精确显示地貌；反之，选择过小，等高线密集，失去图面的清晰度。因此，应根据地形和比例尺参照表 7.2 选用等高距。

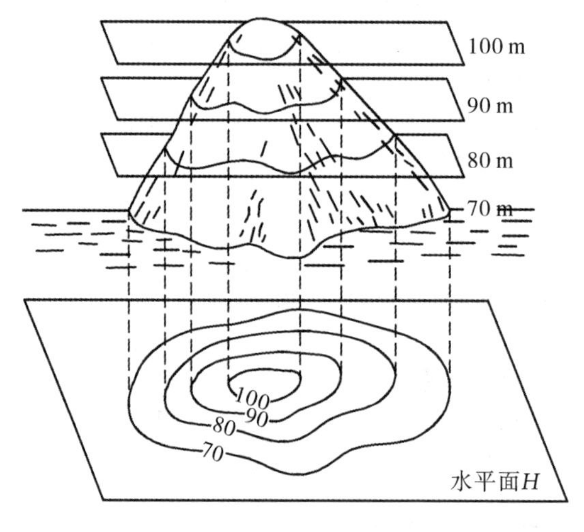

图 7.3　等高线原理

表 7.2　地形图的基本等高距

地形类别	比例尺				备注
	1∶500	1∶1 000	1∶2 000	1∶5 000	
平地	0.5 m	0.5 m	1 m	2 m	等高距为 0.5 m 时，特征点高程可注至 cm，其余均注至 dm
丘陵	0.5 m	1 m	2 m	5 m	
山地	1 m	1 m	2 m	5 m	

按上表选定的等高距称为基本等高距，同一幅图只能采用一种基本等高距。等高线的高程应为基本等高距的整倍数。按基本等高距描绘的等高线称首曲线，用细实线描绘；为了读图方便，高程为 5 倍基本等高距的等高线用粗实线描绘并注记高程，称为计曲线；在基本等高线不能

反映出地面局部地貌的变化时，可用二分之一基本等高距以长虚线加密的等高线，称为间曲线；更加细小的变化还可用四分之一基本等高距以短虚线加密的等高线，称为助曲线，如图7.4所示。

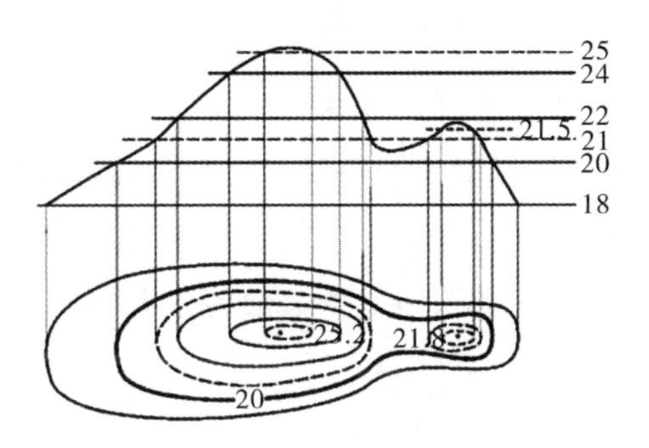

图7.4 各种等高线图

2.等高线表示典型地貌

地貌形态繁多，但主要由一些典型地貌的不同组合而成。要用等高线表示地貌，关键在于掌握等高线表达典型地貌的特征。典型地貌有山头和洼地(盆地)，如图7.5所，就用了等高线山头和洼地的表。其特征等高线表现为一组闭合曲线。在地形图上区分山头或洼地可采用高程注记或示坡线的方法。高程注记可在最高点或最低点上注记高程，或通过等高线的高程注记字头朝向确定山头(或高处)；示坡线是从等高线起向下坡方向垂直于等高线的短线，示坡线从内圈指向外圈，说明中间高，四周低，由内向外为下坡，故为山头或山丘；示坡线从外圈指向内圈，说明中间低，四周高，由外向内为下坡，故为洼地或盆地。

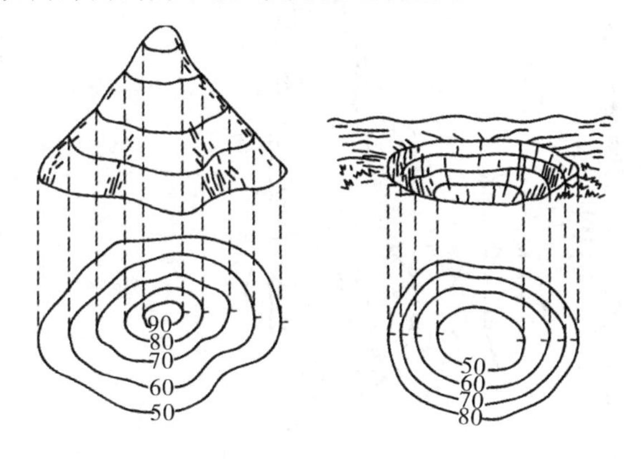

图7.5 山头和洼地

1)山脊和山谷

山脊是沿着一定方向延伸的高地，其最高棱线称为山脊线，又称分水线，如图7.6所示，山脊的等高线是一组向低处凸出为特征的曲线。山谷是沿着一方向延伸的两个山脊之间的凹地，贯穿山谷最低点的连线称为山谷线，又称集水线，如图7.6所示，山谷的等高线是一组向高处凸出为特征的曲线。山脊线和山谷线是显示地貌基本轮廓的线，统称为地性线，其在测图和用图中都具有重要意义。

2)鞍部

鞍部是相邻两山头之间低凹部位呈马鞍形的地貌,如图 7.7 所示。鞍部俗称垭口,是两个山脊与两个山谷的会合处,等高线由一对山脊和一对山谷的等高线组成。

3)陡崖和悬崖

陡崖是坡度在 70°以上的陡峭崖壁,有石质和土质之分,其等高线分别如图 7.8(a)、(b)所示。悬崖是上部突出中间凹进的地貌,这种地貌等高线如图 7.8(c)所示。

4)冲沟

冲沟又称雨裂,如图 7.9 所示,它是具有陡峭边坡的深沟,由于边坡陡峭而不规则,所以用锯齿形符号来表示。

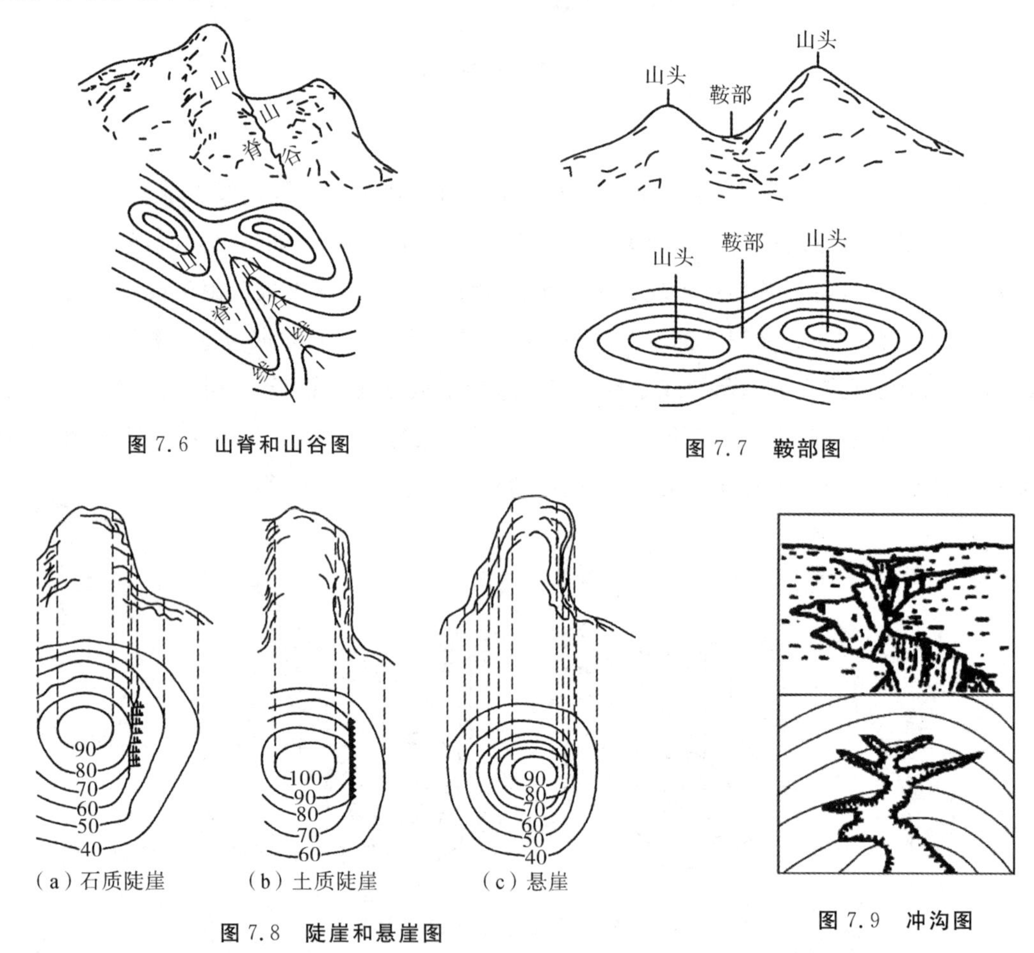

图 7.6　山脊和山谷图

图 7.7　鞍部图

图 7.8　陡崖和悬崖图

图 7.9　冲沟图

熟悉了典型地貌的等高线特征,就容易识别各种地貌,图 7.10 所示是某地区综合地貌示意图与等高线图,读者可自行对照阅读。

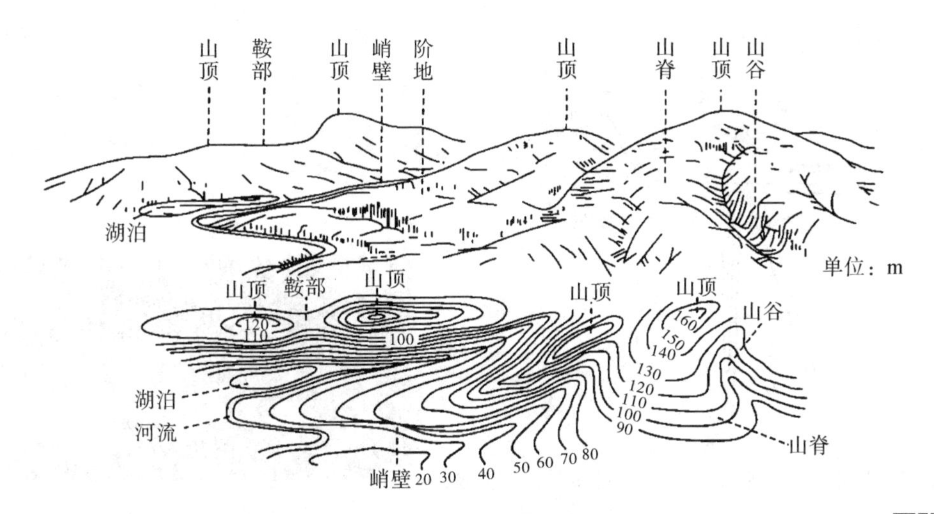

图 7.10 某地区综合地貌示意图与等高线图

大比例尺地形图测绘

3. 等高线的特性

根据等高线的原理和典型地貌的等高线，可得出等高线的特性：

(1)同一条等高线上的点，其高程必相等。

(2)等高线均是闭合曲线，如不在本图幅内闭合，则必在图外闭合，故等高线必须延伸到图幅边缘。

(3)除在悬崖或绝壁处外，等高线在图上不能相交或重合。

(4)等高线的平距小，表示坡度陡，平距大则坡度缓，平距相等则坡度相等，平距与坡度成反比。

(5)等高线和山脊线、山谷线成正交，如图 7.6 所示。

(6)等高线不能在图内中断，但遇道路、房屋、河流等地物符号和注记处可以局部中断。

7.2 平板仪测图

7.2.1 平板仪的使用

1. 平板仪

平板仪分为小平板仪和大平板仪。如图 7.11 所示，小平板仪主要由图板、照准器和三脚架组成，附件有对点器和长盒罗盘。图板通过基座上的窝球状连接螺旋安装在三角架上。照准器系由具有刻划的直尺和前后的接目觇板、接物觇板、中间的水准器组成。接物觇板的照准丝与接目觇孔构成的视准面用来瞄准目标，直尺用来描绘方向线，长盒罗盘用来标定图板方向，对点器用来安置图板，使图上点与地面相应测站点在同一铅垂线上。大平板仪主要由照准仪、测图板、三角架与基座、水准器、罗盘、移点器等组成。照准仪用来瞄准目标、画方向线、测定距离和高差，由望远镜、竖盘、支柱和直尺构成。图 7.12 所示为大平板仪，其结构坚固、稳定，测图精度高，但仪器笨重。

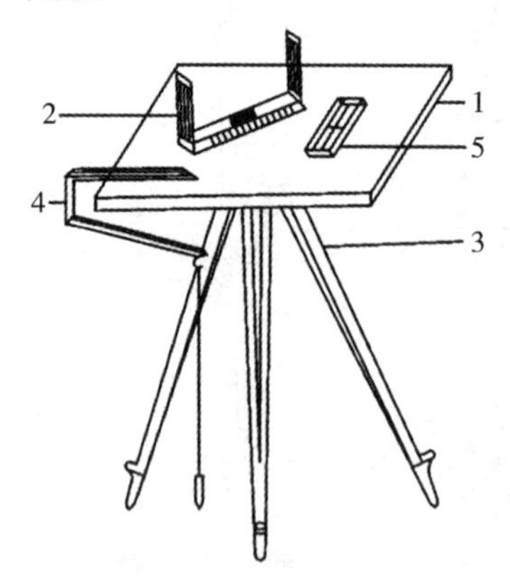

1—图板；2—照准器；3—脚架；4—对点器；5—长盒罗盘。

图 7.11　小平板仪

图 7.12　大平板仪

2. 平板仪测图原理

平板仪测量是根据图解的原理测定水平角，所以平板仪测量又称图解测量。如图 7.13 所示，设地面上有 A、B、C 三点，欲将这三点测绘于图上，可在 A 点水平地安置一块固定有图纸的图板，将地面点 A 沿铅垂方向投影到图纸上，定出 a 点。设想过 AB、AC 方向分别作铅垂面，则它们与图纸的交线 ab、ac 所夹的角度∠bac 就是地面上空间角∠BAC 在水平面上的投影（即水平角）。如用视距法测定 AB、AC 的距离和高差，即可在图上沿 ab、ac 方向线上按比例尺定出 bc 两点，则图纸上的 bac 图形相似于地上点在水平面上的投影 B′AC′图形。

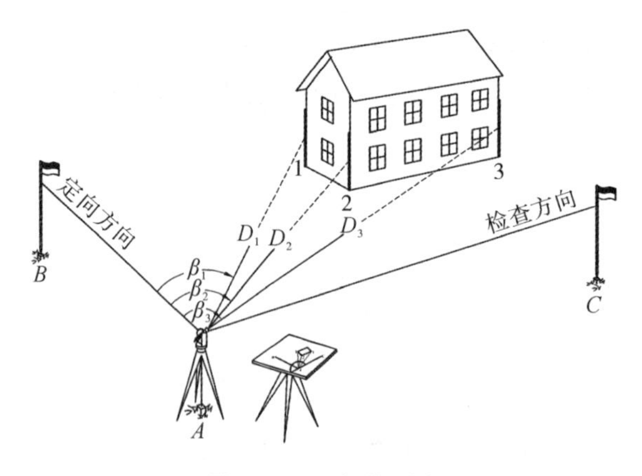

图 7.13　平板仪测绘

3. 平板仪的安置

平板仪的安置包括对点、整平和定向三项工作。由于这三项工作之间互相影响，通常先用目估法进行平板的粗略定向、整平和对点，然后以相反的顺序进行精确的对点、整平和定向。

1）对点

如图 7. 14 所示，对点就是使图上的已知点 a 与地上的测站点 A 位于同一铅垂线上。对点时，将对点器的尖端对准图上 a 点，移动脚架使垂球尖对准地面点 A，其容许误差一般规定为 0.05 mm×M，M 为比例尺分母。

2)整平

整平的目的是使固定有图纸的平板处于水平位置。整平时，先放松窝状连接的整平螺旋，倾仰平板使照准器上的水准管气泡在两个互相垂直的方向上居中，测图平板水平，然后拧紧整平螺旋使平板稳定。

3)定向

定向的目的是使图纸上的已知方向线与地面上相应的方向线一致或平行。用已知方向线定向时，将照准器的直尺边紧靠已知直线 ab(见图 7.14)，松开窝状连接的螺旋，转动平板，使照准器瞄准地面点 B，固定平板，完成定向工作。定向误差属于系统误差，对点位精度影响较大。用已知直线定向时，定向精度与直线的长度有关，定向直线愈长，定向精度愈高。

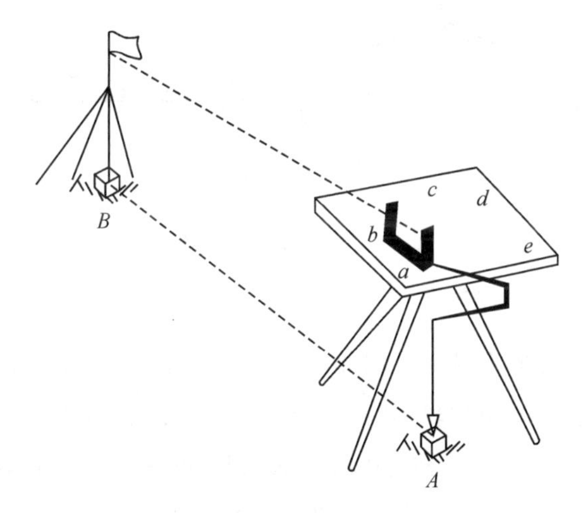

图 7.14　平板仪的对中、整平、定向

7.2.2　测站点的增补

在测绘地形中，当测站点不够使用时，常需要在已有控制点的基础上增补临时性的测站点，其方法有下列几种。

1.视距支导线

设置视距支导线的边长应不大于最大视距的 2/3，竖直角不宜过大，最多只允许连续设置两个支点。支导线的水平角用经纬仪测量一个测回，用视距法往返测定支导线的边长和高差，每条导线边往返测的校差相对于该边长的水平距离不大于 1/200，高差校差不大于该边长水平距离的 1/500。边长和高差的往返测校差在允许范围内取往返测的平均值，然后用图解法展绘出支导线点。由于支导线缺乏检核条件，因此要对观测和展绘工作加强检查，防止错误。当用平板仪测绘地形图时，可采用图解法测量导线点，布设的支导线称为图解支导线，与视距支导线的不同之处是，导线的方向不是用经纬仪测定，而是直接用照准仪确定的。

2. 视距导线

若用支导线方法增设测站点还不能满足测图的要求，可采用视距导线方法。视距导线应布设成附合或闭合导线形式，增设的临时测站一般不超过 5 个。导线边和角的测量方法与视距支导线相同。按照导线边和角展绘导线点，当平面点位的闭合差不大于 1/200，用图解法调整。如图 7.15 所示，在图 7.15(a) 中 A、B 为已知点，$1'$、$2'$、$3'$、B' 为未经调整的导线点，闭合差为各点的改正方向，且与闭合差 BB' 的方向相同，B' 点改正量为 BB'，其余各点改正量根据其离起点 A 的距离按比例用图解法求出。在图 7.15(b) 中，按一定比例绘出各导线边长，在 B' 点作垂线使 BB' 等于闭合差的大小，连接 AB，分别过 $1'$、$2'$、$3'$ 点作垂线交于 AB 得 1、2、3，则 $11'$、$22'$、$33'$ 即为 $1'$、$2'$、$3'$ 点的改正量。高程闭合差不大于 1/500，其闭合差的调整也可按同样的方法进行。

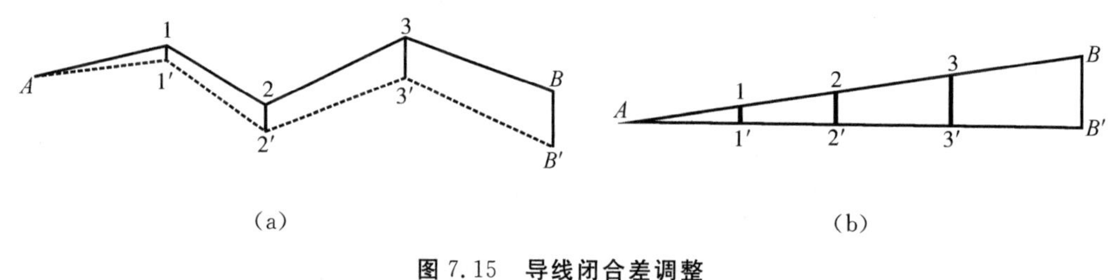

图 7.15　导线闭合差调整

3. 内外分点法

当需要增设的测站离控制点较近且相邻的控制点通视，可采用内外分点法测定测站点。如图 7.16 所示，在需要增设测站位置较近的控制点 B 上置镜，瞄准控制点 A，在 AB 方向上量取距离 BM，定出测站 M 点，这种方法称为内分点法；若瞄准 A 点后倒镜，在 AB 的延长线方向上量取距离 BN，定出测站 N 点，这种方法称为外分点法。

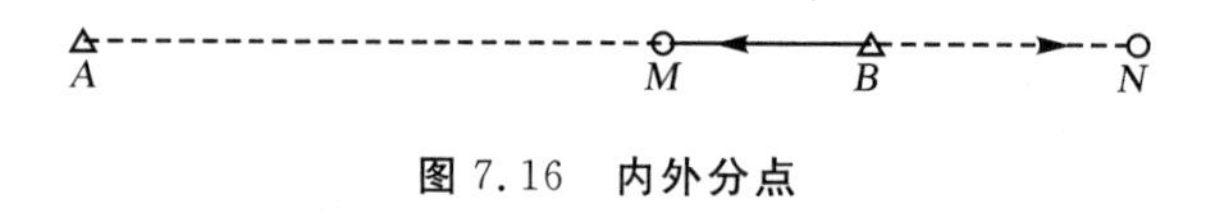

图 7.16　内外分点

7.2.3　测图前的准备工作

1. 图纸准备

大比例尺地形图的图幅大小一般为 50 cm×50 cm，50 cm×40 cm，40 cm×40 cm。为保证测图的质量，应选择优质绘图纸。一般临时性测图，可直接将图纸固定在图板上进行测绘；需要长期保存的地形图，为减少图纸的伸缩变形，通常将图纸裱糊在锌板、铝板或胶合板上。目前各测绘部门大多采用聚酯薄膜代替绘图纸，它具有透明度好、伸缩性小、不怕潮湿、牢固耐用等特点。聚酯薄膜图纸的厚度为 0.07 ～0.1 mm，表面打毛，可直接在底图上着墨复晒蓝图，如果表面不清洁，还可用水洗涤，因而方便和简化了成图的工序。但聚酯薄膜易燃、易折和易老化，故在使用保管过程中应注意防火防折。

2. 绘制坐标格网

为了准确地将控制点展绘在图纸上，首先要在图纸上绘制 10 cm×10 cm 的直角坐标格网。绘制坐标格网的工具和方法很多，如可用坐标仪或坐标格网尺等专用仪器工具进行。坐标仪是专门用于展绘控制点和绘制坐标格网的仪器；坐标格网尺是专门用于绘制格网的金属尺。它们是测图单位的一种专用设备。下面介绍对角线法绘制格网。

如图 7.17 所示，先用直尺在图纸上绘出两条对角线，从交点 O 为圆心沿对角线量取等长线段，得 a、b、c、d 点，用直线顺序连接 4 点，得矩形 $abcd$。再从 a、d 两点起各沿 ab、dc 方向每隔 10 cm 定一点；从 d、c 两点起各沿 da、cb 方向每隔 10 cm 定一点，连接矩形对边上的相应点，即得坐标格网。坐标格网是测绘地形图的基础，每一个方格的边长都应该准确，纵横格网线应严格垂直。因此，坐标格网绘好后，要进行格网边长和垂直度的检查。小方格网的边长检查，可用比例尺量取，其值与 10 cm 的误差不应超过 0.2 mm；小方格网对角线长度与 14.14 cm 的误差不应超过 0.3 mm。方格网垂直度的检查，可用直尺检查格网的交点是否在同一直线上（如图 7.17 中 mn 线），其偏离值不应超过 0.2 mm。如检查值超过限差，应重新绘制方格网。

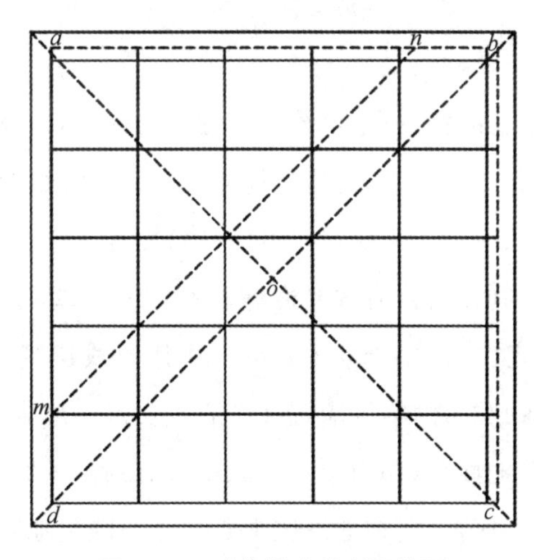

图 7.17 对角线法绘制网格图

3. 展绘控制点

展绘控制点前，首先要按图的分幅位置，确定坐标格网线的坐标值，也可根据测图控制点的最大和最小坐标值来确定，使控制点安置在图纸上的适当位置，坐标值要注在相应格网边线的外侧（见图 7.18）。按坐标展绘控制点，先要根据其坐标，确定所在的方格。例如控制点的坐标 $x_D=420.34$ m，$y_D=423.43$ m。根据 D 点的坐标值，可确定其位置在 $efhg$ 方格内。分别从 ef 和 gh 按测图比例尺各量取 20.34 m，得 i、j 两点，然后从 i 点开始沿 ij 方向按测图比例尺量取 23.43 m，得 D 点。同法可将图幅内所有控制点展绘在图纸上，最后用比例尺量取各相邻控制点间的距离作为检查，其距离与相应的实地距离的误差不应超过图上 0.3 mm。在图纸上的控制点要注记点名和高程，一般可在控制点的右侧以分数形式注明，分子为点名，分母为高程，如图 7.18 中的 A、B、C、D 点。

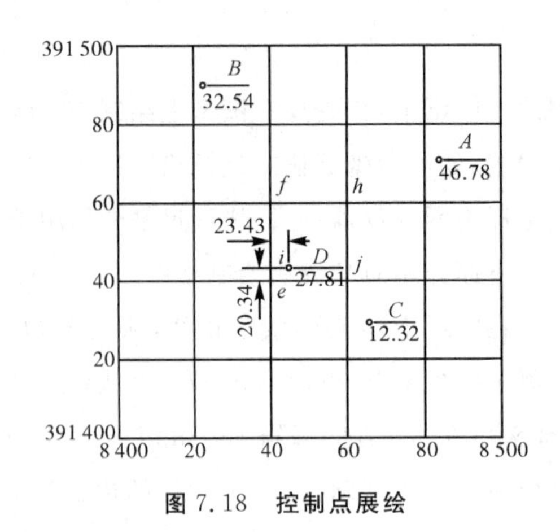

图 7.18　控制点展绘

7.2.4　碎部测量

碎部测量是以控制点为测站，测定周围碎部点的平面位置和高程，并按规定的图示符号绘制成图。

1. 碎部点的选择

所谓碎部点就是地物、地貌的特征点，也统称为地形特征点，正确选择碎部点是碎部测量中十分重要的工作，它是地形测绘的基础。地物特征点，一般选在地物轮廓的方向线变化处，如房屋角点、道路转折点或交叉点、河岸水涯线或水渠的转弯点等。连接这些特征点，就能得到地物的相似形状。对于形状不规则的地物，通常要进行取舍。一般的规定是主要地物凸凹部分在地形图上大于 0.4 mm 均应测定出来；小于 0.4 mm 时可用直线连接。一些非比例表示的地物，如独立树、纪念碑和电线杆等独立地物，则应选在中心点位置。地貌特征点，通常选在最能反映地貌特征的山脊线、山谷线等地性线，如山顶、鞍部、山脊、山谷、山坡、山脚等坡度或方向的变化点。利用这些特征点勾绘等高线，才能在地形图上真实地反映出地貌来。碎部点的密度应该适当，过稀不能详细反映地形的细小变化，过密则增加野外工作量，造成浪费。碎部点在地形图上的间距约为 2～3 cm，各种比例尺的碎部点间距可参考表 7.3。在地面平坦或坡度无显著变化地区，地貌特征点的间距可以采用最大值。

表 7.3　碎部点间距和最大视距

测图比例尺	地形点最大间距/m	最大视距/m	
		主要地物点	次要地物点和地形点
1∶500	15	60	100
1∶1 000	30	100	150
1∶2 000	50	180	250
1∶5 000	100	300	350

2. 地物地貌的绘制

工作中，当碎部点展绘在图上后，就可在碎部测量对照实地描绘地物和等高线。

1)地物的绘制

描绘的地形图要按图式规定的符号表示地物。依比例描绘的房屋，轮廓要用直线连接，道路、河流的弯曲部分要逐点连成光滑的曲线。不依比例描绘的地物，需按规定的非比例符号表示。

2)等高线勾绘

由于等高线表示的地面高程均为等高距 h 的整倍数，因而需要在两碎部点之间内插以 h 为间隔的等高点。内插是在同坡段上进行的。下面介绍等高线勾绘的两种常见方法。

(1)目估法。如图 7.19(a)所示，某局部地区地貌特征点的相对位置和高程，已测定在图上。首先连接地性线上同坡段的相邻特征点 ba、bc 等，虚线表山脊线，实线表山谷线，然后在同坡段上，按高差与平距成比例的关系内插等高点，勾绘等高线。已知 a、b 点平距为 35 mm，高差 h_{ab} = 48.5 m − 43.1 m = 5.4 m，如勾绘等高距为 1 m 的等高线，共有五根线穿过段 ab 段，两根间的平距 d = 6.7 mm(由 d:35 = 1:5.4 求得)。a 点至第一根等高线的高差为 0.9 m，不是 1 m，按高差 1 m 的平距 d 为标准，适当缩短(将 d 分为 10 份，取 9 份)，目估定出 44 m 的点；同法在 b 点定出 48 m 的点。然后将首尾点间的平距 4 等分定出 45 m、46 m、47 m 各点；同理，在 bc、bd、be 段上定出相应的点(见图 7.19(b))。最后将相邻等高的点，参照实地的地貌用圆滑的曲线徒手连接起来，就构成一簇等高线(见图 7.19(c))。

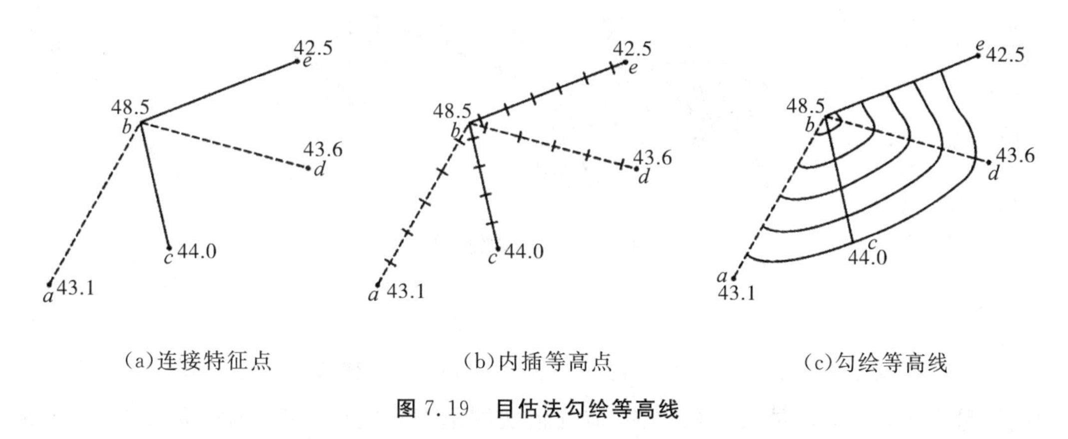

(a)连接特征点 (b)内插等高点 (c)勾绘等高线

图 7.19 目估法勾绘等高线

(2)图解法。绘一张等间隔若干条平行线的透明纸，蒙在勾绘等高线的图上，转动透明纸，使 a、b 两点分别位于平行线间的 0.9 和 0.5 的位置上，如图 7.20 所示，则直线 ab 和五条平行线的交点，便是高程为 44 m、45 m、46 m、47 m 及 48 m 的等高线位置。

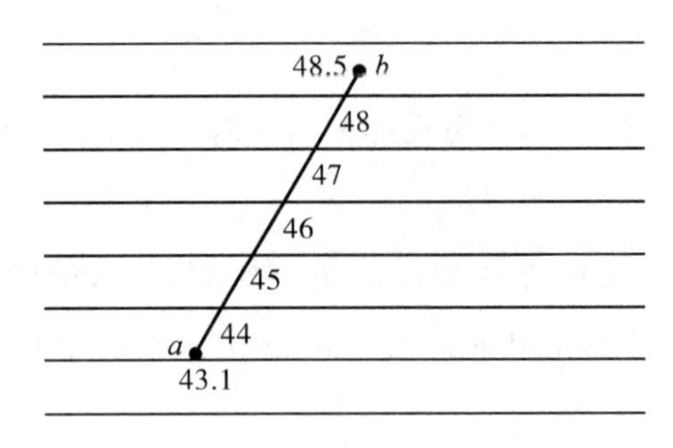

图 7.20 图解法内插等高线

7.2.5 经纬仪测图

1. 仪器安置

如图 7.21 所示，在测站 A 安置经纬仪，量取仪器高 i，填入手簿，在视距尺上用红布条标出仪器高的位置 v，以便照准。将水平度盘读数配置为 0，照准控制点 B，作为后视点的起始方向，并用视距法测定其距离和高差填入手簿，以便进行检查。当测站周围碎部点测完后，再重新照准后视点检查水平度盘零方向，在确定变动不大于 2′后，方能撤站。测图板置于测站旁。

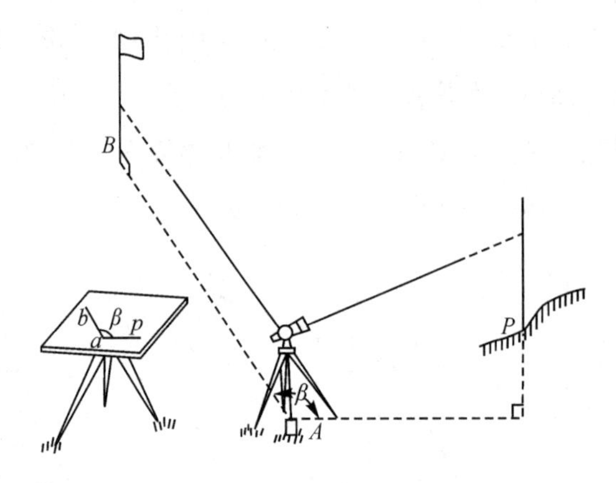

图 7.21 经纬仪测图

2. 跑尺

在地形特征点上立尺的工作通称为跑尺。立尺点的位置、密度、远近及跑尺的方法影响着成图的质量和功效。立尺员在立尺之前，应弄清实测范围和实地情况，选定立尺点，并与观测员、绘图员共同商定跑尺路线，依次将尺立置于地物、地貌特征点上。

3. 观测

将经纬仪照准地形点 P 的标尺，中丝对准视仪器高处的红布条(或另一位置读数)，对上下丝读取视距间隔 l，并读取竖盘读数 L 及水平角 β，记入手簿进行计算(见表 7.4)。然后将 β_p、D_p、H_p 报给绘图员。同法测定其他各碎部点，结束前，应检查经纬仪的零方向是否符合要求。

表 7.4 地形测量手簿

测站：A4	后视点：A3		仪器高 i:1.42 m		指标差 x:−1.0′		测站高程 H:207.40 m		
点号	视距 $K \cdot l$/m	中丝读数 v	水平角 β /(° ′)	竖盘读数 L/(° ′)	竖直角 α /(° ′)	高差 h/m	水平距离 D/ m	高程/m	备注
1	85.0	1.42	160 18	85 48	4 11	6.18	84.55	213.58	水渠
2	13.5	1.42	10 58	81 18	8 41	2.02	13.19	209.42	
3	50.6	1.42	234 32	79 34	10 25	9.00	48.95	216.40	
4	70.0	1.60	135 36	93 42	−3 43	−4.71	69.71	202.69	电杆
5	92.2	1.00	34 44	102 24	−12 25	−18.94	87.94	188.46	

4. 绘图

绘图是根据图上已知的零方向，在 a 点上用量角器定出 ap 方向，并在该方向上用比例尺针刺 D_p定出 p 点；以该点为小数点注记其高程 H_p。同法展绘其他各点，并根据这些点绘图。测绘地物时，应对照外轮廓随测随绘。测绘地貌时，应对照地性线和特殊地貌外缘点勾绘等高线和描绘特征地貌符号。勾绘等高线时，应先勾出计曲线，经对照检查无误，再加密其余等高线。用光电测距仪测绘地形图与用经纬仪的测绘方法基本一致，只是距离的测量方式不同。根据斜距 S、竖盘读数 L、仪器高 i 和棱镜高 v，就可算出 D 和 H，再加 β 角，即可展绘点位。

7.2.6 地形图的拼接、整饰和检查

在大区域内测图，地形图是分幅测绘的。为了保证相邻图幅的互相拼接，每一幅图的四边，要测出图廓外 5 mm。测完图后，还需要对图幅进行拼接、检查与整饰，方能获得符合要求的地形图。

1. 地形图的拼接

每幅图施测完后，在相邻图幅的连接处，无论是地物或地貌，往往都不能完全吻合。如图 7.22 所示，左、右两幅图边的房屋、道路、等高线都有偏差。如相邻图幅地物和等高线的偏差，不超过表 7.5 规定的 $2\sqrt{2}$ 倍，取平均位置加以修正。修正时，通常用宽 5～6 cm 的透明纸蒙在左图幅的接图边上，用铅笔把坐标格网线、地物、地貌描绘在透明纸上，然后再把透明纸按坐标格网线位置蒙在右图幅衔接边上，同样用铅笔描绘地物、地貌。若接边差在限差内，则在透明纸上用彩色笔平均配赋，并将纠正后的地物地貌分别刺在相邻图边上，以此修正图内的地物、地貌。

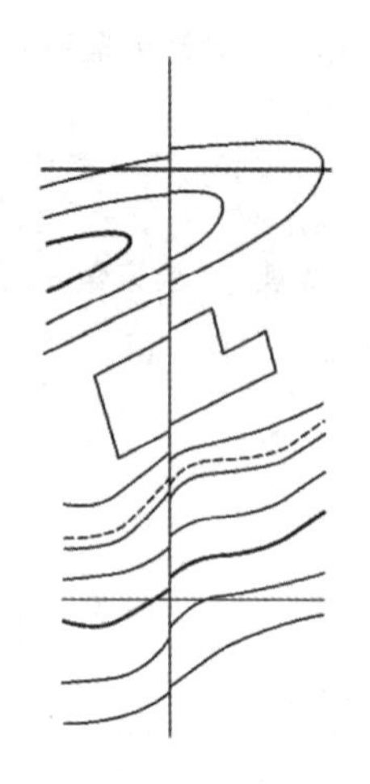

图 7.22 地形图接边差

表 7.5 地形图接边误差允许值

地区类别	图中		等高线高程中误差(等高距)			
	点位中误差/mm	邻近地物点间距中误差/mm	平地	丘陵地	山地	高山地
山地、高山地和设站施测困难的旧街坊内部城市建筑区和平地、丘陵地	0.75	0.6	1/3	1/2	2/3	1
	9.5	0.4				

2. 地形图的检查

室内检查观测和计算手簿的记载是否齐全、清楚和正确，各项限差是否符合规定；图上地物、地貌的真实性、清晰性和易读性，各种符号的运用、名称注记等是否正确，等高线与地貌特征点的高程是否符合，有无矛盾或可疑的地方，相邻图幅的接边有无问题等。如发现错误或疑点，应到野外进行实地检查修改。外业检查首先进行巡视检查，根据室内检查的重点，按预定的巡视路线，进行实地对照查看，主要查看原图的地物、地貌有无遗漏；勾绘的等高线是否逼真合理，符号、注记是否正确等。然后进行仪器设站检查，除对在室内检查和巡视检查过程中发现的重点错误和遗漏进行补测和更正外，对一些怀疑点，地物、地貌复杂地区，图幅的四角或中心地区，也需抽样设站检查，一般为 10%左右。

3. 地形图的整饰

当原图经过拼接和检查后，要进行清绘和整饰，使图面更加合理、清晰、美观。整饰应遵循先图内后图外，先地物后地貌，先注记后符号的原则进行。工作顺序：内图廓、坐标格网，控制点、地形点符号及高程注记，独立物体及各种名称、数字的绘注，居民地等建筑物，各种线路、水系等，植被与地类界，等高线及各种地貌符号等。图外的整饰内容包括外图廓线、坐标网、经纬度、接图表、图名、图号、比例尺、坐标系统及高程系统、施测单位、测绘者及施测日期等。图上地物以及等高线的线条粗细、注记字体大小均按规定的图式进行绘制。现代测绘部门大多已采用计算机绘图工序,经外业测绘的地形图,只需用铅笔完成清绘,然后用扫描仪使地图矢量化,便可通过 AutoCAD 等绘图软件绘制地形图。

7.3 全站仪数字化测图

利用全站仪能同时测定距离、角度、高差,提供待测点三维坐标,将仪器野外采集的数据,结合计算机、绘图仪以及相应软件,就可以实现自动化测图。

7.3.1 全站仪简介

全站仪概述

全站仪由以下两大部分组成:

(1)采集数据设备主要有电子测角系统、电子测距系统及自动补偿设备等。

(2)微处理器是全站仪的核心装置,主要由中央处理器、随机储存器和只读存储器等构成。测量时,微处理器根据键盘或程序的指令控制各分系统的测量工作,进行必要的逻辑和数值运算以及数字存储、处理、管理、传输、显示等。通过上述两大部分有机结合,才体现出“全站”功能,既能自动完成数据采集,又能自动处理数据,使整个测量过程工作有序、快速、准确地进行。全站仪作为一种光电测距与电子测角和微处理器综合的外业测量仪器,其主要的精度指标为测距标准差和测角标准差 m_D。仪器根据测距标准差,即测距精度,按国家标准,分为三个等级。标准差小于 5 mm 为Ⅰ级仪器,大于 5 mm 小于 10 mm 为Ⅱ级仪器,大于 10 mm 小于 20 mm 为Ⅲ级仪器。

1. 技术指标

图 7.23 所示为三鼎 STS－762R10L 型全站仪外形结构,其主要技术指标见表 7.6。

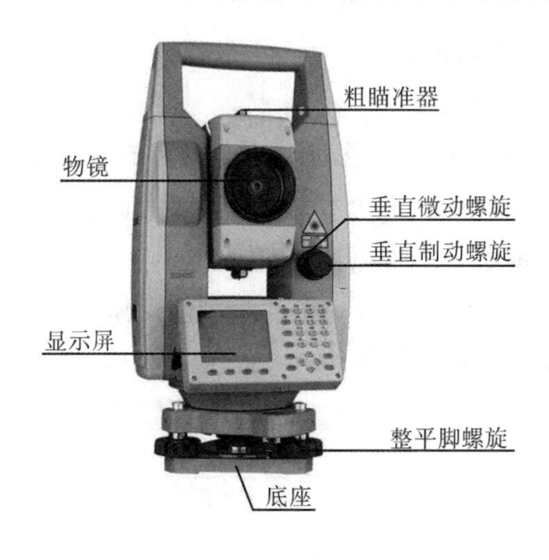

图 7.23 三鼎 STS－762R10L 型全站仪外形结构

表 7.6　三鼎 STS－762R10L 型全站仪主要技术指标

望远镜放大倍率	30×	视场	1°30′
自动垂直补偿	双轴液体电子补偿	补偿范围	±4′
角度测量最小读数	0.1″/1″/5″/10″可选	精度	2″
测程(单棱镜)	5 000 m	精度(有棱镜)	2 mm + 2 ppm
免棱镜	1 000 m	免棱镜	3 mm + 2 ppm
气象修正	温度气压传感器自动改正	棱镜常数修正	输入参数自动改正
数据通信方式	SD 卡、USB、U 盘、蓝牙	对中器	激光对中

2. 基本测量程序

1)坐标测量

设置测站点坐标(x_O,y_O,H_O),设置水平方向角,设置仪器高 i 和棱镜高 v,照准目标点 P 上的反射棱镜,在坐标测量模式下完成坐标测量(x_P,y_P,H_P):

$$\begin{cases} x_P = x_O + S\cos\alpha\cos\theta \\ y_P = y_O + S\cos\alpha\sin\theta \\ H_P = H_O + S\sin\alpha + i - v \end{cases} \tag{7.2}$$

式中,S 为全站仪到反射棱镜的斜距;α 为全站仪到反射棱镜的竖直角;θ 为全站仪到反射棱镜的方位角。

2)坐标放样

输入仪器高 i、目标高 v 及测站点 O 的坐标(x_O,y_O,H_O)和待测设点 P 的坐标(x_P,y_P,H_P),照准另一已知点 A 设定方位角,照准待测设点 P 的概略位置 P_1 处的反射棱镜,按测量键自动显示出水平角 $\Delta\beta$、水平距离偏差 ΔD 和高程偏差 ΔH,按照显示的偏差移动反射棱镜,当屏幕显示为 0 时即为设计点 P 的位置。

3)悬高测量

悬高测量用于测量计算不可接触点,如架空电线远离地面无法安置反射棱镜时,测定其悬高点的三维坐标。如图 7.24 所示,棱镜安置在欲测高度的目标点 C 的天底 B 处,输入棱镜高 v 照准反射棱镜测量,再照准 C 点,即可测出高度 H 为

$$H=h+v=S\cos\alpha_1\tan\alpha_2-S\sin\alpha_1+v \tag{7.3}$$

式中,α_1 和 α_2 分别表示棱镜中心和 C 点的竖直角。

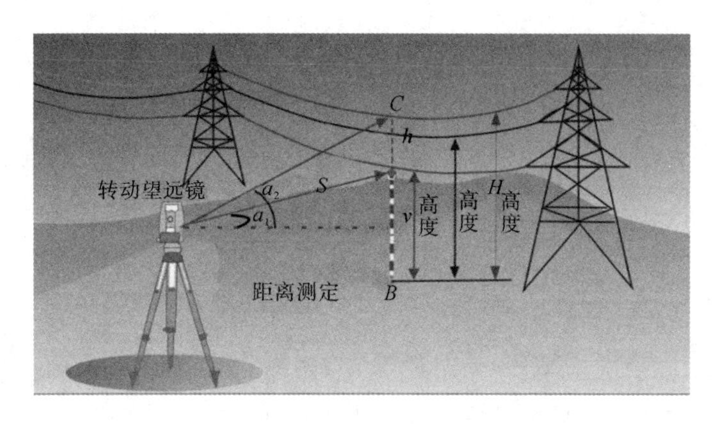

图 7.24　悬高测量

4)对边测量

对边测量是测定两目标间的平距与高差,如图 7.25 所示,在两目标点 P_1、P_2处分别竖立棱镜,在与它们通视的 O 点安置全站仪,选定对边测量模式,分别照准 P_1、P_2上的棱镜,仪器自动显示两目标间的平距 D_{12}和高差 h_{12}:

$$\begin{cases} D_{12} = \sqrt{S_1^2\cos^2\alpha_1 + S_2^2\cos^2\alpha_2 - 2S_1S_2\cos\alpha_1\cos\alpha_2\cos\beta} \\ h_{12} = S_2\sin\alpha_2 - S_1\sin\alpha_1 + v_1 - v_2 \end{cases} \tag{7.4}$$

式中,S_1和 S_2为斜距;α_1和 α_2为竖直角;β 为水平角。

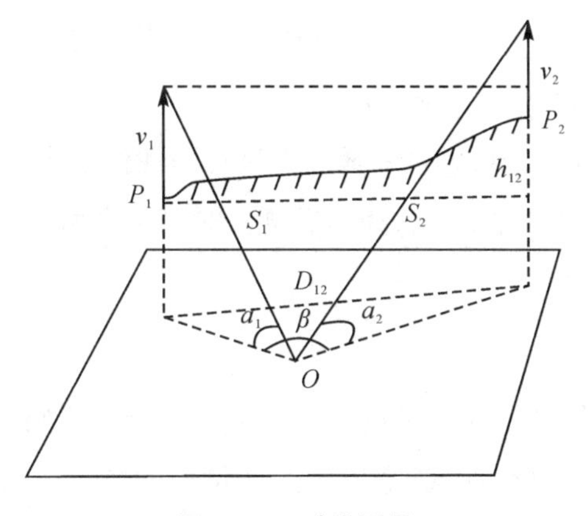

图 7.25　对边测量

5)偏心测量

由于地物形式多样性及地物点因种种原因不宜立尺或不通视,致使在外业采集数据时,无法直接将棱镜安置于目标地物的中心位置上,如遇电杆、水塔、烟囱及椭圆形建筑物等的中心坐标,大多采用近似估计测量的方法来求取其中心位置,这样就不可避免地产生了误差,使成图精度降低,通常在测绘实践中我们采用偏心测量的方法来解决,如图 7.26 所示,偏心测量分为角度偏心测量、距离偏心测量、平面偏心测量、圆柱偏心测量。

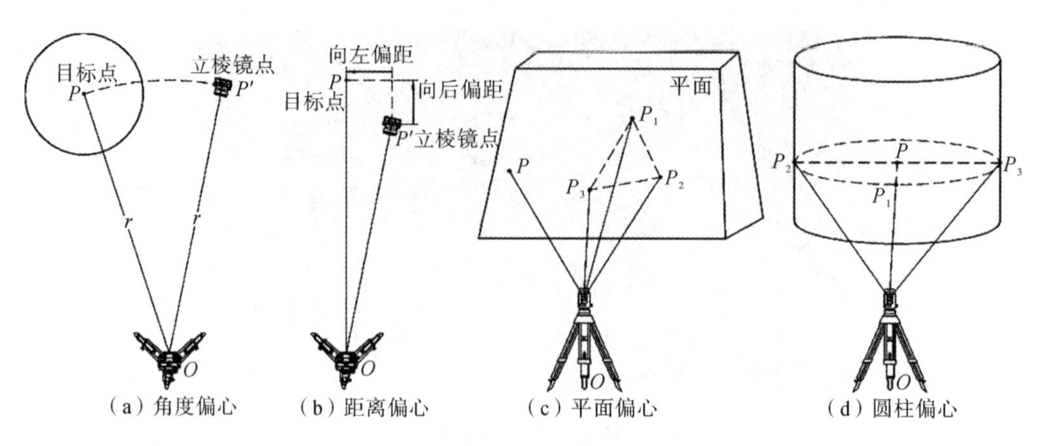

（a）角度偏心　（b）距离偏心　（c）平面偏心　（d）圆柱偏心

图 7.26　偏心测量

(1)角度偏心测量(见图 7.26(a))的步骤:①对目标点 P 在 P' 点安置棱镜,要求平距大约为 $OP=OP'$;②执行角度偏心测量命令,测量 P' 点距离;③照准 P 点方向,屏幕实时显示测站 O 到 P 点的平距、高差、斜距,P 点三维坐标。

(2)距离偏心测量(见图 7.26(b))的步骤:①当待测点不便安置棱镜时,在 P' 点安置棱镜;②执行距离偏心测量命令,输入 P' 点的相对于 P 点偏距(左右偏距,右偏为正;前后偏距,后偏为正);③照准 P' 点棱镜测量,屏幕实时显示测站 O 到 P 点的平距、高差、斜距,P 点三维坐标。

(3)平面偏心(如墙面任意一点)测量(见图 7.26(c))的步骤:①执行平面偏心测量命令;②分别照准平面上,非一条直线的任意三点 P_1、P_2、P_3 立棱镜测量;③照准 P 点,无需立棱镜,屏幕实时显示测站 O 到 P 点平距、高差、斜距,P 点三维坐标。

(4)圆柱偏心测量(见图 7.26(d))的步骤:①执行圆柱偏心测量命令;②照准 P_1 点测量,再照准 P_2 点,最后照准 P_3 点;③照准 P 点方向,屏幕实时显示测站 O 到 P 点的平距、高差、斜距,P 点三维坐标。

3. 全站仪的检定要求

全站仪设计中,关于测距和测角的精度一般遵循等影响的原则。由于全站仪作为一种现代化的计量工具,必须依法对其进行计量检定,以保证量度的统一性、标准性、合格性。检定周期最多不能超过一年。对全站仪的检定分为三个方面:对测距性能的检测,对测角性能的检测,对其数据记录、数据通信及数据处理功能的检查。光电测距单元性能按国家技术监督局光电测距规范规程进行,其主要项目包括:调制光相位均匀性,周期误差,内符合精度,精测尺频率,加、乘常数及综合评定其测距精度。必要时,还可以在较长的基线上进行测距的外符合检查。电子测角系统检测的主要项目包括:光学对中器和水准管的检校,照准部旋转时仪器基座方位稳定性检查,测距轴与视准轴重合性检查,仪器轴系误差(照准差 C 横轴误差 i,竖盘指标差 I)的检定,倾斜补偿器的补偿范围与补偿准确度的检定,一测回水平方向指标差的测定和一测回竖直角标准偏差测定。数据采集与通信系统的检测包括:检查内存中的文件状态,检查贮存数据的个数和剩余空间,查阅记录的数据,对文件进行编辑、输入和删除功能的检查,数据通信接口、数据通信专用电缆的检查等。

7.3.2 全站仪外业测图

用全站仪在测站对周围地形进行数字化测图，称为地面数字测图。直接测定地物点和地形点的细部最为详尽，是一种精度最高的数字测图方法，也是城市大比例尺地形图测绘的主要手段。

1. 全站仪结合电子平板模式

该模式通过通信线将全站仪与电子手簿或掌上电脑相联，把测量数据记录在电子手簿或掌上电脑上，同时可以进行一些简单的属性操作，并绘制现场草图。进行内业测图时需把数据传输到计算机中，进行成图处理。掌上电脑，携带方便采用图形界面交互系统，可以对测量数据进行简单的编辑，减少了内业工作量。随着掌上电脑处理能力的不断增强，科技人员正进行针对于全站仪的掌上电脑二次开发工作，此方法会在实践中进一步完善。全站仪数字化测图，主要分为准备工作、数据获取、数据输入、数据处理、数据输出等五个阶段。准备工作阶段包括资料准备、控制测量、测图准备等工作内容，与传统地形测图一样，在此不再赘述。

2. 野外碎部点采集、传输、处理和成图

一般用“解算法”进行碎部点测量采集，用电子手簿记录三维坐标(x,y,H)及其绘图信息。既要记录测站参数、距离、水平角和竖直角的碎部点位置信息，还要记录编码、点号、连接点和连接线型四种信息，在采集碎部点时要及时绘制观测草图。数据传输用数据通信线连接电子手簿和计算机，把野外观测数据传输到计算机中，每次观测的数据要及时传输，避免数据丢失。数据处理包括数据转换和数据计算。数据处理是对野外采集的数据进行预处理，检查可能出现的各种错误；把野外采集到的数据编码，使测量数据转化成绘图系统所需的编码格式。数据计算是针对地貌关系的，当测量数据输入计算机后，会生成平面图形，建立图形文件，绘制等高线。编辑、整理经数据处理后所生成的图形数据文件，对照外业草图，修改整饰新生成的地形图，补测或重测存在漏测或测错的地方，然后加注高程、注记等，进行图幅整饰，最后成图输出。

7.3.3 数字化内业绘图

CASS 地形地籍成图软件是基于 AutoCAD 平台技术的 GIS 前端数据处理系统，广泛应用于地形成图、地藉成图、工程测量应用、空间数据建库等领域，全面面向 GIS，彻底打通数字化成图系统与 GIS 接口，使用骨架线实时编辑、简码用户化、GIS 无缝接口等先进技术。自 CASS 软件推出以来，已经成长为用户量最大、升级最快、服务最好的主流成图系统。CASS7.0 的主界面如图 7.27 所示。

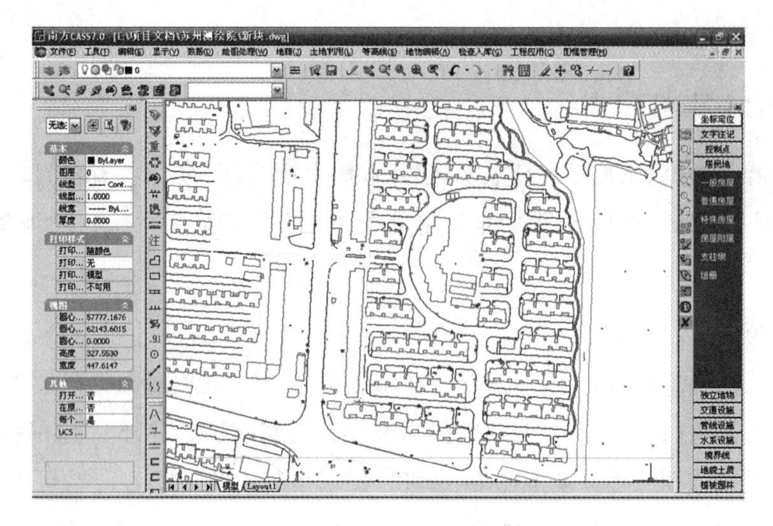

图 7.27　CASS7.0 的主界面

1. 定显示区与展点

定显示区就是通过坐标数据文件中的最大、最小坐标定出屏幕窗口的显示范围。进入 CASS7.0 主界面，鼠标单击“绘图处理”项，即出现下拉菜单。然后移至“定显示区”项，使之以高亮显示，按左键，出现一个对话窗。这时输入坐标数据文件名。可参考 windows 选择打开文件的方法操作，也可直接通过键盘输入，在“文件名(N)：”(即光标闪烁处)输入 C:\CASS70\DEMO\STUDY.DAT，再移动鼠标至“打开(O)”处，按左键。

先移动鼠标至屏幕的顶部菜单“绘图处理”项按左键，这时系统弹出一个下拉菜单。再移动鼠标选择“绘图处理”下的“展野外测点点号”项，按左键后，便出现打开文件对话框。输入对应的坐标数据文件名 C:\CASS70\DEMO\STUDY.DAT 后，便可在屏幕上展出野外测点的点号。

2. 绘制地物符号

可以灵活使用工具栏中的缩放工具进行局部放大以方便编图。先把左上角放大，选择右侧屏幕菜单的“交通设施/公路”按钮，弹出公路符号界面。

找到“平行等外公路”并选中，再点击“OK”，命令区提示：

绘图比例尺 1∶输入 500，回车。

点 P/<点号>输入 92，回车。

点 P/<点号>输入 45，回车。

点 P/<点号>输入 46，回车。

点 P/<点号>输入 13，回车。

点 P/<点号>输入 47，回车。

点 P/<点号>输入 48，回车。

点 P/<点号>回车。

拟合线<N>输入 Y,回车。说明:输入 Y,将该边拟合成光滑曲线;输入 N(缺省为 N),则不拟合该线。

边点式/2. 边宽式<1>:回车(默认 1);说明:选 1(缺省为 1),将要求输入公路对边上的一个测点;选 2,要求输入公路宽度。对面一点,点 P/<点号>输入 19,回车。这时得到平行等外公路,如图 7.28 所示。

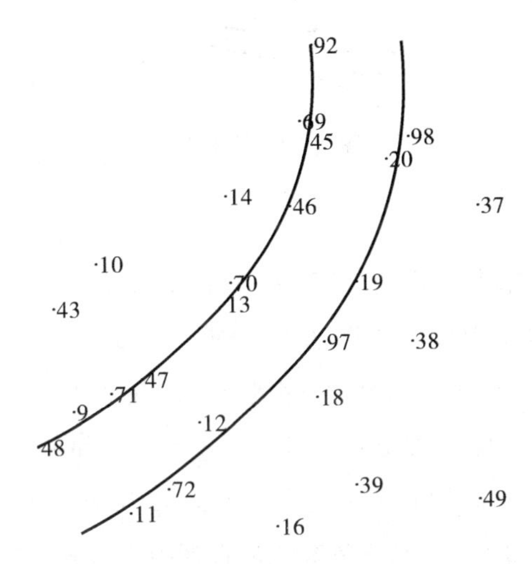

图 7.28 画平行等外公路

下面作一个多点房屋。选择右侧屏幕菜单的"居民地/一般房屋"选项。

先用鼠标左键选择"多点砼房屋",再点击"OK"按钮。命令区提示:

第一点:点 P/<点号>输入 49,回车。

指定点:点 P/<点号>输入 50,回车。

闭合 C/隔一闭合 G/隔一点 J/微导线 A/曲线 Q/边长交会 B/回退 U/点 P/<点号>输入 51,回车。

闭合 C/隔一闭合 G/隔一点 J/微导线 A/曲线 Q/边长交会 B/回退 U/点 P/<点号>输入 J,回车。

点 P/<点号>输入 52,回车。

闭合 C/隔一闭合 G/隔一点 J/微导线 A/曲线 Q/边长交会 B/回退 U/点 P/<点号>输入 53,回车。

闭合 C/隔一闭合 G/隔一点 J/微导线 A/曲线 Q/边长交会 B/回退 U/点 P/<点号>输入 C,回车。

输入层数:<1>回车(默认输 1 层)。

其他地物(地貌土质、独立地物、水利设施、管线设施、植被园林、控制点等)都可以参考以上 2 种地物的绘制方法,绘制的地物图如图 7.29 所示。

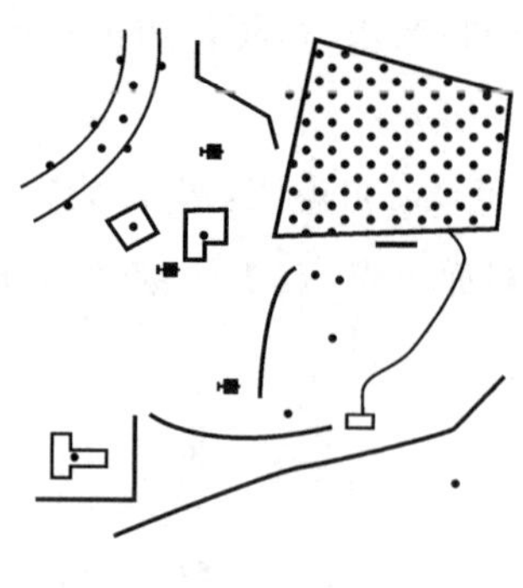

图 7.29 地物图

3. 绘制等高线

展高程点:用鼠标左键点取“绘图处理”菜单下的“展高程点”,将会弹出数据文件的对话框,找到 C:\CASS70\DEMO\STUDY. DAT,选择“确定”,命令区提示“注记高程点的距离(米)”,直接回车,表示不对高程点注记进行取舍,全部展出来。建立 DTM 模型:用鼠标左键点取“等高线”菜单下“建立 DTM”。根据需要选择建立 DTM 的方式和坐标数据文件名,然后选择建模过程是否考虑陡坎和地性线,选择“确定”,显示出如图 7.30 所示的 DTM 图。绘等高线:用鼠标左键点取“等高线/绘制等高线”。输入等高距后选择拟合方式后“确定”。则系统马上绘制出等高线。再选择“等高线”菜单下的“删三角网”,生成如图 7.31 所示的等高线图。利用“等高线”菜单下的“等高线修剪”二级菜单完成等高线的修剪。用鼠标左键点取“切除穿建筑物等高线”,软件将自动搜寻穿过建筑物的等高线并将其进行整饰。点取“切除指定二线间等高线”,依提示依次用鼠标左键选取左上角的道路两边,CASS7.0 将自动切除等高线穿过道路的部分。点取“切除穿高程注记等高线”,CASS7.0 将自动搜寻,把等高线穿过注记的部分切除。

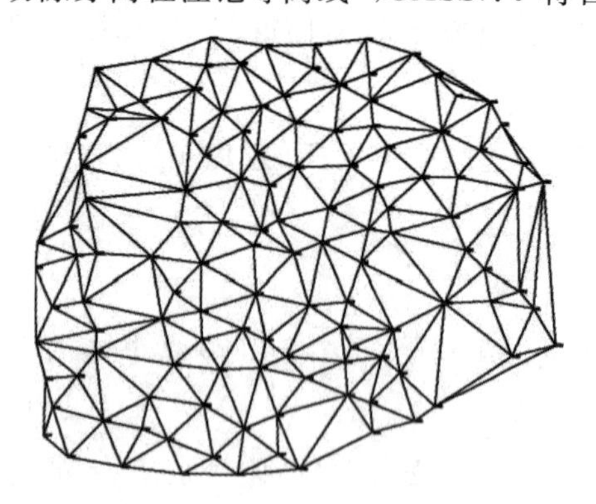

图 7.30 DTM 图

图 7.31 DTM 生成的等高线图

4. 加注记与图框

下面我们演示如何在平行等外公路上加“经纬路”三个字。用鼠标左键点取右侧屏幕菜单的“文字注记”项。首先在需要添加文字注记的位置绘制一条拟合的多功能复合线,然后在注记内容中输入“经纬路”并选择注记排列和注记类型,输入文字大小并确定后,选择绘制的拟合的多功能复合线即可完成注记。加图框是用鼠标左键点击“绘图处理”菜单下的“标准图幅(50×40)”，在“图名”栏里，输入如：“建设新村”；在“测量员”“绘图员”“检查员”栏里分别输入如：“张三”“李四”“王五”字样；在“左下角坐标”的“东”“北”栏内分别输入如：“53073”“31050”字样；在“删除图框外实体”栏前打勾，然后按“确认”。这样这幅图就作好了。

思考题与练习题

1. 名词解释：比例尺精度、等高线、计曲线、地性线、示坡线、照准器、地形图。

2. 怎样比较比例尺的大小，比例尺的精度在测绘工作中有何用途？

3. 等高线为何是连续闭合的曲线？

4. 等高线是地面上相邻高程点的连线；等高线是地面等高点的连线；等高线是地面高程相同的连线。这三种说法错在哪里？

5. 等高距与等高线平距有何关系？它在识别地面坡度和勾绘等高线中有何用途？

6. 在勾绘等高线时，如遇等高线与山脊线、山谷线相交，为何必须正交？

7. 雨水落在山脊线上，为何会从山脊线上向两侧的山坡流？雨水落在山谷线上，为何不向两侧山坡流而沿山谷线向下流？

8. 在小平板与经纬仪联合测图过程中，为何要强调随时检查图板的定向？

9. 测图时，为何要考虑碎部点的密度？

10. 根据图7.32中的地形点、山脊线(虚线)和山谷线(实线)绘出等高线，等高距为1 m。

11. 用规定符号将图7.33中的山头、鞍部、山脊线和山谷线标示出来。

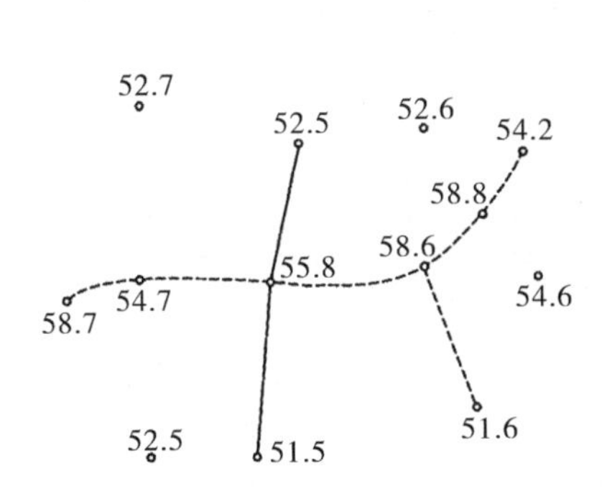

图7.32　习题10图

图7.33　习题11图

12. 试用等高线按下列要求作图：

(1)描绘等高线跨一条河流。

(2)描绘45°的倾斜面。

(3)以等高距为2 mm描绘底面直径为40 mm的半球体。

13. 简述使用CASS软件绘图的过程。

第8章 地形图应用

8.1 地形图的分幅与编号

地形图的分幅与编号

为了便于测绘、使用和管理地形图，需要统一地对地形图进行分幅和编号。分幅就是将大面积的地形图按照不同比例尺划分成若干幅小区域的图幅。编号就是将划分的图幅，按比例尺大小和所在的位置，用文字符号和数字符号进行编号。地形图的分幅方法有两种：一种是按经纬线分幅的梯形分幅法，主要用于国家基本地形图的分幅；另一种是按坐标格网划分的矩形分幅法，主要用于城市大比例尺地形图的分幅。

8.1.1 地形图的分幅

地形图的国际分幅由国际统一规定的经线为图的东、西边界，统一规定的纬线为图的南、北边界。由于各条经线(子午线)向南、北极收敛，因此，整个图幅略呈梯形。其划分的方法和编号，随比例尺不同而不同。为适应计算机管理和检索，2012 年国家质量监督检验检疫总局与国家标准化管理委员会联合发布了《国家基本比例尺地形图分幅和编号(GB/T 13989—2012)国家标准，代替原 GB/T 13989—1992 标准，自 2012 年 10 月 1 日起实施。国家基本比例尺地图分幅关系表如表 8-1 所示。

表 8.1 国家基本比例尺地形图分幅关系表

比例尺		1:100万	1:50万	1:25万	1:10万	1:5万	1:2.5万	1:1万	1:5 000	1:2 000	1:1 000	1:500
图幅范围	经差	6°	3°	1.5°	30′	15′	7′30″	3′45″	1′52.5″	37.5″	18.75″	9.375″
	纬差	4°	2°	1°	20′	10′	5′	2′30″	1′15″	25″	12.5″	6.25″
行列数量	行数	1	2	4	12	24	48	96	192	576	1152	2304
	列数	1	2	4	12	24	48	96	192	576	1152	2304
图幅数量（图幅数=行数×列数）		1	4 (2×2)	16 (4×4)	144 (12×12)	576 (24×24)	2 304 (48×48)	9 216 (96×96)	36 864 (192×192)	331 776 (576×576)	1 327 104 (1152×1152)	5 308 416 (2304×2304)
			1	4 (2×2)	36 (6×6)	144 (12×12)	576 (24×24)	2 304 (48×48)	9 216 (96×96)	82 944 (288×288)	331 776 (576×576)	1 327 104 (1152×1152)
				1	9 (3×3)	36 (6×6)	144 (12×12)	576 (24×24)	2 304 (48×48)	20 736 (144×144)	82 944 (288×288)	331 776 (576×576)
					1	4 (2×2)	16 (4×4)	64 (8×8)	256 (16×16)	2 304 (48×48)	9 216 (96×96)	36 864 (192×192)
						1	4 (2×2)	16 (4×4)	64 (8×8)	576 (24×24)	2 304 (48×48)	9216 (96×96)
							1	4 (2×2)	16 (4×4)	144 (12×12)	576 (24×24)	2304 (48×48)
								1	4 (2×2)	36 (6×6)	144 (12×12)	576 (24×24)
									1	9 (3×3)	36 (6×6)	144 (12×12)
										1	4 (2×2)	16 (4×4)
											1	4 (2×2)
												1

1. 1:100 万地形图的分幅

1:100 万地形图的分幅采用国际 1:100 万地形图分幅标准，每幅 1:100 万地形图的范围是经差 6°、纬差 4°；纬度 60°～76°之间经差 12°、纬差 4°；纬度 76°～88°之间经差 24°、纬差 4°（在我国范围没有纬度在 60°以上需要合幅的图幅）。

2. 1:50 万～1:5 000 地形图的分幅

1:50 万～1:5 000 地形图的分幅都是在 1:100 万地形图的基础上，按规定的经差和纬差划分图幅。

每幅 1:100 万地形图划分为 2 行 2 列，共 4 幅 1:50 万地形图，每幅 1:50 万地形图的范围是经差 3°、纬差 2°。

每幅 1:100 万地形图划分为 4 行 4 列，共 16 幅 1:25 万地形图，每幅 1:25 万地形图的范围是经差 1°30′、纬差 1°。

每幅 1:100 万地形图划分为 12 行 12 列，共 144 幅 1:10 万地形图，每幅 1:10 万地形图的范围是经差 30′、纬差 20′。

每幅 1:100 万地形图划分为 24 行 24 列，共 576 幅 1:5万地形图，每幅 1:5万地形图的范围是经差 15′、纬差 10′。

每幅 1:100 万地形图划分为 48 行 48 列，共 2 304 幅 1:2.5 万地形图，每幅 1:2.5 万地形图的范围是经差 7′30″、纬差 5′。

每幅 1:100 万地形图划分为 96 行 96 列，共 9 216 幅 1:1万地形图，每幅 1:1万地形图的范围是经差 3′45″、纬差 2′30″。

每幅 1:100 万地形图划分为 192 行 192 列，共 36 864 幅 1:5 000 地形图，每幅 1:5 000 地形图的范围是经差 1′52.5″、纬差 1′15″。

3. 1:2 000～1:500 地形图的分幅

1)经、纬度分幅

1:2 000、1:1 000、1:500 地形图宜以 1:100 万地形图为基础，按规定的经差和纬差划分图幅。

每幅 1:100 万地形图划分为 576 行 576 列，共 331 776 幅 1:2 000 地形图，每幅 1:2 000 地形图的范围是经差 37.5″，纬差 25″，即每幅 1:5 000 地形图划分为 3 行 3 列，共 9 幅 1:2 000 地形图。

每幅 1:100 万地形图划分为 1 152 行 1 152 列，共 1 327 104 幅 1:1 000 地形图，每幅 1:1 000 地形图的范围是经差 18.75″，纬差 12.5″，即每幅 1:2 000 地形图划分为 2 行 2 列，共 4 幅 1:1 000 地形图。

每幅 1:100 万地形图划分为 2 304 行 2 304 列，共 5 308 416 幅 1:500 地形图，每幅 1:500 地形图的范围是经差 9.375″，纬差 6.25″，即每幅 1:1 000 地形图划分为 2 行 2 列，共 4 幅 1:500

地形图。

2)正方形分幅和矩形分幅

1:2 000、1:1 000、1:500 地形图亦可根据需要采用 50 cm×50 cm 正方形分幅和 40 cm×50 cm矩形分幅，图幅规格与面积大小关系见表 8.2。

表 8.2 矩形分幅的图幅规格与面积大小

地形图比例尺	图幅大小/cm	实际面积/km^2	1:5 000 图幅包含数
1:5 000	40×40	4	1
1:2 000	50×50	1	4
1:1 000	50×50	0.25	16
1:500	50×50	0.062 5	64

8.1.2 地形图的图幅编号

1. 1:100 万地形图的图幅编号

1:100 万地形图的编号采用国际 1:100 万地形图编号标准，从地球赤道起，向两级每隔纬差 4°为一行，至南北纬 88°各分为 22 行，依次以英文字母 A,B,C,…,V 表示相应的行号；由经度 180°起，自西向东每隔经差 6°为一列，依次用数字 1,2,3,…,60 表示相应的列号。图 8.1 所示为北半球东侧 1:100 万地形图的分幅与编号，每幅图的编号由该图幅所在的“横行一纵列”代号组成。通视，国际 1:100 万地形图编号第一位表示南、北半球，用“N”表示北半球，“S”表示南半球，我国范围全部位于赤道以北，我国范围内 1:100 万地形图的编号省略国际 1:100 万地图编号中用于标志北半球的字母代码 N。

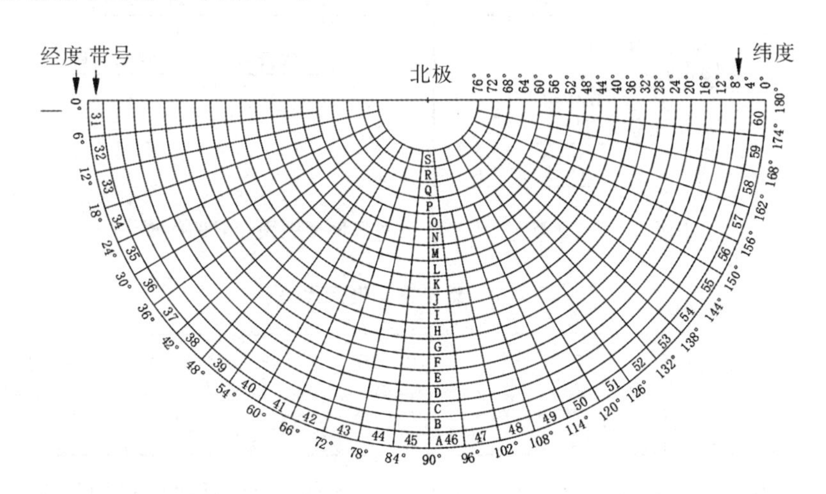

图 8.1 北半球东侧 1:100 万地形图的分幅与编号

已知图幅某点的经纬度为(λ,φ)，可按照下式计算出 1:100 万比例尺地形图的图幅编号。

$$
\begin{cases}
行号 = \left[\dfrac{\varphi}{4^\circ}\right]+1 \\
东经:列号 = \left[\dfrac{\lambda}{6^\circ}\right]+31 \\
西经:列号 = 30-\left[\dfrac{\lambda}{6^\circ}\right]
\end{cases}
$$

式中,[]表示取整;行号为1:100万地形图图幅所在纬度带字符码,以A,B,…,V表示;列号为1:100万地形图图幅所在经度带的数字码,以1,2,…,60表示。

【例8.1】北京某地的地理坐标为北纬39°16′40″、东经116°31′30″,计算其所在的1:100万比例尺地形图图幅编号。

解: $行号 = \left[\dfrac{39^\circ16'40''}{4^\circ}\right]+1 = 10$,对应的字符编码为J

$$列号 = \left[\dfrac{116^\circ31'30''}{6^\circ}\right]+31 = 50$$

因此,该点所在的1:100万地形图的图幅编号为J50。

2.1:50万~1:5 000地形图的图幅编号

1:50万~1:5000地形图编号采用代码行列编号方法,由其所在1:100万比例尺地形图的图幅编号、比例尺代码和图幅的行、列号共十位数码组成,如图8.2所示。地形图比例尺的代码例见表8.3。

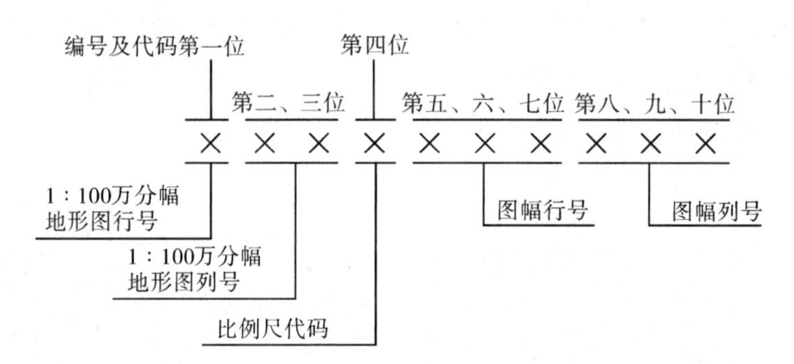

图8.2 1:50万~1:5 000比例尺地形图图幅编号的构成

表8.3 地形图比例尺代码

比例尺	1:50万	1:25万	1:10万	1:5万	1:2.5万	1:1万	1:5000	1:2000	1:1000	1:500
代码	B	C	D	E	F	G	H	I	J	K

每幅1:100万比例尺地形图划分为2行2列,共4幅1:50万比例尺地形图,每幅1:50万比例尺地形图的分幅为经差3°、纬差2°,按照1:50万~1:5 000地形图分幅编号规则,图8.3中阴影线所示1:50万比例尺的地形图编号为J50B001002,图8.4中阴影线所示1:10万比例尺的地形图编号为J50D010004。

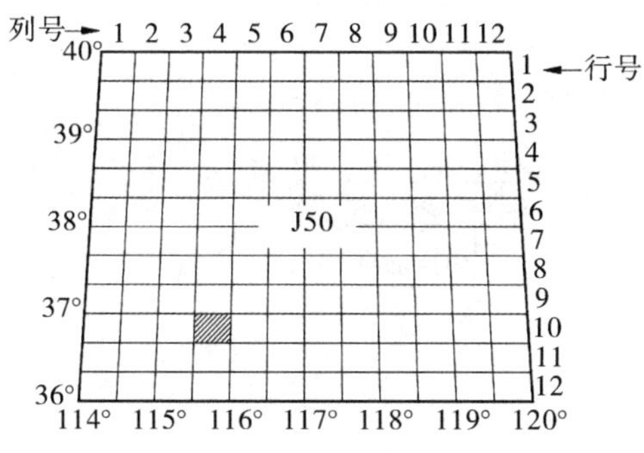

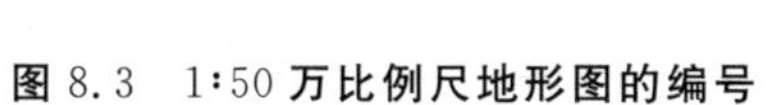
图 8.3 1:50 万比例尺地形图的编号

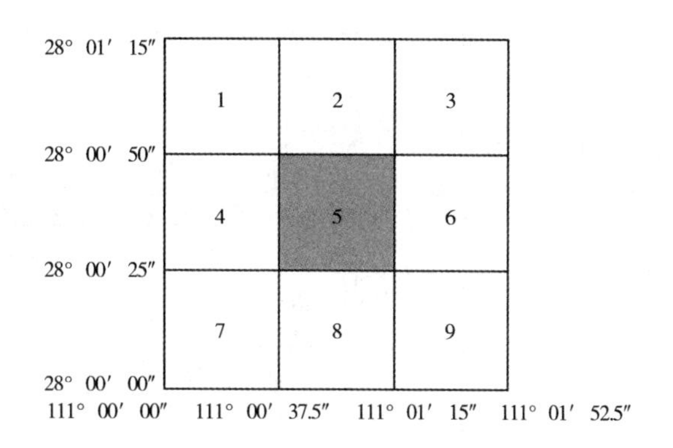

图 8.4 1:10 万比例尺地形图的编号

3. 1:2 000、1:1 000、1:500 地形图的图幅编号

1)经、纬度分幅的图幅编号

1:2 000、1:1 000、1:500 地形图的比例尺代码见表 8.3。1:2 000 地形图经、纬度分幅的图幅编号方法宜与 1:50 万～1:5 000 地形图的图幅编号方法相同,详见前述内容。1:2 000 地形图经、纬度分幅的编号亦可根据需要以 1:5 000 地形图编号分别加短线,再加 1,2,3,…,9 表示。1:2 000 地形图的经、纬度分幅编号顺序见图 8.5。图中灰色区域所示 1:2 000 地形图图幅编号为 H49H192097－5。

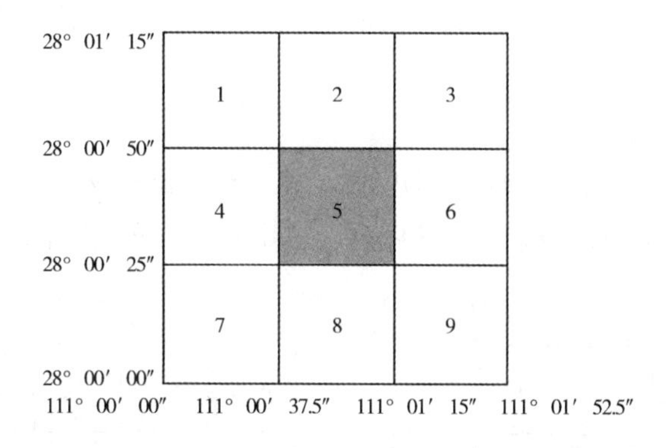

图 8.5 1:2 000 地形图的经、纬度分幅编号顺序

1:1 000、1:500 地形图经、纬度分幅的图幅编号均以 1:100 万地形图为基础,采用行列编号方法。1:1 000、1:500 地形图经、纬度分幅的图号由其所在的 1:100 万地形图的图号、比例尺代码和各图幅的行列号共十二位代码组成,1:1 000、1:500 地形图经、纬度分幅编号组成见图 8.6。

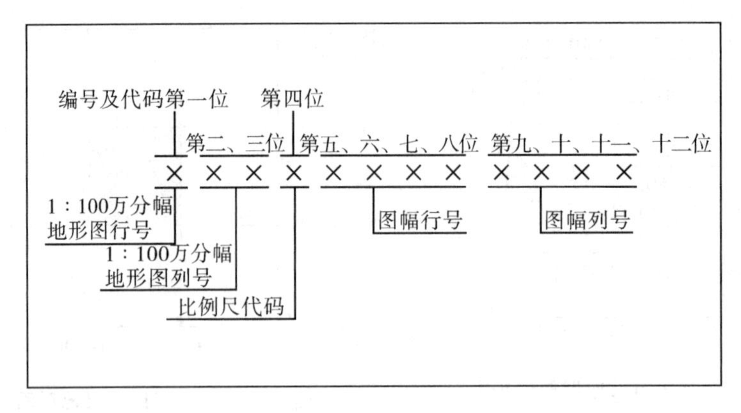

图 8.6　1∶1 000、1∶500 地形图的经、纬度分幅编号组成

2)正方形分幅和矩形分幅的图幅编号

为了适应各种工程设计和施工的需要,对于1∶2 000、1∶1 000、1∶500 大比例尺地形图,大多按纵横坐标格网线进行等间距分幅,即采用正方形和矩形分幅的,其图幅编号一般采用图廓西南角坐标编号法,也可以选用行列编号法和流水编号法。

(1)坐标编号法。采用图廓西南角坐标公里数编号时,x 坐标公里数在前,y 坐标公里数在后,1∶2 000、1∶1 000 地形图取至 0.1 km,如 10.0～21.0;1∶500 地形图取至 0.01 km,如 10.40～27.75。

(2)流水编号法。带状测区或小面积测区可按测区统一顺序编号,一般从左到右,从上到下用阿拉伯数字 1、2、3…编定,如图 8.7 所示,图中灰色区域所示图幅编号为××－8,××为测区代号。

3)行列编号法

行列编号法一般采用以字母(如 A,B,C,…)为代号的横行从上到下排列,以阿拉伯数字为代号的纵列从左到右排列来编订,先行后列,如图 8.8 所示,图中灰色区域所示图幅编号为 A－4。

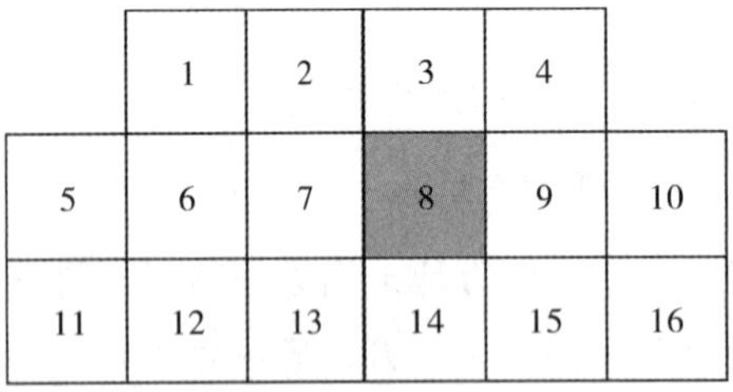

	1	2	3	4	
5	6	7	8	9	10
11	12	13	14	15	16

图 8.7　流水编号法示例

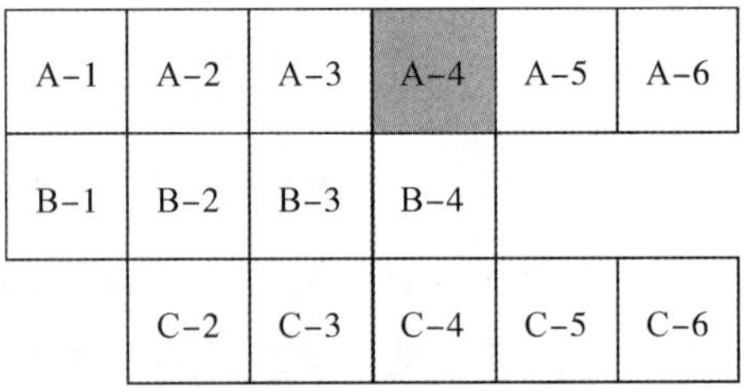

A-1	A-2	A-3	A-4	A-5	A-6
B-1	B-2	B-3	B-4		
	C-2	C-3	C-4	C-5	C-6

图 8.8　行列编号法示例

8.2　地形图的阅读

8.2.1　地形图图外注记

1. 图名与图号

图名是指本图幅的名称,一般以本图幅内最重要的地名或主要单位名称来命名,注记在图

廓外上方的中央。如图 8.9 所示，地形图的图名为“李家店”。图号即地图的分幅编号，图 8.9 的图号为 J50G002037。

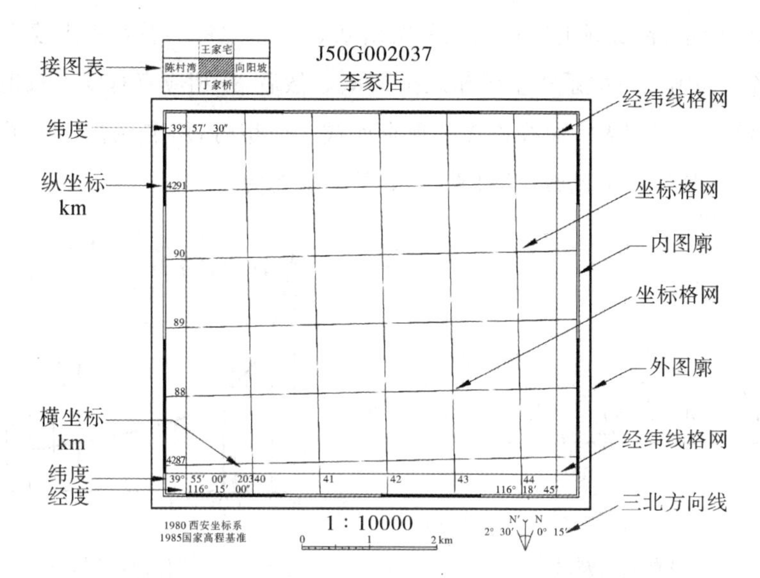

图 8.9 李家店地形图

2. 接图表与图外文字说明

为便于查找、使用地形图，在每幅地形图的左上角都附有相应的图幅接图表，用于说明本图幅与相邻八个方向图幅位置的相邻关系。如图 8.9 所示，中央为本图幅的位置。

文字说明是了解图件来源和成图方法的重要的资料。通常在图的下方或左、右两侧注有文字说明，内容包括测图日期、坐标系、高程基准、测量员、绘图员和检查员等，在图的右上角标注有图纸密级。

3. 图廓与坐标格网

图廓是地形图的边界，正方形图廓只有内、外图廓之分。内图廓为直角坐标格网线，外图廓用较粗的实线描绘。外图廓与内图廓之间的短线用来标记坐标值。如图 8.9 所示，左下角的纵坐标为 4 287 km，横坐标 20 340 km。

由经纬线分幅的地形图，内图廓呈梯形，如图 8.9 所示。西图廓经线为东经 116°15′00″，南图廓纬线为北纬 39°55′00″，两线的交点为图廓点。连接东西、南北相对应的分度带值便得到大地坐标格网，可供图解点位的地理坐标用。分度带与内图廓之间注记了以 km 为单位的高斯直角坐标值。图中左下角从赤道起算的 4 287 km 为纵坐标，其余的 88、89、90 等为省去了前面千、百两位 42 的公里数。横坐标为 20 340 km，其中 20 为该图所在的投影带号，340 km 为该纵线的横坐标值。纵横线构成了公里格网。

4. 直线比例尺与坡度尺

直线比例尺也称图示比例尺，它是将图上的线段用实际的长度来表示，如图 8.10(a)所示。因此，可以用分规或直尺在地形图上量出两点之间的长度，然后与直线比例尺进行比较，就能直接得出该两点间的实际长度值。三棱比例尺也属于直线比例尺。

为了便于在地形图上量测两条等高线(首曲线或计曲线)间两点直线的坡度,通常在中、小比例尺地形图的南图廓外绘有图解坡度尺。坡度尺是按等高距与平距的关系 $d=h\cdot\tan\alpha$ 制成的。如图 8-6(b)所示,在底线上以适当比例定出 0°、1°、2°…各点,并在点上绘垂线。将相邻等高线平距 d 与各点角值 α_i 按关系式求出相应平距 d_i。然后,在相应点垂线上按地形图比例尺截取 d_i 值定出垂线顶点,再用光滑曲线连接各顶点而成。应用时,用卡规在地形图上量取量等高线 a、b 点平距 ab,在坡度尺上比较,即可查得 ab 的角值约为 1°45′。

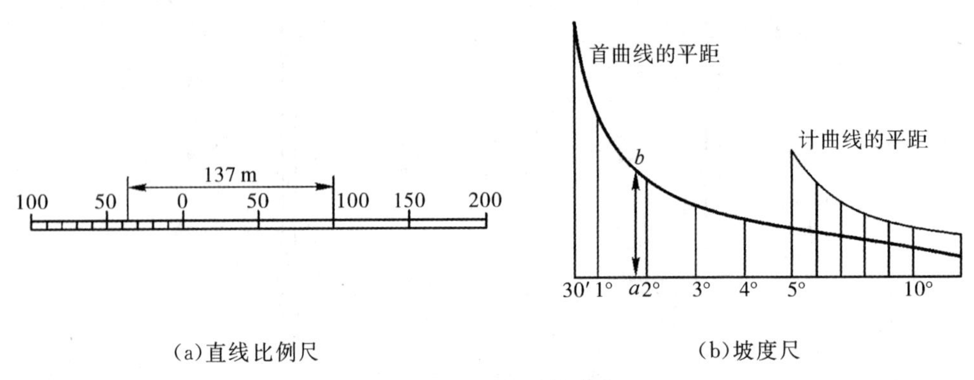

(a)直线比例尺　　(b)坡度尺

图 8.10　直线比例尺与坡度尺

5. 三北方向

中、小比例尺地形图的南图廓线右下方,通常绘有真北、磁北和坐标北之间的角度关系,如图 8.11 所示。利用三北方向图,可对图上任一方向的真方位角、磁方位角和坐标方位角进行相互换算。

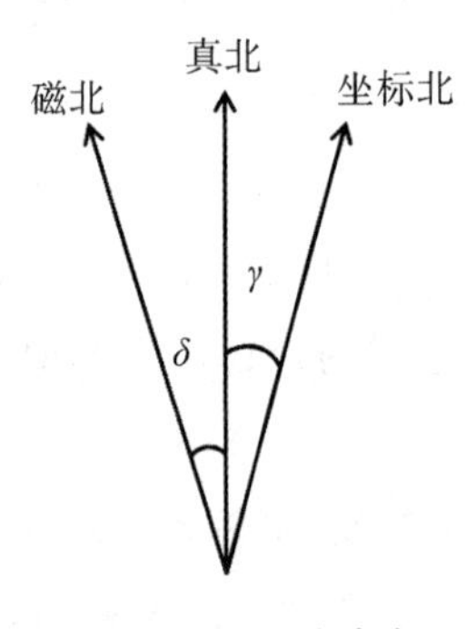

图 8.11　三北方向

8.2.2　地形图的识读

1. 地物地貌的识别

地形图反映了地物的位置、形状、大小和地物间的相互位置关系,以及地貌的起伏形态。为了能够正确地应用地形图,必须要读懂地形图(即识图),并能根据地形图上各种符号和注记,在头脑中建立起相应的立体模型。地形图识读包括如下内容:

(1)图廓外要素的阅读。图廓外要素是指地形图内图廓之外的要素。通过图廓外要素的阅读，可以了解测图时间，从而判断地形图的新旧和适用程度，以及地形图的比例尺、坐标系统、高程系统和基本等高距，图幅范围和接图表等内容。

(2)图廓内要素的判读。图廓内要素是指地物、地貌符号及相关注记等。在判读地物时，首先了解主要地物的分布情况，例如，居民点、交通线路及水系等。要注意地物符号的主次让位问题，例如，铁路和公路并行，图上是以铁路中心位置绘制铁路符号，而公路符号让位，地物符号不准重叠。在地貌判读时，先看计曲线再看首曲线的分布情况，了解等高线所表示出的地性线及典型地貌，进而了解该图幅范围总体地貌及某地区的特殊地貌。同时，通过对居民地、交通网、电力线、输油管线等重要地物的判读，可以了解该地区的社会经济发展情况。

2.野外使用地形图

在野外使用地形图时，经常要进行地形图的定向、在图上确定站立点位置、地形图与实地对照，以及野外填图等项工作。当使用的地形图图幅数较多时，为了使用方便，则须进行地形图的拼接和粘贴，方法是根据接图表所表示的相邻图幅的图名和图号，将各幅图按其关系位置排列好，按左压右、上压下的顺序进行拼贴，构成一张范围更大的地形图。

(1)地形图的野外定向。地形图的野外定向就是使图上表示的地形与实地地形一致。常用的方法有以下两种。罗盘定向：根据地形图上的三北关系图，将罗盘刻度盘的北字指向北图廓，并使刻度盘上的南北线与地形图上的真子午线（或坐标纵线）方向重合，然后转动地形图，使磁针北端指到磁偏角（或磁偏角）值，完成地形图的定向。地物定向：首先，在地形图上和实地分别找出相对应的两个位置点，例如，本人站立点、房角点、道路或河流转弯点、山顶、独立树等，然后转动地形图，使图上位置与实地位置一致。

(2)在地形图上确定站立点位置。当站立点附近有明显地貌和地物时，可利用它们确定站立点在图上的位置。例如，站立点的位置是在图上道路或河流的转弯点、房屋角点、桥梁一端，以及在山脊的一个平台上等。当站立点附近没有明显地物或地貌特征时，可以采用交会方法来确定站立点在图上的位置。

(3)地形图与实地对照。当进行了地形图定向和确定了站立点的位置后，就可以根据图上站立点周围的地物和地貌的符号，找出与实地相对应的地物和地貌，或者观察了实地地物和地貌来识别其在地形图上所表示的位置。地形图和实地通常是先识别主要和明显的地物、地貌，再按关系位置识别其他地物、地貌。通过地形图和实地对照，了解和熟悉周围地形情况，比较出地形图上内容与实地相应地形是否发生了变化。

(4)野外填图。野外填图是指把土壤普查、土地利用、矿产资源分布等情况填绘于地形图上。野外填图时，应注意沿途具有方位意义的地物，随时确定本人站立点在图上的位置，同时，站立点要选择视线良好的地点，便于观察较大范围的填图对象，确定其边界并填绘在地形图上。通常用罗盘或目估方法确定填图对象的方向，用目估、步测或皮尺确定距离。

8.3 用图的基本知识

地形图应用

地形图是国家各个部门、各项工程建设中必需的基础资料，在地形图上可以获取多种、大量的所需信息。并且，从地形图上确定地物的位置和相互关系及地貌的起伏形态等情况，比实地更全面、更方便、更迅速。

1. 确定图上点位的坐标

欲求图 8.12 中 P 点的直角坐标，可以通过从点 P 作平行于直角坐标格网的直线，交格网线于 e、f、g、h 点。用比例尺（或直尺）量出 ae 和 ag 两段距离，则 P 点的坐标为

$$\begin{cases} X_P = X_a + ae = 21\ 100\text{m} + 27\ \text{m} = 21\ 127\text{m} \\ Y_P = Y_a + ag = 32\ 100\ \text{m} + 29\ \text{m} = 32\ 129\ \text{m} \end{cases} \tag{8.1}$$

为了防止图纸伸缩变形带来的误差，可以采用下列计算公式消除；

$$\begin{cases} X_P = X_a + \dfrac{ae}{ab} \cdot l = 21\ 100\ \text{m} + \dfrac{27}{99.9} \times 100\ \text{m} = 21\ 127.03\ \text{m} \\ Y_p = Y_a + \dfrac{ag}{ab} \cdot l = 32\ 100\ \text{m} + \dfrac{29}{99.9} \times 100\ \text{m} = 32\ 129.03\ \text{m} \end{cases} \tag{8.2}$$

式中，l 为相邻格网线间距。

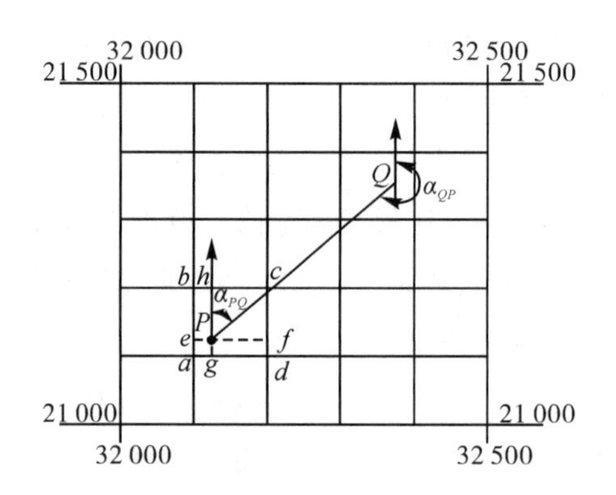

图 8.12 确定点的坐标、直线段的距离、坐标方位角

2. 确定图上直线段的距离

若求 pq 两点间的水平距离，如图 8.12 所示，最简单的办法是用比例尺或直尺直接从地形图上量取。为了消除图纸的伸缩变形给量取距离带来的误差，可以用两脚规量取 pq 间的长度，然后与图上的直线比例尺进行比较，得出两点间的距离。更精确的方法是利用前述方法求得 p、q 两点的直角坐标，再用坐标反算出两点间距离。

3. 确定图上直线的坐标方位角

如图 8.12，若求直线 PQ 的坐标方位角 α_{PQ}，可以先过 P 点作一条平行于坐标纵线的直线，然后，用量角器直接量取坐标方位角 α_{PQ}。要求精度较高时，可以利用前述方法先求得 P、Q 两点的直角坐标，再利用坐标反算公式计算出 α_{PQ}。

4. 确定图上点的高程

根据地形图上的等高线，可确定任一地面点的高程。如果地面点恰好位于某一等高线上，则根据等高线的高程注记或基本等高距，便可直接确定该点高程。如图 8.12，p 点的高程为

20 m。当确定位于相邻两等高线之间的地面点 q 的高程时，可以采用目估的方法确定。更精确的方法是，先过 q 点作垂直于相邻两等高线的线段 mn，再依高差和平距成比例的关系求解。例如，图中等高线的基本等高距为 1 m，则 q 点高程为

$$H_q = H_n + \frac{mq}{mn} \cdot h = 23\ \text{m} + \frac{14}{20} \times 1\ \text{m} = 23.7\ \text{m} \tag{8.3}$$

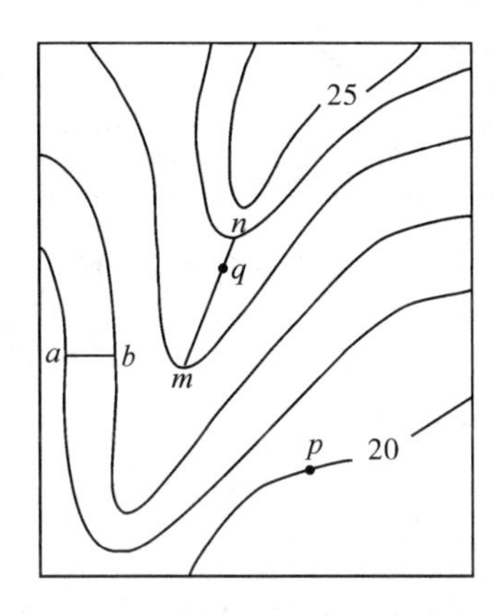

图 8.13　确定点的高程和坡度

如果要确定两点间的高差，则可采用上述方法确定两点的高程后，相减即得两点间高差。

5. 确定图上地面坡度

由等高线的特性可知，地形图上某处等高线之间的平距愈小，则地面坡度愈大。反之，等高线间平距愈大，坡度愈小。当等高线为一组等间距平行直线时，则该地区地貌为斜平面。如图 8.13 所示，欲求 p、q 两点之间的地面坡度，可先求出两点高程 H_p、H_q，然后求出高差 h_{pq}，以及两点水平距离 d_{pq}，再按下式计算 p、q 两点之间的地面坡度：

$$i = \frac{h_{pq}}{d_{pq}} \tag{8.4}$$

p、q 两点之间的地面倾角为

$$\alpha_{pq} = \arctan \frac{h_{pq}}{d_{pq}} \tag{8.5}$$

当地面两点间穿过的等高线平距不等时，计算的坡度则为地面两点平均坡度。两条相邻等高线间的坡度，是指垂直于两条等高线两个交点间的坡度。如图 8.13 所示，垂直于等高线方向的直线 ab 具有最大的倾斜角，该直线称为最大倾斜线（或坡度线），通常以最大倾斜线的方向代表该地面的倾斜方向。最大倾斜线的倾斜角，也代表该地面的倾斜角。此外，也可以利用地形图上的坡度尺求取坡度。

6. 设计规定坡度的线路

对管线、渠道、交通线路等工程进行初步设计时，通常先在地形图上选线。按照技术要求，选定的线路坡度不能超过规定的限制坡度，并且线路最短。如图 8.14 所示，地形图的比例尺为 1∶2 000，等高距为 2 m。设需在该地形图上选出一条由车站 A 至某工地 B 的最短线路，并且在该

线路任何处的坡度都不超4%。

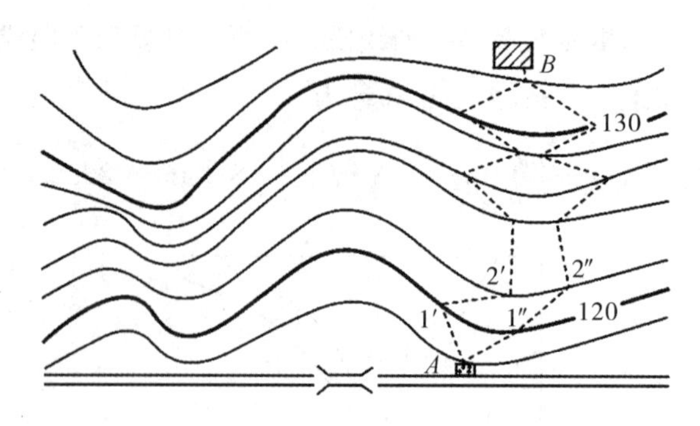

图 8.14　按设计坡度定线

常见的做法是将两脚规在坡度尺上截取坡度为4%时相邻两等高线间的平距；也可以按下式计算相邻等高线间的最小平距（地形图上距离）：

$$d=\frac{h}{M\cdot i}=\frac{2}{2\ 000\times 4\%}=25\ \text{mm} \tag{8.6}$$

然后，将两脚规的脚尖设置为25 mm，以A点为圆心作弧，交另一等高线于$1'$点，再以$1'$点为圆心，另一脚尖交相邻等高线于$2'$点。如此继续直到B点。这样，由A、$1'$、$2'$、$3'$至B连接的AB线路，就是所选定的坡度不超过4%的最短线路。从图8.14中看出，如果平距d小于图上等高线间的平距，则说明该处地面最大坡度小于设计坡度，这时可以在两等高线间用垂线连接。此外，从A到B的线路可采用上述方法选择多条，例如，由A、$1''$、$2''$、$3''$至B所确定的线路。最后选用哪条，则主要根据占用耕地、拆迁民房、施工难度及工程费用等因素决定。

7. 绘制断面图

地形断面图是指沿某一方向描绘地面起伏状态的竖直面图。在交通、渠道以及各种管线工程中，可根据断面图地面起伏状态，量取有关数据进行线路设计。断面图可以在实地直接测定，也可根据地形图绘制。绘制断面图时，首先要确定断面图的水平方向和垂直方向的比例尺。通常，在水平方向采用与所用地形图相同的比例尺，而垂直方向的比例尺要比水平方向大10倍，以突出地形起伏状况。如图8.15(a)所示，要求在等高距为5 m、比例尺为1∶5 000的地形图上，沿AB方向绘制地形断面图，方法如下：

(1)在地形图上绘出断面线AB，依次交于等高线1、2、3、…、n点。

(2)如图8.14(b)所示，在另一张白纸（或毫米方格纸）上绘出水平线AB，并作若干平行于AB等间隔的平行线，间隔大小依竖向比例尺而定，再注记出相应的高程值。

(3)把1、2、3、…、n各交点转绘到水平线AB上，并通过各点作AB的垂线，垂线与相应高程的水平线交点即为断面点。

(4)用平滑曲线连各断面点，则得到沿AB方向的断面图，如图8.15(b)所示。

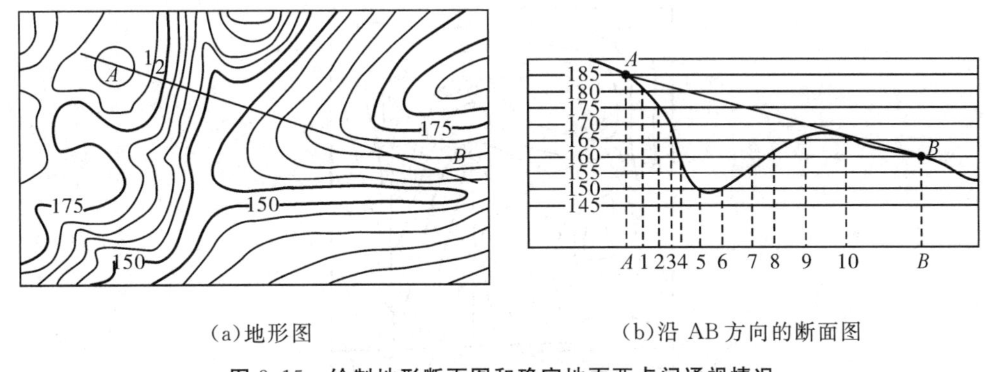

(a)地形图　　(b)沿 AB 方向的断面图

图 8.15　绘制地形断面图和确定地面两点间通视情况

8. 绘出填挖边界线

在平整场地的土石方工程中,可以在地形图上确定填方区和挖方区的边界线。要将山谷地形平整为一块平地,并且其设计高程为 45 m,则填挖边界线就是 45 m 的等高线,可以直接在地形图上确定。如果在场地边界处的设计边坡为 1∶1.5(即每 1.5 m 平距下降深度为 1 m),欲求填方坡脚边界线,则需在图上绘出等高距为 1 m、平距为 1.5 m、一组平行 aa' 表示斜坡面的等高线。如图 8.16 所示,根据地形图同一比例尺绘出间距为 1.5 m 的平行等高线与地形图同高程等高线的交点,即为坡脚交点。依次连接这些交点,即绘出填方边界线。同理,根据设计边坡,也可绘出挖方边界线。

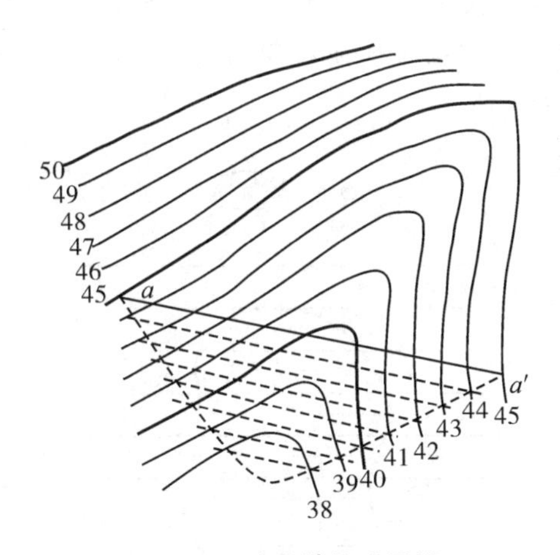

图 8.16　确定填挖边界线

9. 确定汇水面积

在修建交通线路的涵洞、桥梁或水库的堤坝等工程建设中,需要确定有多大面积的雨水量汇集到桥涵或水库,即需要确定汇水面积,以便进行桥涵和堤坝的设计工作。通常是在地形图上确定汇水面积。汇水面积是由山脊线所构成的区域。如图 8.17 所示,某公路经过山谷地区,欲在 m 处建造涵洞,cn 和 em 为山谷线,注入该山谷的雨水是由山脊线(即分水线)a、b、c、d、e、f、g 及公路所围成的区域。区域汇水面积可通过面积量测方法得出。另外,根据等高线的特性可知,山脊线处处与等高线相垂直,且经过一系列的山头和鞍部,可以在地形图上直接确定。

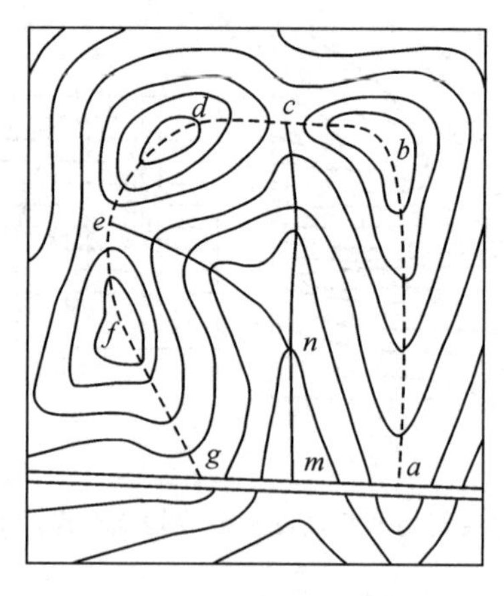

图 8.17 确定汇水面积

8.4 面积测定

1. 透明纸平行线法

将所求面积的多边形划分成若干个三角形或划分成若干个矩形和三角形，量取各三角形的边及矩形的长和宽，应用海伦公式及矩形的面积计算公式，算出每个三角形及矩形的面积，然后累加起来，即得到所求面积的总和。如图 8.18 所示，在透明薄片上（透明纸上）绘上等间隔为 h（一般取 $h=2$ mm）的平行线，将该片覆盖在欲求面积的图形上，则图形的边界与平行线所组成的图形，可以近似地看成若干个梯形，量取所有梯形的中线（图上虚线）长 c，将其累加后乘以梯形的高 h，即可得到所求的面积：

$$S = h\sum_{i=1}^{n} c \tag{8.7}$$

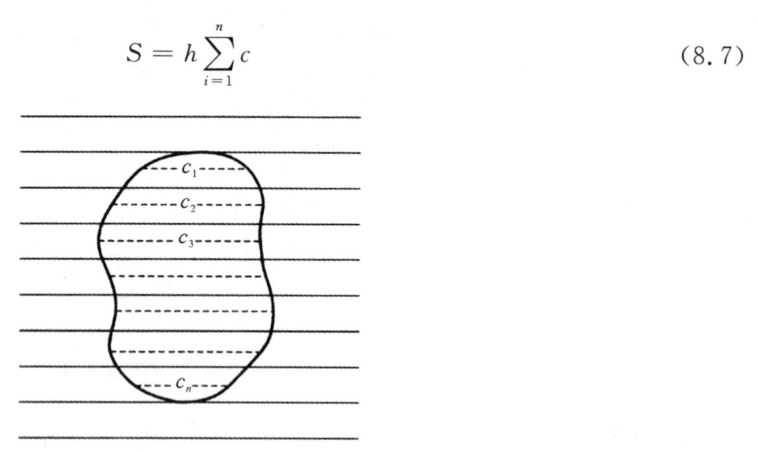

图 8.18 透明纸法测算面积

平行线法，对于不规则的曲线形图形，使用起来尤为方便，其量算面积的精度与平行线的间隔 h 有一定的关系，h 值小，有益于提高精度。

2. 坐标计算

如果图形为任意多边形，并且各顶点的坐标已知，则可以利用坐标计算法精确求算该图形的面积。如图 8.19 所示，各顶点按照逆时针方向编号，则面积为

$$S = \frac{1}{2}\sum_{i=1}^{n} x_i (y_{i-1} - y_{i+1}) \tag{8.8}$$

式中，当 $i=1$ 时，y_{i-1} 用 y_n 代替；当 $i=n$ 时，y_{i+1} 用 y_1 代替。

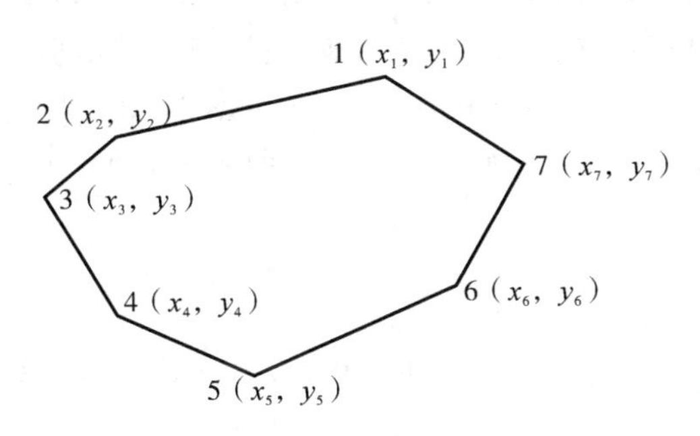

图 8.19 坐标记算法测算面积

8.5 场地平整中的土方计算

为了使起伏不平的地形满足一定工程的要求，需要把地表平整成为一块水平面或斜平面。在进行工程量的预算时，可以利用地形图进行填、挖土石方量的概算。

1. 方格网法

如果地面坡度较平缓，可以将地面平整为某一高程的水平面。如图 8.20 所示，其计算步骤如下：

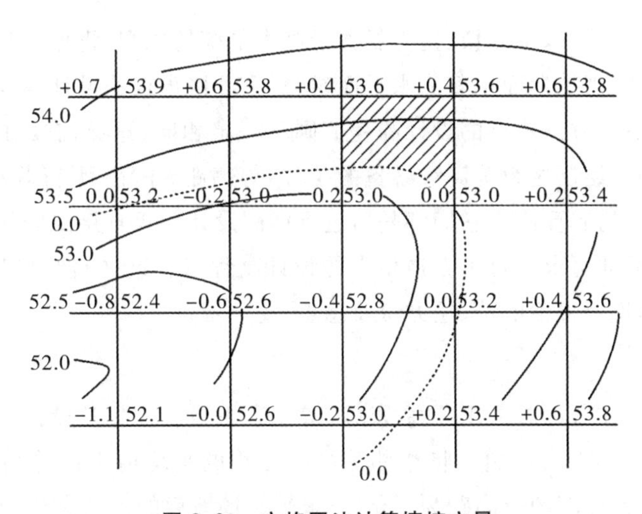

图 8.20 方格网法计算填挖方量

(1)绘制方格网。方格的边长取决于地形的复杂程度和土石方量估算的精度要求，一般取 10 m 或 20 m，然后，根据地形图的比例尺在图上绘出方格网。

(2)求各方格角点的高程。根据地形图上的等高线和其他地形点高程，采用目估法内插出各方格角点的地面高程，并标注于相应顶点的右上方。

(3)计算设计高程。将每个方格角点的地面高程值相加，并除以 4 则得到各方格的平均高程，再把每个方格的平均高程相加除以方格总数就得到设计高程 $H_{设}$。$H_{设}$ 也可以根据工程要求直接给出。

(4)确定填、挖边界线。根据设计高程 $H_{设}$，在地形图 8.20 上绘出高程为 $H_{设}$ 的高程线(如图中虚线所示)，在此线上的点即为不填又不挖，也就是填、挖边界线，亦称零等高线。

(5)计算各方格网点的填、挖高度。将各方格网点的地面高程减去设计高程即得各方格网点的填、挖高度，并注于相应顶点的左上方，正号表示挖，负号表示填。

(6)计算各方格的填、挖方量。下面以图 8.20 中方格Ⅰ、Ⅱ、Ⅲ为例，说明各方格的填、挖方量计算方法，A 为每个方格的实际面积，$A_{挖}$、$A_{填}$ 分别为方格Ⅲ中挖方区域和填方区域的实际面积。

方格Ⅰ的挖方量：

$$V_1 = \frac{1}{4}(0.4 + 0.6 + 0 + 0.2) \cdot A = 0.3A$$

方格Ⅱ的挖方量：

$$V_2 = \frac{1}{4}(-0.2 - 0.2 - 0.6 - 0.4) \cdot A = -0.35A$$

方格Ⅲ的挖方量：

$$V_3 = \frac{1}{4}(0.4 + 0.4 + 0.4 + 0.4) \cdot A_{挖} + \frac{1}{4}(0 - 0.2 - 0) \cdot A_{填} = 0.2A_{挖} - 0.05A_{填}$$

(7)计算总的填、挖方量。将所有方格的填方量和挖方量分别求和，即得总的填、挖土石方量。如果设计高程 $A_{填}$ 是各方格的平均高程值，则最后计算出来的总填方量和总挖方量基本相等。

当地面坡度较大时，可以按照填、挖土石方量基本平衡的原则，将地形整理成某一坡度的倾斜面。由图 8.20 可知，当把地面平整为水平面时，每个方格角点的设计高程值相同。而当把地面平整为倾斜面时，每个方格角点的设计高程值则不一定相同，这就需要在图上绘出一组代表倾斜面的平行等高线。绘制这组等高线必备的条件：等高距、平距、平行等高线的方向(或最大坡度线方向)以及高程的起算值。它们都是通过具体的设计要求直接或间接提供的。绘出倾斜面等高线后，通过内插即可求出每个方格角点的设计高程值。这样，便可以计算各方格网点的填、挖高度，并计算出每个方格的填、挖方量及总填、挖方量。

2. 等高线法

如果地形起伏较大时，可以采用等高线法计算土石方量。首先从设计高程的等高线开始计算出各条等高线所包围的面积，然后将相邻等高线面积的平均值乘以等高距即得总的填挖方量。如图 8.21 所示，地形图的等高距为 5 m，要求平整场地后的设计高程为 492 m 首先在地形图中内插出设计高程为 492 m，的等高线(如图中虚线)，再求出 492 m、495 m、500 m 三条等高线所围成的面积 A_{492}、A_{495}、A_{500}，即可算出每层土石方的挖方量为

$$\begin{cases} V_{492-495} = \dfrac{1}{2}(A_{492} + A_{495}) \cdot 3 \\ V_{495-500} = \dfrac{1}{2}(A_{495} + A_{500}) \cdot 5 \\ V_{500-503} = \dfrac{1}{3}A_{500} \cdot 3 \end{cases} \tag{8.9}$$

则总的土石方挖方量为

$$V_{总} = \sum V = V_{492-495} + V_{495-500} + V_{500-503} \tag{8.10}$$

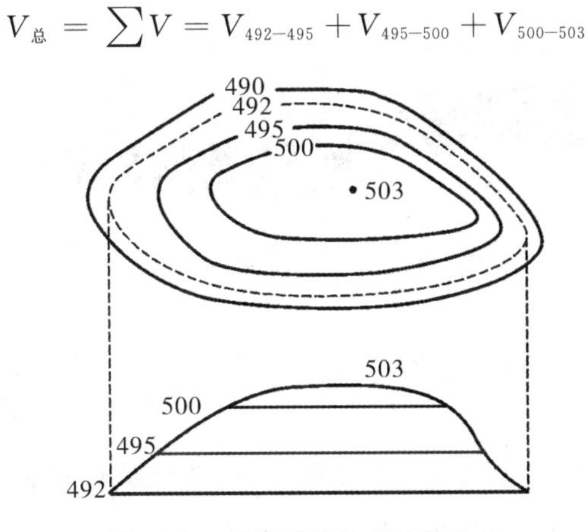

图 8.21 等高线法计算填挖方量

思考题与练习题

1. 名词解释:图幅、图名、图号、图廓点、分度带、公里格网、图示比例尺、最大坡度线、地形断面图、边界线。

2. 如何在地形图上判读地物和地貌?

3. 怎样利用地形图上的三北方向在野外进行罗盘定向?

4. 在梯形图幅中,为什么公里格网线与内图廓不平行?

在图 8.22 中完成下列各题。

5. 用▲标出山头,用 Δ 标出鞍部,用虚线标出山脊线,用实线标出山谷线。

6. 求出 A、B 两点的高程,并用图下直线比例尺求出 A、B 两点间的水平距离及坡度。

7. 绘出 A、B 之间的地形断面图(平距比例尺为 1:2 000,高程比例尺为 1:200)。

8. 找出图内山坡最陡处,并求出该最陡坡度值。

9. 从 C 到 D 作出一条坡度不大于 10%的最短路线。

10. 绘出过 C 点的汇水面积。

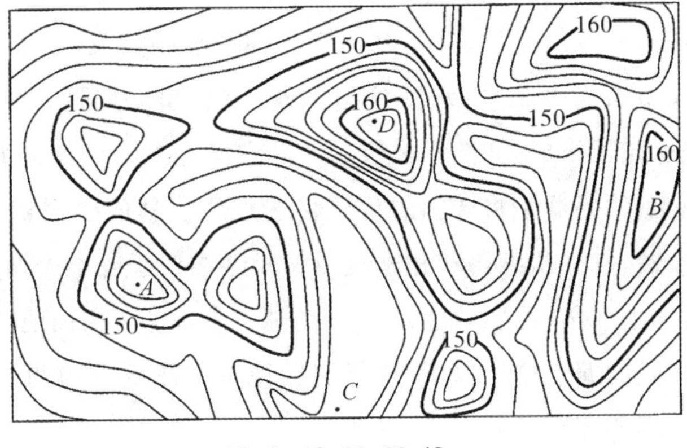

图 8.22 地形图

第9章 测绘新技术

三维激光扫描技术介绍

9.1 激光扫描技术

目前有两种基本可用的3D表面的光学测量方法:光传播时间估计法和三角测量法。一般激光在指定的媒介中以已知速度 c 传播,统计激光从发射源照射到反射目标表面并返回回波到接收器的延迟时间,这样可很容易地计算出激光发射器与目标对象的距离,这种方法就是激光扫描仪中的“飞行时”(TOF)原理,“飞行时”测量可通过连续波(CW)相位测量间接实现。根据搭载平台的不同,激光扫描仪分类为地面三维激光扫描仪、机载激光扫描系统(LiDAR)、车载激光扫描系统、无人机激光扫描系统、即时定位与地图构建扫描仪(SLAM)等,后四种激光扫描设备如图9.1所示。

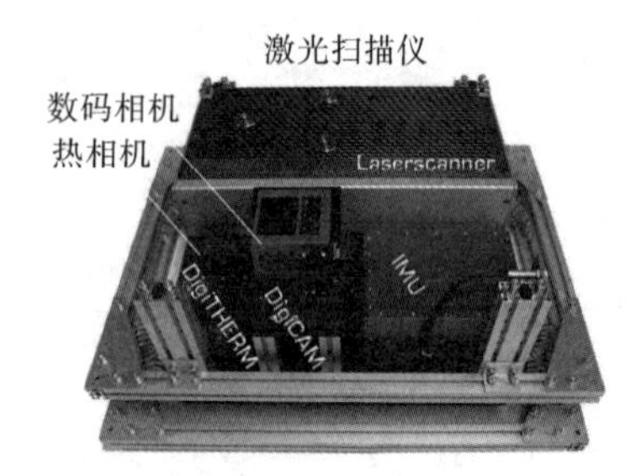

(a)机载激光扫描系统

(b)车载激光扫描系统

(c)激光扫描系统

(d)SLAM扫描仪

图9.1 激光扫描设备

1.地面激光扫描仪扫描原理

三维激光扫描系统由三维激光扫描仪、控制器、电源、数码相机、后处理软件及其附属设备组成。三维激光扫描仪由激光测距仪、水平角编码器、垂直角编码器、水平及垂直方向伺服马达、倾斜补偿器和数据存储器组成,如图9.2所示。其中激光测距仪是最为主要的部件,用来发射激光、接收激光和测距;编码器是将转轴的角位移或直线位移的模拟量转变成数字量输出的一种轴角(位)数字转换器,水平角编码器和垂直角编码器类似于电子经纬仪的水平度盘和垂直度盘,用于测量水平角和垂直角;伺服马达是用来控制水平和垂直扫描镜转动的装置;倾斜补偿器是在一定范围内对轻微的偏差进行修正,使仪器保持水平或垂直的测量状态的装置;数据存储器是存储激光点云数据的存储介质。

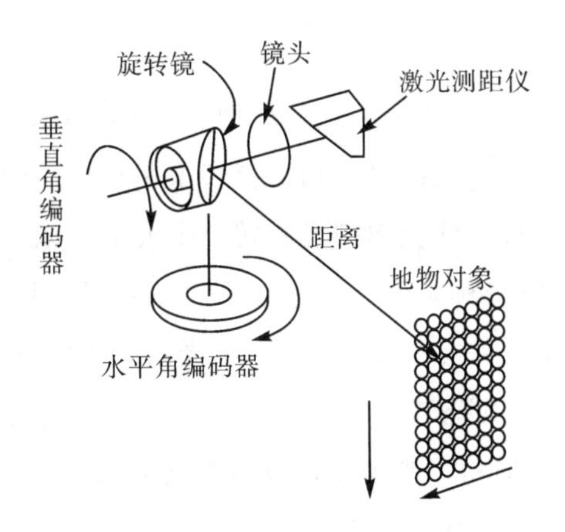

图 9.2 激光测距仪的构成

假设三维激光扫描仪到被测对象的斜距为 D，水平角为 φ，竖直角为 θ，如图 9.3 所示，则所测对象激光点的三维坐标 (x,y,z) 可计算为

$$\begin{cases} x = D\cos\theta\cos\varphi \\ y = D\cos\theta\sin\varphi \\ z = D\sin\theta \end{cases} \tag{9.1}$$

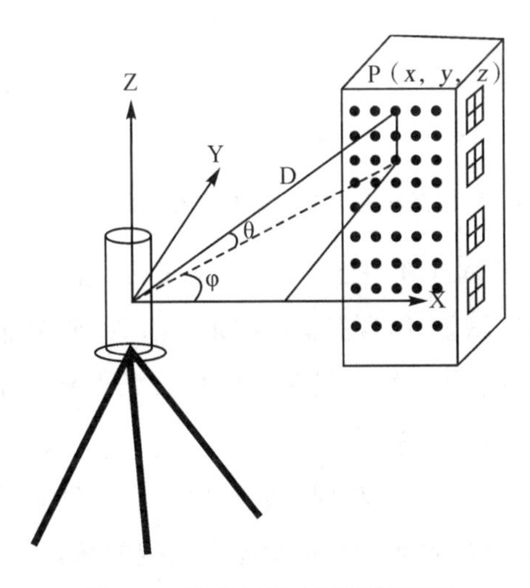

图 9.3 激光扫描点测量原理图

2. 机载与车载系统激光扫描原理

机载 LiDAR 系统由激光测距仪(LRF)、GPS、IMU、计算机控制导航系统(CCNS)、数据存储单元、数码相机(CCD 相机)或其他的成像仪器组成。其中，LRF 是用来发射、探测激光并计算距离的装置；GPS 用来确定扫描点的三维坐标位置；IMU 用来测量 LiDAR 系统的方位：航向角(H)、侧滚角(R)、俯仰角(P)；CCNS 用于控制在线数据的通信及飞行器的导航；CCD 相机用于同步获取地面的影像。机载 LiDAR 系统通常以小型飞机和直升机作为飞行平台。机载 LiDAR 系统与车载 LiDAR 扫描原理类似，在没有 GPS 速度可用时，车载 LiDAR 系统为提升卡尔曼滤波器的整体解算效果会加装一种里程计，下面主要以机载 LiDAR 系统的扫描原理来进

行说明。

在三维空间中，每个激光点源于激光光束的瞬时扫描角，取决于激光扫描仪的扫描装置及其扫描方式。当前市场上的商业化机载激光扫描仪多采用扫描线的形式，在某一时刻的扫描线上，随着瞬时扫描角的变化，在扫描线上扫描镜旋转产生大量的激光点。因此，瞬时激光光束坐标系(Lb)是个 X 轴与激光系统坐标系(LU)重合，Y 轴和 Z 轴不断变化的坐标系，瞬时激光光束坐标系与激光系统坐标系的关系如图 9.4 所示，激光系统坐标系的 X 轴指向飞行方向，Y 轴指向右机翼方向，Z 轴根据右手规则与 X 轴、Y 轴构成的平面垂直；τ 代表激光扫描的视场角(又称为带宽角)，τ_i 代表瞬时扫描角。激光点在瞬时激光光束坐标系中的坐标需要转换到激光系统坐标系下。

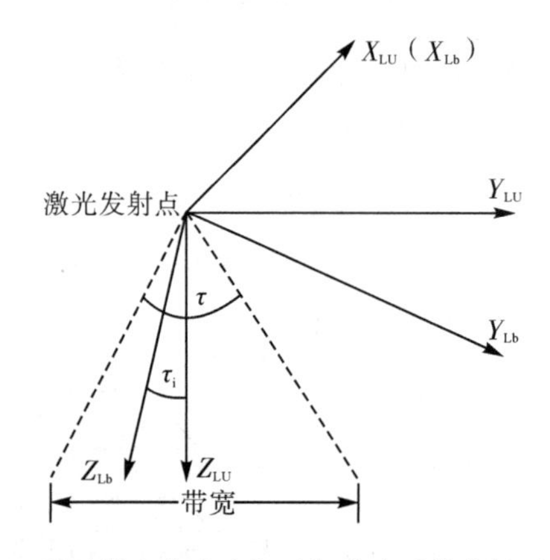

图 9.4　瞬时激光光束坐标系与激光系统坐标系的关系

IMU 和激光扫描仪通常会固连在一起，理想情况下，二者的坐标轴应该平行，但是实际上二者的坐标轴之间存在微小的偏差，称为安置误差角。沿 X 轴、Y 轴和 Z 轴旋转产生的角度偏差分别以 α、β、γ 表示。安置误差角一般通过飞行的检校场得到。激光系统坐标下的激光点坐标需要转换到 IMU 所在的载体坐标系下。

载体坐标系下的激光点同样需要旋转到导航坐标系下。两坐标系之间沿 X 轴旋转产生的角度偏差称为侧滚角，沿 Y 轴旋转产生的角度偏差称为俯仰角，沿 Z 轴旋转产生的角度偏差称为航向角。导航坐标系到地心坐标系的转换可以通过旋转一个常量矩阵来实现。此外，在 GPS/INS 数据后处理时，经常要求输入两组偏向分量的值，即 GPS 天线相位中心与 IMU 中心的偏向分量 l_{IG}、IMU 中心与激光发射中心的偏心分量 l_{IL}。机载 LiDAR 系统的激光点定位所用到的坐标系如图 9.5 所示。

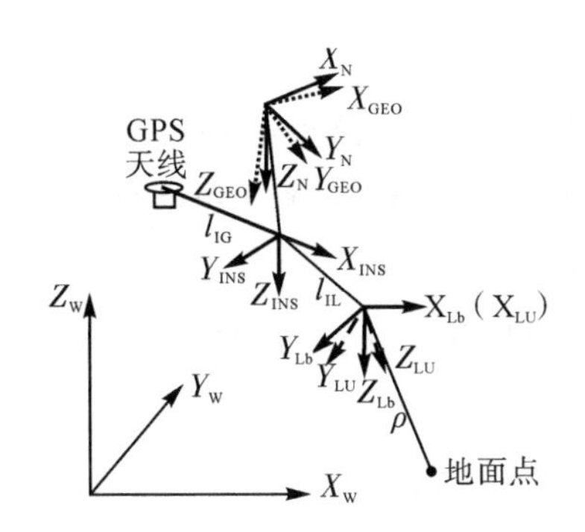

图 9.5 机载 LiDAR 系统的激光点定位所用到的坐标系

联合激光扫描仪、GPS/INS 导航系统以及检校值可以计算出 LiDAR 点云的地面点坐标。激光点目标的大地定位计算公式可由下式给出：

$$P_W = P_{GPS} + \boldsymbol{R}_W \boldsymbol{R}_{GEO} \boldsymbol{R}_{INS} (\boldsymbol{R}_{LU} \boldsymbol{R}_{Lb} \mathrm{s} + \mathrm{l}_0) \tag{9.2}$$

式中，P_W 表示目标激光点在 WGS－84 坐标系中的坐标；P_{GPS}表示 GPS 天线相位中心在 WGS－84 坐标系中的坐标；R_W 表示从局部椭球系统到 WGS－84 坐标系的转换矩阵；$\boldsymbol{R}_{GEO}$表示导航坐标系到局部椭球系统的转换矩阵；$\boldsymbol{R}_{INS}$表示 IMU 所在的载体坐标系到导航坐标系的转换矩阵；$\boldsymbol{R}_{LU}$表示激光扫描仪坐标系到 IMU 载体坐标系的转换矩阵；$\boldsymbol{R}_{Lb}$表示瞬时激光光束坐标系到激光系统坐标系的转换矩阵；s 表示激光点在激光光束坐标系中的位置坐标，用向量 $[0,0,\rho]^T$ 表示；l_0 表示 GPS 天线相位中心到激光发射中心的偏向分量，$l_0 = l_{IG} + l_{IL}$ 。

由于 R_{GEO} 的值很小，可以近似为一个单位阵，则式(9.2)可进一步用下式表示：

$$P_W = P_{GPS} + \boldsymbol{R}_{NW} \boldsymbol{R}_{INS} (\boldsymbol{R}_{LU} \boldsymbol{R}_{Lb} \mathrm{r} + \mathrm{l}_0) \tag{9.3}$$

式中，$\boldsymbol{R}_{NW}$ 表示从导航坐标系直接到 WGS－84 坐标的转换矩阵。式(9.3)中用到的旋转矩阵具体表达形式如下：

$$\boldsymbol{R}_{Lb} = \begin{bmatrix} 1 & 0 & 0 \\ 0 & \cos\tau_i & -\sin\tau_i \\ 0 & \sin\tau_i & \tau_i \end{bmatrix}$$

式中，τ_i 为瞬时扫描角。

$$\boldsymbol{R}_{LU} = R(\gamma)R(\beta)R(\alpha) = \begin{bmatrix} \cos\gamma & -\sin\gamma & 0 \\ \sin\gamma & \cos\gamma & 0 \\ 0 & 0 & 1 \end{bmatrix} \begin{bmatrix} \cos\beta & 0 & \sin\beta \\ 0 & 1 & 0 \\ -\sin\beta & 0 & \cos\beta \end{bmatrix} \begin{bmatrix} 1 & 0 & 0 \\ 0 & \cos\alpha & -\sin\alpha \\ 0 & \sin\alpha & \cos\alpha \end{bmatrix}$$

$$= \begin{bmatrix} \cos\gamma\cos\beta\cos\gamma\sin\beta\sin\alpha - \sin\gamma\cos\alpha\cos\gamma\sin\beta\cos\alpha + \sin\gamma\sin\alpha \\ \sin\gamma\cos\beta\sin\gamma\sin\beta\sin\alpha + \cos\gamma\cos\alpha\sin\gamma\sin\beta\cos\alpha - \cos\gamma\sin\alpha \\ -\sin\beta\cos\beta\sin\alpha\cos\beta\cos\alpha \end{bmatrix}$$

式中，α、β、γ 分别代表激光扫描仪坐标系与 IMU 所在的载体坐标系之间的安置误差角。

$$\boldsymbol{R}_{\text{INS}} = R(h)R(p)R(r)$$

$$= \begin{bmatrix} \cos h\cos p\cos h\sin p\sin r - \sin h\cos r\cos h\sin p\cos\gamma + \sin h\sin r \\ \sin h\cos p\sin h\sin p\sin\gamma + \cos h\cos r\sin h\sin p\cos r - \cos h\sin r \\ -\sin p\cos p\sin r\cos p\cos r \end{bmatrix}$$

式中，r、p 和 h 分别代表 IMU 所在的载体坐标系到导航坐标系的 3 个姿态角（侧滚角、俯仰角和航向角），可由 IMU 测量获得。

$$\boldsymbol{R}_{\text{NW}} = R_D(-L)R_E(90^\circ + B) = \begin{bmatrix} \cos L & -\sin L & 0 \\ \sin L & \cos L & 0 \\ 0 & 0 & 1 \end{bmatrix} \begin{bmatrix} -\sin B & 0 & -\cos B \\ 0 & 1 & 0 \\ \cos B & 0 & -\sin B \end{bmatrix}$$

$$= \begin{bmatrix} -\cos L\sin B & -\sin L & -\cos L\cos B \\ -\sin L\sin B & \cos L & -\sin L\cos B \\ \cos B & 0 & -\sin B \end{bmatrix}$$

式中，L 和 B 分别代表飞机所在的经度和纬度。

3. SLAM 技术概述

SLAM 技术是机器人领域的关键技术之一，是现代智能移动机器人系统的核心技术。SLAM 解决的问题是移动机器人在未知的环境中利用自身装载的传感器获取数据进行探索，通过观测的数据，增量式地建立与环境相同的地图，同时利用已经建立的环境模型计算出机器人的位姿。SLAM 是机器人进入未知环境遇到的第一个问题，是路径规划及许多其他任务的前提，是实现机器人自主性的关键，是一个智能移动机器人进行其他一切后续动作和行为的技术依据。目前，SLAM 技术在扫地机器人、家用机器人、无人机、智能手机、可穿戴设备等方面具有广泛的应用。SLAM 算法主要分为 3 大部分：前端（又叫跟踪或前端建图），后端和地图创建。而 SLAM 算法按照传感器的不同主要分为 3 大类：基于相机的 SLAM 算法、基于深度相机的 SLAM 算法、基于激光的 SLAM 算法。常用的传感器有单目相机、双目/多目相机、全景相机、深度相机（RGB－D 数据）、2D 转轴雷达、可穿戴设备等。其中，激光 SLAM 研究较早，理论和工程均比较成熟。

如图 9.6 所示，SLAM 的前端部分主要包含特征点提取、匹配和运动估计；后端主要是优化部分，研究人员提出了 g2o(general graph optimization)，是一个用于求解图优化问题的 C++框架，专门用于求解图优化问题。g2o 框架中包含了 3 个线性求解器 CSparse、CHOLMOD 和 PCG。CSparse 和 CHOLMOD 求解器是基于 Cholesky 分解的方法，PCG 是采用雅克比块预条件器进行迭代的方法。这些求解器都包含了传统的迭代优化方法 Gauss－Newton 或 Levenberg－Marquardt(LM)思想。使用 g2o 框架包含的求解器求解该问题时，会给每个时刻的位姿一个初始估计值，保持求出的关键帧之间的运动关系不变，然后用梯度下降的方法来迭代，求解出使目标函数最小的优化变量。优化结束后将会得到机器人全局优化后的位姿、运动轨迹。在地图创建部分，RGB－D 方法获得的地图是彩色点云图，创建过程是把关键帧对应的点云放置在同一个坐标系下的过程。创建完成后可以对点云地图进行滤波、降采样处理，分别用于保持精确度和节省存储空间。

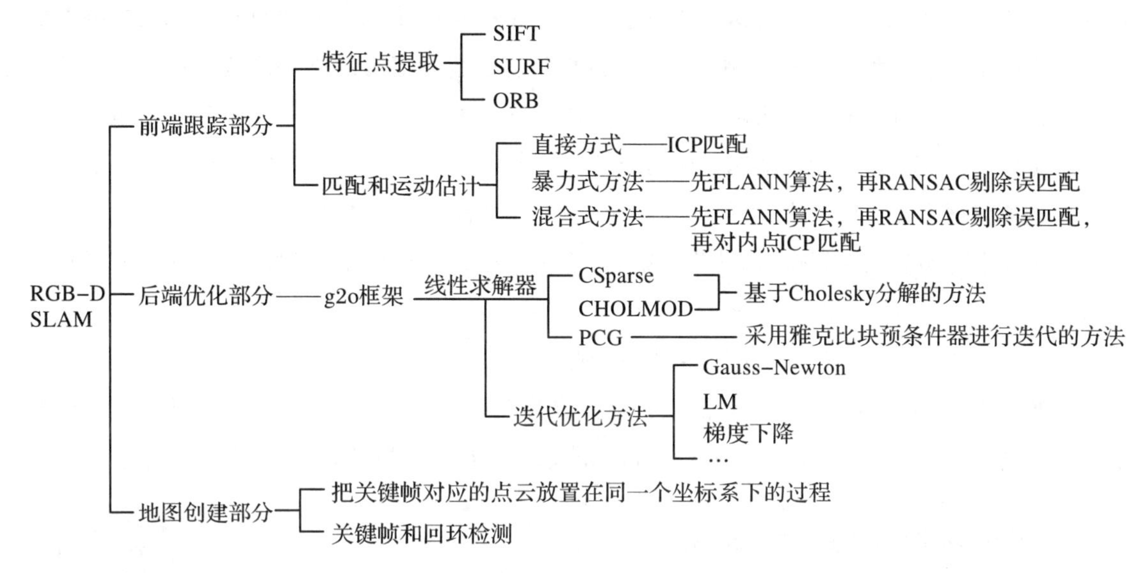

图 9.6　RGB－D SLAM 算法步骤

按照算法处理的各个关键步骤的不同对 SLAM 技术进行划分，包括 SLAM 过程建模方案(基于滤波方法和基于图优化的方法)、创建的地图形式(稀疏地图、半稠密地图、稠密地图)、回环检测技术(基于词袋、基于模式识别、基于运动度量)等步骤。对于 SLAM 算法构建地图的主要形式有以下几种：

(1)路标地图。由环境中的 3D 特征点组成，如单目 SLAM 中基于特征的方法构建的地图。构建方法：根据摄像机模型，把图像 2D 特征点投影到世界坐标系下变为 3D 点。该地图的优点为占存储空间小、易扩展、易满足实时创建要求。缺点为稀疏，可能导致无法识别地图中的内容。

(2)度量地图。度量地图尽可能精确地表达环境，包含了环境中许多细节，如距离、大小、颜色等，通常度量地图都是基于一个全局坐标系创建的。通常指 2D 或 3D 的网格地图，常见的有黑白或点云地图，如 RGB－D SLAM 构建的点云图、基于直接法的单目 SLAM 构建出的地图。该地图的优点为精度高，更适用于测绘，也适合于定位、导航和避障(点云地图转成 OctoMap 才能用于避障)。缺点为计算量大，构建困难，不易扩展，占用存储空间大。

(3)拓扑地图。拓扑地图使用抽象的方式表达环境，图中结点表示环境中具有显著特征的地点，弧表示结点之间的关系。该地图的优点为构建简单、易扩展，比测量地图占用的存储空间小很多，适合路径规划。缺点为不能用于需要高精度地图的场合，如避障。

(4)混合地图。这种地图尽力结合了度量地图和拓扑地图的优点。

SLAM 技术已经广泛地用于室内外导航定位、BIM 构建、电力、通信和森林管理等行业中。3D SLAM 激光背包测绘机器人既没有 GPS，也没有 IMU 惯导，在如此高动态非线性的运动采集方式下，却能获得非常高精度的三维空间点云成果。为了能解算出激光点云数据的高动态非线性位姿，通过研究激光点云的处理算法，可从这些杂乱无章的点云中找到线索，求取其中隐含的更稳定的高阶特征点和特征向量，并连续跟踪这些特征点和特征向量，进而高精度地动态反向解算机器人的位置和姿态。然而，这种高精度的动态反向解算位置和姿态的方法颠覆的传统的测绘方法，为测绘技术开拓了一种新的思路方法。由于 SLAM 技术无需 GNSS 信号，对工作环境又有极强的适应性，基于 SLAM 技术的移动测量系统在多个测绘领域发挥作用，具体表现为以下几点：

①外业数据采集速度极快，可快速获得所需点云数据，数据精度高。

②内业点云预处理时间短，自动化程度高，基本不需要人工干预，短时间便能获得配准好的点云数据。

③操作简单方便，无需换站，连续采集，具有连贯性，可实现室内外一体化扫描作业。

④基于 SLAM 技术的测绘移动测量机器人在任意环境中长时间工作故障率低，对于精度要求较高的重点区域，可与固定测站式三维激光系统配合使用，既能保证精度，又能保证效率。

9.2 无人机倾斜摄影测量技术

无人机倾斜摄影测量技术

无人机倾斜摄影测量利用无人机搭载多视镜头从不同角度进行数据采集，可快速高效地获取丰富的数据信息，生成的实景三维模型能真实地反映地面的客观情况，为大比例尺地形图测绘提供了良好的基础。由于用于测绘分析的倾斜摄影相机中配置有 5 个方向的传感器镜头，能够同时从前、后、左、右和垂直面 5 个不同的角度进行测量地物的影像获取，实现对同一地物的多视角影像数据与地面物体的侧面信息有效采集，如图 9.7 所示。在进行影像采集与获取后，通过对多视影像的区域联合平差以及多视影像匹配、正射纠正、生成 DSM、三维建模与数据分析等处理，生成最终的倾斜摄影测量技术产品。

(a)无人机倾斜摄影测量系统

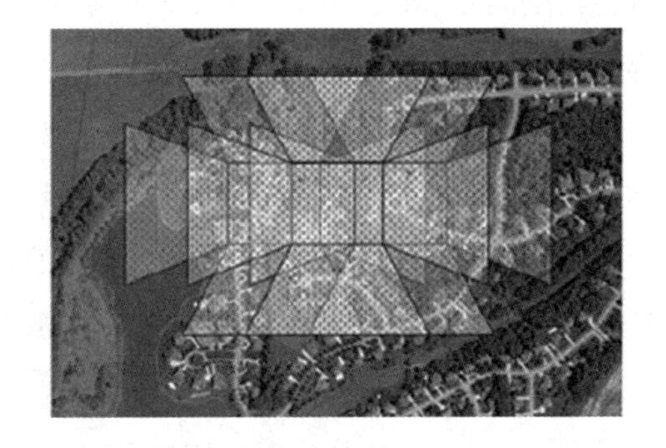

(b)采集的倾斜影像

图 9.7 无人机倾斜摄影测量系统和采集的倾斜影像

1. 无人机倾斜摄影测量系统组成

无人机可分为固定翼和旋翼两种类型，无人机系统主要包括飞行系统、航拍摄像系统以及地面控制系统三大部分。飞行系统由 GPS(用于获取的三个线元素 X_s、Y_s、Z_s)、导航仪、小型

IMU(三个角元素 φ、ω、κ)、动力系统等组成;航拍摄像系统通过摄影测量技术进行遥感数据采集,自动获取地表信息;地面控制系统主要通过配套软件实现航线的规划和数据的传输处理。考虑到无人机航摄时的俯仰、侧倾影响,无人机倾斜摄影测量作业时在无高层建筑、地形地物高差比较小的测区,航向、旁向重叠度建议最低不小于70%。要获得某区域完整的影像信息,无人机必须从该区域上空飞过。

2. 无人机倾斜摄影测量三维建模关键技术

基于无人机倾斜摄影测量技术的三维建模重建的关键技术由四部分组成:影像匹配、区域网联合平差、密集匹配和纹理映射。

1)影像匹配

影像匹配其实质就是确定影像之间的同名像点。在自动空中三角测量中,影像匹配获得影像之间大量的同名点,借助少量像控点,通过区域网联合平差获得影像的加密点坐标和精确外方位元素。因此,影像匹配的可靠性和精确性将直接关系到自动空中三角测量的精度;影像匹配是后期自动生成数字表面模型、三维建模的技术基础。常见的匹配模型包括多视松弛法影像匹配、MVLL多视匹配模型、AMMGC多视匹配模型、GC^3多视匹配模型等。多视松弛法影像匹配的思路包含以下几点:

(1)分别计算待匹配影像上待匹配点的梯度方向。

(2)按照确定的高程范围(Z_{min}, Z_{max})计算该点在物方空间的光束直线段 $P_L(X_0, Y_0, Z_{min})$—$P_H(X_0, Y_0, Z_{min})$。

(3)除了本影像之外,在每个影像上计算 $P_L P_H$ 在该影像上的投影,即核线段,在核线段上计算每个像点的相关系数,寻找最大值点,计算每一个最大值点的空间坐标(X,Y,Z),并计算相关系数 ρ 来进行验证。当 ρ 大于设定的阈值时,就可以认为在该片上得到验证,把该最大值点加入候选匹配队列。

(4)估计每个匹配假设的初始概率,有两种估算方法,一种是把所有候选点的 p 相加,除以所有相关系数的总和作为初始概率;另一种方法是利用概率公式,通过估算的每个候选点的初始概率来对多视候选的联合概率进行计算。

(5)按8邻域进行松弛匹配,在每次的迭代中,修改每个候选的匹配概率,完成最终的迭代收敛。

(6)因为按8邻域进行的松弛匹配邻域的局部有限性,影像匹配的整体性很难达到,可通过多级匹配来达到松弛法影像匹配的整体性,即利用上一级低分辨率的匹配结果,在本级匹配时确定匹配候选的搜索范围。

2)区域网联合平差

对于无人机倾斜摄影测量系统获取的影像,因为多视影像是从多个视角或视点进行拍摄获取的,包括了垂直方向和固定倾斜角度方向上的影像数据,不同的拍摄角度使得多视影像上每个点的外方位元素都不一样,且多视影像比垂直影像具有更复杂的地面纹理和几何变形的遮挡关系，因此采用传统空中三角测量不可以实现对倾斜数据的分析和处理工作。目前相对成熟的多视影像联合平差方法为，利用由粗到精的金字塔匹配方法，然后结合 GPS/IMU 系统得到多视影像外方位元素，实现每级影像同名点的自动匹配以及自由网光束法平差，当获得了比较好的同名点匹配结果，再建立关于控制点坐标、GPS/IMU 辅助数据、连接点线的多视影像自检校区域网平差的误差方程，经过联合解算达到平差结果的精度。

3）密集匹配

密集匹配的目的是生成密集点云，采用多视影像密集匹配技术，是倾斜摄影测量的关键技术之一。其技术流程是在航带重建完成后，根据空三解算出来的外方位元素构建立体相对，使用多视匹配技术生成密集点云，由于多视影像的特征，它有和传统单一立体影像匹配不一样的特点。首先，因为多角度拍摄，会产生很多点云信息，冗余的信息可以用来纠正错误的匹配信息，因而能够得到精度更高的点云数据；然后，多视角拍摄能够尽力弥补拍摄盲区的特征信息，减少摄影死角达不到地方的特征构建。影像匹配点云生成的主要过程：①基于 GPS/IMU 数据，应用 SIFT 算子进行影像特征匹配；②使用随机抽样一致性（Random Sample Consensus，RANSAC）方法去除匹配错误的同名点，使得提取出的特征数目适中；③提取点特征，为了增强图像的信息，使用 Wallis 滤波器对航空影像进行滤波处理，它可以大大增强影像中不同尺度的影像纹理模式，提高匹配结果的可靠性和精度；④生成影像匹配点云。

4）纹理映射

纹理映射是将影像数据与构建的三维 TIN 模型自动关联起来，实现纹理影像与三维 TIN 模型的贴附。多视倾斜影像数据与三维 TIN 模型间存在多对一的关系，即同一地物会存在多个影像与之相对应的现象。对于平坦区域而言，选择哪张影像贴附在三维模型上影响不大；但对于侧面纹理而言，为了保障纹理的精细与准确性，依据影像定位、定姿参数构建的法向量与三角网构建的法向量间的夹角关系选择合适的纹理数据；两者间的夹角越大，说明影像平面与三维模型平面差别越大，纹理影像与模型间的匹配效果越差，因此，计算两者夹角以获取最优的纹理映射，从而实现纹理影像与三维 TIN 模型间的一对一的映射关系. 然后依据纹理影像与对应三维 TIN 间的几何关系实现纹理自动映射。

9.3 雷达干涉测量

雷达干涉测量介绍

干涉合成孔径雷达（InSAR）最初的发展动力是为了提取地形，即数字地面高程模型（DEM），然而随着星载 SAR 平台和 InSAR 技术的不断发展，其应用领域也越来越广泛，主要包括地震火山监测、冰川移动、地表形变、大气探测。SAR 传感器工作在微波频段，主要卫星系统装载 SAR 系统及其关键参数见表 9.1。

表 9.1 主要卫星装载 SAR 系统及其关键参数

星载系统	所属机构	工作时间	轨道高度/km	入射角	波长/cm	重访周期/day	像元大小/m	影像幅宽/km
JERS−1	JAXA	1992～1998	568	38	L	44	25	75
ERS−1/2	ESA	1991～2000 1995～2003	790	23	C	35	25	100
Radarsat−1	CSA	1995～2013	790	23～65	C	24	8～30	50～500
Envisat	ESA	2002～2012	800	15～45	C	35	25～100	100～405
ALOS−1	JAXA	2006～2011	700	8～60	L	46	10～100	20～350
Radarsat−2	CSA	2007 至今	798	10～49	C	24	3～100	25～500
TerraSAR−X	DLR	2007 至今	514	20～45	X	11	1/3/16	10/30/100
TanDEM−X	DLR	2010 至今	514	20～45	X	11	1～16	10～100
CSK	ISA	2007 至今	620	20～60	X	1～16	1～100	10～200
ALOS−2	JAXA	2014 至今	628	8～60	L	23	1～100	25～490
Sentinel−1	ESA	2014 至今	693	20～45	C	6	5～100	25～500
Gaofen−3	CACS	2016 至今	755	20～50	C	—	1～500	10～650
CSG	ISA	2018 至今	619	20～50	X	—	0.8～20	10～2500
SOACOM	CONAE	2017 至今	620	—	L	8/16	10～100	30～350
RCM	CSA	2018 至今	586～615	19～53	C	1	1～100	20～500
TanDEM−L	DLR	2022(预计)起	745	26～47	L	8/16	1～500	—

1. 雷达干涉原理

合成孔径雷达干涉技术(InSAR)是微波成像和电磁波干涉结合的产物,该技术从宏观上利用了干涉的原理。SAR 成像处理得到的幅度影像反映了影像中每个像素与目标后向散射系数对应关系。同时,SAR 具有测距功能,接收到的信号又记录了同距离相关的相位信息,所以,通常可使用复数形式来表示雷达影像。InSAR 是利用雷达回波信号所携带的相位信息来计算获取地表三维信息,即首先通过复影像共轭相乘相干处理得到干涉纹图,然后根据天线和观测目标之间的几何关系,结合观测平台轨道参数和传感器参数,获得高精度、高分辨率的地面高程信息。InSAR 根据基线距和平台飞行方向之间的关系,可以分为交叉轨道、顺轨和重复轨道干涉三大类。由于目前国际上流行的星载 SAR 平台基本都是使用重复轨道模式工作的,因此本节将重点介绍该干涉方式的基本原理和处理过程。

地面目标的雷达不仅包含了后向散射幅度信息$|u|$还包括相位信息 φ,因此,单视复数影像

(SLC)每个像素散射信息可以表示为$|u|e^{j\varphi}$。由于雷达具有测距功能,相位首先包含了天线与目标之间的距离信息,其次相位信号本身也包含了地物目标的散射特性,因此每个像素的相位可以表示为

$$\varphi = -\frac{4\pi}{\lambda}R + \varphi_{\mathrm{obi}} \tag{9.4}$$

式中,R 为雷达与目标之间的斜距;λ 为雷达波长;φ 为地面目标的散射特性相位。

$$u = |u| e^{j\varphi} = |u| \mathrm{Re}(E^{j\varphi}) + j |u| \mathrm{Im}(e^{j\varphi}) \tag{9.5}$$

式中,$|u|$为回波信号的幅度;φ 为回波信号的相位;$|u|\mathrm{Re}(E^{j\varphi})$为复数信号的实部;$j|u|\mathrm{Im}(e^{j\varphi})$为虚部。

当成像目标的表面相对于雷达波长非常粗糙时,使得目标各分辨单元的后向散射强度也出现强弱变化,每个雷达分辨单元总的雷达回波信号是该单元内所有独立的随机散射体回波信号的矢量和。在 SAR 图像上形成一系列明暗相间的颗粒状斑点。斑点噪声对于目标的识别、检测、特征提取、图像分割等都有较大影响。在 SAR 图像中斑点噪声的统计特性从某种程度上决定了 SAR 图像本身的统计特性,是 SAR 图像处理和分析的基础,由于斑点噪声是电磁波和地物相互作用产生的,其本身携带有一定有价值的信息,必须根据实际情况来确定是否对斑点噪声进行抑制处理。

2. 差分雷达干涉测量原理

如果空间基线在一定范围内,在保证良好相干性的前提下,利用多次重复观测进行地表形变监测,需要差分雷达干涉测量(DInSAR)技术。在提取地表形变信息之前,需消除观测区地形信息。经典的差分雷达干涉测量方法具体包含两轨法和三轨法两大类。

1)两轨法

两轨法是利用实验区地表形变前后两幅影像生成干涉纹图,以及干涉对基线信息和 DEM 模拟区域地形相位,从干涉纹图中减去模拟地形相位得到地表形变信息。通常获取的 DEM 为地理坐标系,因此,在模拟前需要对其进行坐标转换,Tn 零多普勒坐标系中获取 SAR 斜距。该方法优点是不需要对干涉图进行相位解缠;缺点是在没有参考 DEM 的地区无法实施,在引入 DEM 数据时,很可能引入 DEM 高程误差、DEM 模拟干涉相位误差和配准误差等。图 9.8 所示是两轨法雷达差分干涉几何模型示意图。S_1 和 S_2 分别表示主、辅影像传感器,设 SAR 两次过境时,地面在雷达视线方向(LOS)发生了 ΔR 形变,则形变相位为

$$\varphi_{\mathrm{def}} = \frac{4\pi}{\lambda}\Delta R \tag{9.6}$$

式(9.6)表明,差分相位对地形变化非常敏感,测量精度小于波长量级,对于 C 波段的 ENVISAT ASAR 来说,当地表在 LOS 方向上位移 2.8 cm 时,可产生一个周期,即 2π 的相位变化。

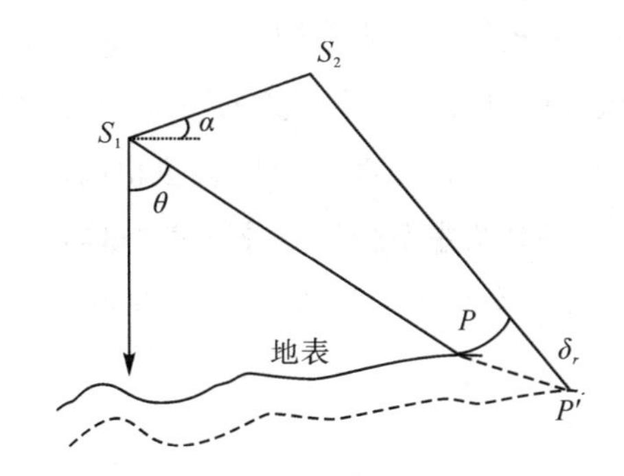

图 9.8 两轨法雷达差分干涉成像几何模型示意图

2)三轨法

三轨法是利用三景 SAR 影像组成两个干涉对,干涉对具有相同的主影像,以保证它们具有相同的参考几何坐标。其中一幅干涉对用来估计地形相位,该干涉对时间基线应尽量短(形变信息可忽略不计,并保持良好相干性),空间基线应尽量长(用于增强相位信息对地形的敏感性)。另一幅干涉对主、辅影像分别对应形变前、后时间段,为了增强差分相位对形变的灵敏性,空间基线应该尽可能小。三轨法的特点是不需要辅助参考 DEM 数据,缺点为需要对两个干涉纹图进行相位解缠,解缠效果的好坏将影响形变解算的质量。图 9.9 所示为三轨法雷达差分干涉成像几何模型示意图。将空间基线沿着入射方向和垂直于入射方向进行分解,得到垂直基线 $B_{\perp}$ 和平行基线 $B_{/\!/}$,S_1、S_2 和 S_3 分别为三次过境形变区域传感器位置,其中 S_1 和 S_2 干涉对表征地表未发生形变,干涉图只包含形变信息,而 S_1 和 S_3 表征地表发生了形变,干涉图包含地形信息和形变信息。两幅干涉对去除平地相位后的相位可分别表示为

$$\varphi_1 = -\frac{4\pi B_{\perp}}{\lambda R\sin\theta}h \qquad \varphi_2 = -\frac{4\pi B'_{\perp}}{\lambda R\sin\theta}h + \varphi_{\text{def}} \tag{9.7}$$

则形变相位 φ_{def} 可推导为

$$\varphi_{\text{def}} = \varphi_2 - \frac{B'_{\perp}}{B_{\perp}}\varphi_1 = -\frac{4\pi}{\lambda}\Delta R \tag{9.8}$$

式(9.8)表明,无需精确的入射角和地形信息,就可以求解雷达视线方向上的形变量。

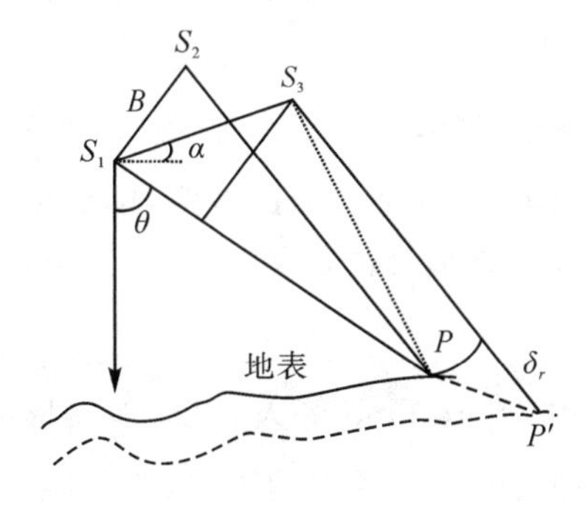

图 9.9 三轨法雷达差分干涉成像几何示意图

3. InSAR 时序分析技术

影响 SAR 干涉的两个主要噪声源:相位失相和大气效应。20 世纪 90 年代末一些研究发

现了除去干涉图滤波技术，另一种较好的从干涉图中提取有用信息的方法就是时序分析相干性良好的像元。同时认识到大气效应具有时间不相关的特点，通过多幅干涉图求平均来消除大气噪声，称为累积干涉图法。这些技术的核心都是利用解缠相位得到连续的位移量，但是算法分析的地物目标有一定的差异，一些算法主要依赖于永久散射体，另一些算法侧重于分布式散射体。分布式散射体和永久散射体具有物理上的差异，例如相对于分辨单元大小和反射能力目标反射能力差异，导致形变解算方法不同。

1)PS－InSAR

PS－InSAR 算法是由意大利米兰理工大学 Rocca 的研究小组提出的。该方法通过提取在长时空基线下仍能够保持高相干的永久散射体点目标，这些点构成的网中可以精确估计大气相位并去除，反演出地表形变参数。该方法可以获得米级的高程和毫米级的形变量。PS－InSAR 技术是通过处理覆盖相同地区的多个时间上的 SAR 影像，统计 SAR 影像的相位和幅度信息，并分析其在时间序列上的稳定性，探测识别出不受时间和空间基线影响的高相干性的稳定目标点，这些目标点能够在相对长的时间内保持相对稳定的散射特性，几乎不受斑点噪声的影响，被称为永久散射体点(即 PS 点)。PS 点主要分布在具有强反射性的人工建筑物、桥梁、裸地或人工布设的角反射器上。不均匀分布的 PS 点是 PS－InSAR 技术的重点研究对象，该方法将 N 幅 SAR 影像处理后，获得 N－1 个干涉图。由于 PS 也是图像上的像素，故 PS 点的相位组成和差分干涉处理得到的像素的相位组成一致，首先对每一幅差分干涉图进行去平和去地形相位处理，最后得到的第 i 幅差分干涉图的相位组成为

$$\Delta\varphi^{i} = \varphi_{\text{def}}^{i} + \varphi_{\text{topo\_e}}^{i} + \varphi_{\text{atm}}^{i} + \varphi_{\text{noise}}^{i} \tag{9.9}$$

式中，大气延迟相位 φ_{atm}^{i} 在较小的研究区域可表示为线性模型，噪声相位在影像上表现为低频信号，具有线性特征，可包含在大气相位中；$\varphi_{\text{topo\_e}}^{i}$ 为高程相位，这里形变相位 φ_{def}^{i} 分为形变和非线性两部分形变，上式可进一步表示为

$$\Delta\varphi = \frac{4\pi}{\lambda} \cdot T \cdot \Delta v + \frac{4\pi}{\lambda} \cdot \frac{B_{\perp}}{B \cdot \sin\theta} \cdot \Delta h + (\varphi_{\text{non-linear}} + \varphi_{\text{atm}} + \varphi_{\text{noise}}) \tag{9.10}$$

式中，$\varphi_{\text{non-linear}}$ 为非线性形变量，Δv 为地表形变速率，Δh 为高程改正值，式中的第二项为高程误差相位，T 为时间长度。

PS－InSAR 技术在处理中首先解算大气相位屏(APS)形变速率和高程相对差值，并从中去除 APS，通过模型参数迭代不断修正高程，修正基线，修正形变。再经过时空滤波将形变和大气相位分离出来，最后得到 PS 点的形变信息。

2)SBAS－InSAR

在 InSAR 技术的探索过程中，Berardino 等人发现：地表形变的长期时序信息在获取过程中总是会受到时空相干性丢失和大气相位延迟的影响，为了减小或消除这些干扰，该研究团队于 2002 年提出了小基线集技术(SBAS)。SBAS－InSAR 技术的基本原理是使用时间基线与空间基线都较短的影像对作为源数据来提高干涉图的相干性，在此基础上对差分干涉图进行多视处理降低其相位噪声，筛选得到相干性较高的像元，然后使用矩阵的奇异值分解(SVD)法求

得最小范数意义上的最小二乘解的唯一解，最后得到整个时间序列的地表形变信息。SBAS－InSAR 方法不仅提升了形变监测的时间分辨率，并且能获得研究区域长时间缓慢地表形变的演变规律。SBAS－InSAR 处理流程图如图 9.10 所示。

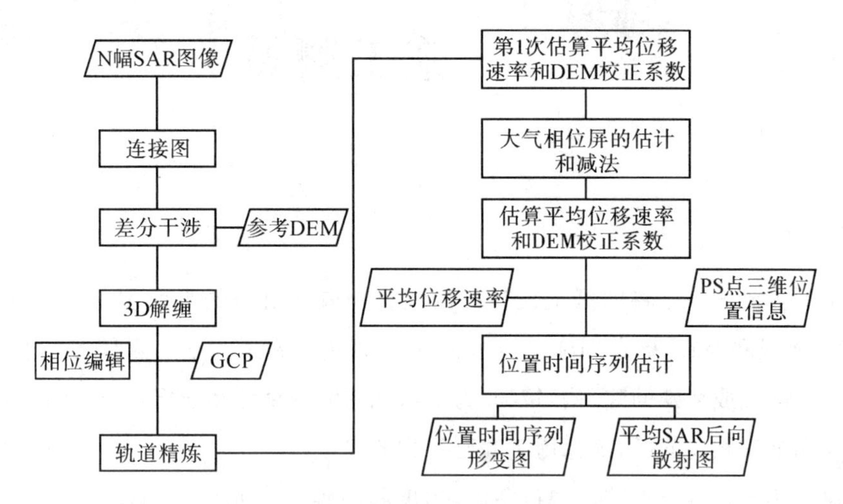

图 9.10 SBAS－InSAR 处理流程图

第10章 施工测量

10.1 概述

施工测量的主要任务是将图纸上设计好的建筑物或构筑物的平面位置和高程，按设计要求，通过定位、放线和检查，标定到施工的作业面上，以指导施工。施工测量贯穿于整个施工过程中。对于一些高大或特殊的建(构)筑物，为了监视它的安全性和稳定性，还要进行变形观测，以便及时发现和处理相关问题，确保施工和建筑物的安全。

施工测量的实质是测设点位。通过距离、角度和高程三个元素的测设，实现建筑物点、线、面、体的放样。施工测量必须遵循“由整体到局部，先控制后碎部”的原则。首先建立施工控制网，然后进行细部施工放样工作。采用这种由总体到局部的放样程序能确保放样元素间的几何关系，保证整体工程达到设计要求。施工测量也遵循“步步工作有检核”的原则，保证放样工作步步到位，防止差错发生。

施工控制网的精度一般要高于测图控制网，控制的范围小、密度大。在施工过程中，测量控制点的使用是频繁的。因此，测量控制点应埋设在稳固、安全、醒目、便于使用和保存的地方。施工放样的精度不取决于设计图比例尺，而取决于建(构)筑物的建筑结构、大小、材料、用途和施工方法。高层建筑物的测设精度应高于低层建筑，钢结构工程的测设精度应高于钢筋混凝土工程，装配式建筑物的测设精度应高于非装配式建筑物。

施工测量人员必须了解设计内容及其对测量工作的要求，熟悉设计图上的相关尺寸和高程数据，放样数据和依据要反复核对，要及时了解施工方案和进度，密切配合施工，保证工程质量。施工场地工种多、支架林立、交通频繁、材料堆积、场地变化大、机械震动大、干扰多，测设方法应力求简捷、快速、可靠，注意人身、仪器和测量标志的安全。

10.2 施工放样的基本方法

施工测量

10.2.1 定位元素的测设

1. 测设已知水平距离

(1)一般方法。如图10.1所示，从已知点 A 沿已知方向用钢尺量出已知距离，得端点 B'。为校核，同法再测设一次得 B''点。若两点之差在限差内，则取两次端点的平均位置 B 作为终点位置。

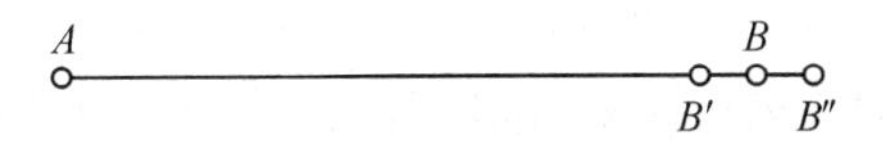

图 10.1 一般方法测设水平距离

(2)精确方法。当测设精度要求较高时，可采用如下方法。如图 10.2 所示，从已知点 A 沿给定方向 AC 用钢尺量出已知距离 D，得端点的概略位置 B'。然后用精密量距方法往返丈量 AB'距离得 D'，则 B'点的改正值 $\Delta D=D-D'$，最后根据 ΔD 定出 B 点位置。ΔD 为正，向外量 ΔD；ΔD 为负，则向内量 ΔD。如使用光电测距仪或全站仪测设已知距离，如图 10.3 所示，安置仪器于 A 点，瞄准已知方向，启动跟踪测量功能，沿此方向移动棱镜位置，使仪器显示距离略大于应测设的距离 D，定出 B'点。在 B'点安置棱镜，测出竖角及斜距，计算出 AB'的水平距离 D'，同样求得 B'点位置的改正值 $\Delta D=D-D'$。根据 ΔD 的符号在实地用钢尺沿已知方向改正 B'至 B 点。用测距仪放样距离，应进行加常数、乘常数和气象改正等操作。

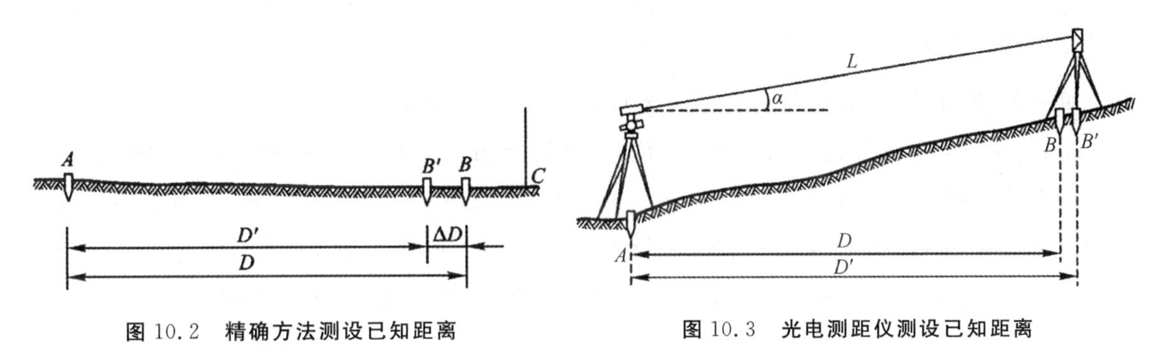

图 10.2 精确方法测设已知距离

图 10.3 光电测距仪测设已知距离

2. 测设已知水平角

(1)一般方法。如图 10.4 所示，A 为角顶点，AB 为已知方向，β 为已知角值，欲在 A 点测设 β 角，定出该角的另一边 AC，可采用正倒镜分中法。即在 A 点安置经纬仪，先用盘左照准 B 点，读取水平度盘读数 L。转动照准部使度盘读数为$(L+\beta)$值，在视线方向上定出 C'点。然后用盘右重复上述操作，定出 C''点。取 $C'C''$连线的中点 C，标定 C 点，得 AC 方向。检核时，用测回法测量$\angle BAC$，若与 β 值之差符合要求，则$\angle BAC$ 为测设的 β 角。

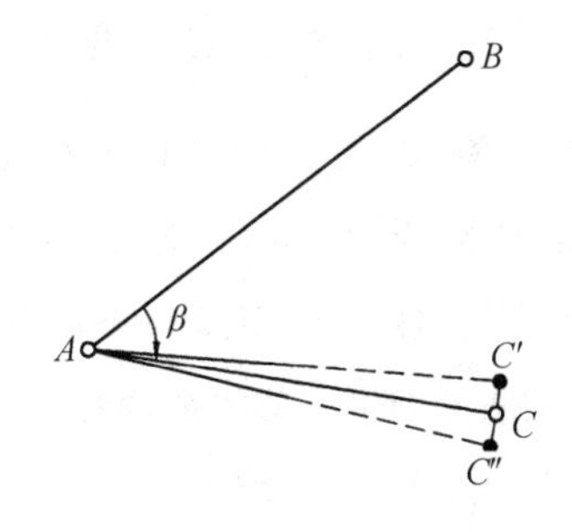

图 10.4 一般方法测设水平角

(2)精确方法。如图 10.5 所示，先用一般方法按已知角值 β 测设出 AC 方向上的 C 点，然后对$\angle BAC$进行多测回水平角观测，测得角值为 β'，则 $\Delta\beta=\beta-\beta'$。其垂距 CC_0 应为

$$CC_0 = AC \times \tan\Delta\beta = AC \times \Delta\beta/\rho \tag{10.1}$$

从 C 点沿 AC 边垂线方向向内($\Delta\beta>0$)或向外($\Delta\beta<0$)量出垂距 CC_0,定出 C_0 点。$\angle BAC_0$ 为要测设的 β 角;AC_0 即为测设角值 β 设定的方向。检核时,再用测回法测出 $\angle BAC_0$,其值与 β 角值之差应小于限差。

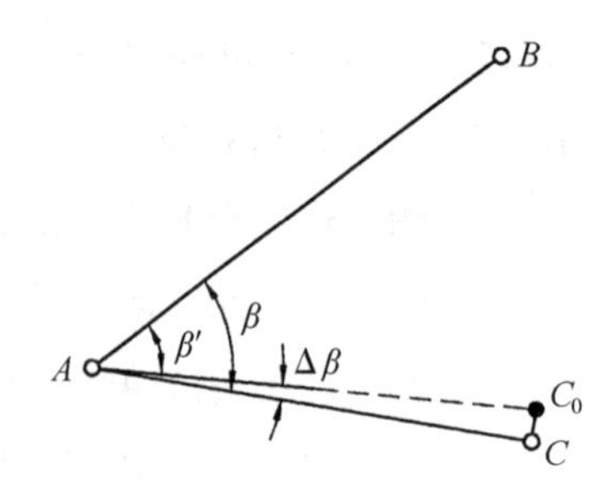

图 10.5 精确方法测设水平角图

3. 测设已知高程

如图 10.6 所示,已知水准点 A 的高程 H_A=49.358 m,测设于 B 桩上的设计高程 H_B=50.450 m。在水准点与 B 桩之间安置水准仪,在 A 点上的后视读数 a=1.965 m,按视线高法求得 B 桩上的前视读数 $b=(H_A+a)-H_B$=(49.358 m+1.965 m)−50.450 m=0.873 m。测设时,将水准尺沿 B 桩侧面上下移动,当前视读数 b 刚好为 0.873 m 时,紧靠尺底在 B 桩上划一水平线,此线高程即为 50.450 m(在施工现场,如果以 H_B 为施工的±0,则该线即为±0 位置)。

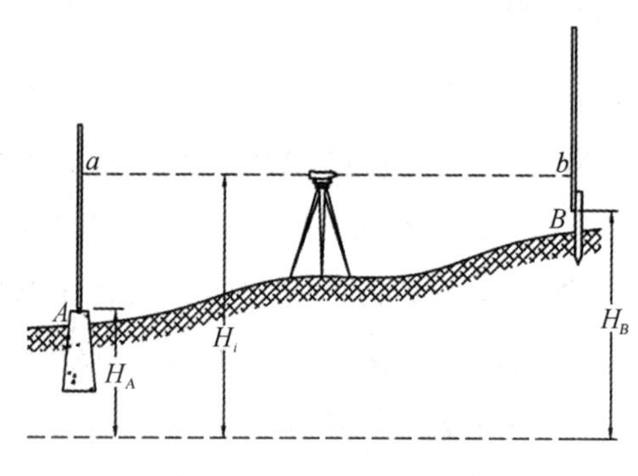

图 10.6 测设已知高程

当向深基坑内或较高的建筑物上测设已知高程时,还可悬挂钢尺进行高程上、下传递。如图 10.7 所示,欲在较深基坑内设置 B 桩,其高程 H_B 为 38.400 m。已知水准点 A 的高程 H_A 为 46.235 m,在基坑上架设吊杆,从杆顶悬挂一根零点在下端的钢尺,并挂一相当于钢尺检定时拉力的重锤。施测时,先在地面上安置水准仪,设后视读数 a_1=1.508 m,钢尺上的前视读数 b_1=9.642 m。然后将水准仪置于基坑内,后视钢尺读数 a_2=1.357 m,前视 B 点读数 $b_2=H_A+a_1-b_2+a_2-H_B$=1.058 m。将水准尺沿坑壁上下移动,当读数 b_2=1.058 m 时,紧贴尺底向坑壁水平钉入木桩,木桩顶面高程即为 H_B。当测设高程大于视线高程,如图 10.8 所示,向高建筑物 B 处测设时,可在该处悬吊钢尺,钢尺零端在上(倒尺)。前视读数时,上下移动钢尺,使水准仪前视读数恰为 b_2

$=H_B-(H_A+a_1)$，则钢尺零分划线的高程即为所需测设的高程 H_B。

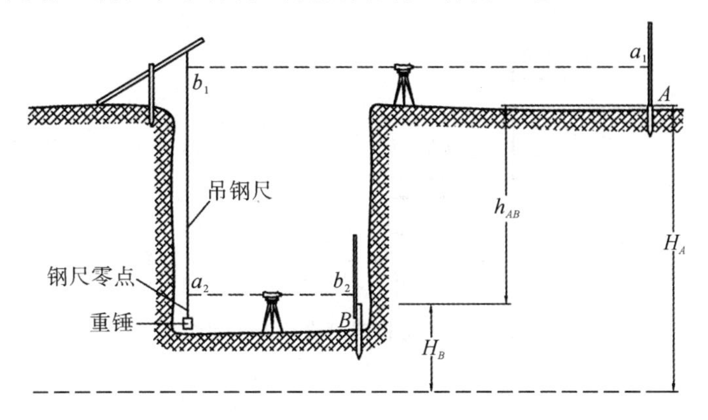

图 10.7 深基坑高程测设

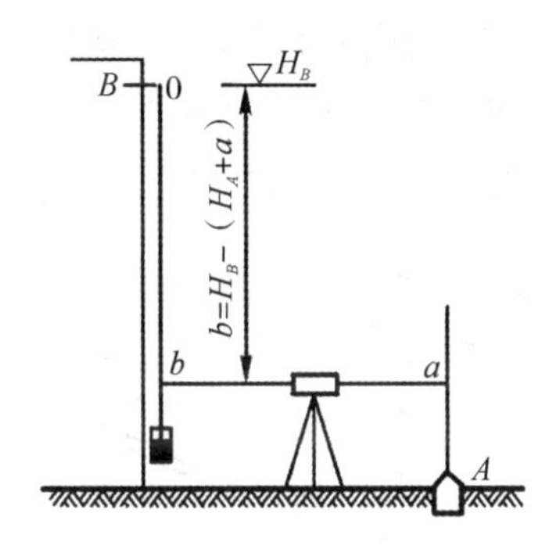

图 10.8 向高处测设高程

10.2.2 平面点位的测设方法

测设平面点位的常用方法有多种，采用哪种方法应根据控制点分布、仪器设备、放样精度和现场条件等因素确定。

1. 直角坐标法

如图 10.9 所示，x 轴、y 轴是两条相互垂直的建筑基线，它与待测建筑物相应两轴线平行。根据图上 1、3 点坐标，即可测设建筑物 1、2、3、4 点：在 O 点安置经纬仪，瞄准 A 点，由 O 点起沿视线方向测设距离 40 m 定出 a 点。再向前测设距离 80 m 定出 b 点。然后在 a 点安置经纬仪，瞄准 A 点，向左测设 90°角，由 a 点沿视线方向测设 25 m，定出 4 点，再向前测设 35 m，定出 1 点。同法在 b 点定出 3 和 2 点。为检核点位是否正确，应检查各边长是否等于设计长度，四角是否等于 90°，误差在允许范围内即可。

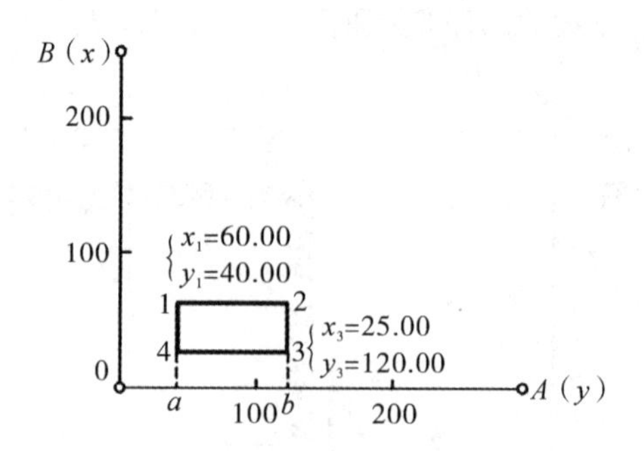

图 10.9 直角坐标法测设点的平面位置

2. 极坐标法

如图 10.10 所示，A、B 为控制点，P 为待定点，其坐标均为已知，根据坐标反算公式即可算出 P 点的测设数据，极角 $\beta=\alpha_{AP}-\alpha_{AB}$。测设时，在 A 点安置经纬仪，以 B 点为后视方向测设 β 角，定出 AP 方向，然后沿 AP 方向测设距离 D_{AP} 定出 P 点位置。

$$D_{AP}=\sqrt{(x_P-x_A)^2-(y_P-y_A)^2}=\sqrt{\Delta x_{AP}{}^2-\Delta y_{AP}{}^2} \tag{10.2}$$

式中，$\alpha_{AP}=\arctan\dfrac{\Delta y_{AP}}{\Delta x_{AP}}$，$\alpha_{AB}=\arctan\dfrac{\Delta y_{AB}}{\Delta x_{AB}}$。

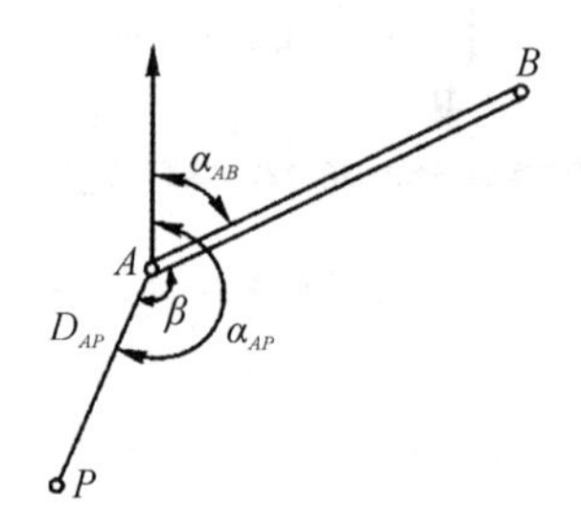

图 10.10 极坐标法测设点的平面位置

3. 角度交会法

角度交会法又称方向交会法，适用于待定点离控制点较远或量距困难的地方。如图 10.11 所示，A、B、C 为控制点，P 为待定点，其坐标均为已知。根据坐标反算求出测设数据 β_1、β_2 和 β_3。测设时，在 A、B 两点同时安置经纬仪，分别测设出 β_1 和 β_2 角，定出 AP、BP，两方向线交点即为 P。为保证交会点的精度，还应从第三个控制点 C 测设角定出方向。由于测设角度的误差影响，三方向线将不交于一点，而形成一个示误三角形。当示误三角形的边长在限差内时，可取示误三角形的重心作为 P 点的位置。为了保证交会点的精度，应选择适当位置的控制点进行测设，以保证交会角 γ_1 和 γ_2 在 30°～150°之间。

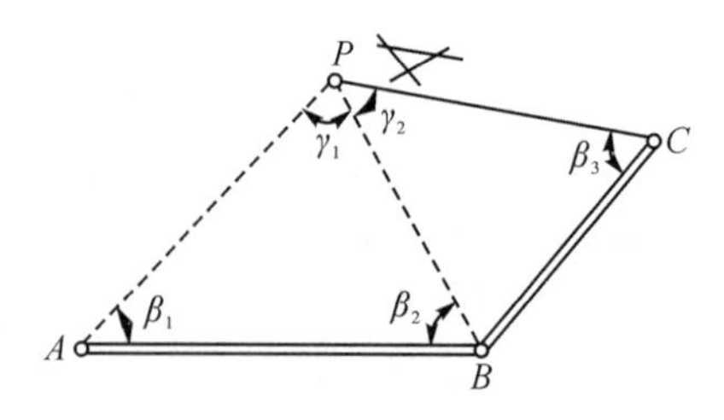

图 10.11 角度交会法测设点的平面位置

4. 距离交会法

这种方法适用于待定点离控制点的距离不超过一整尺段长、地面平坦、便于量距的地方。如图 10.12 所示，A、B、C 为控制点，1、2 为待定点，其坐标均为已知。根据坐标可反算距离 D_1、D_2、D_3、D_4。测设时，用钢尺分别从控制点 A、B 测设距离 D_1、D_2，并使 D_1、D_2 交于一点，即为 1 点位置。同法以 D_3、D_4 交会出 2 点。最后应测量 1、2 长度，并与设计长度比较作检核。

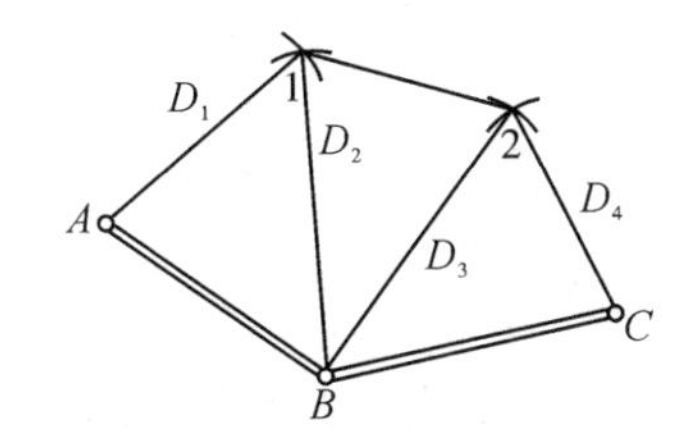

图 10.12 距离交会法测设点的平面位置

5. 自由设站法

全站仪的广泛应用，给放样工作带来了很多方便。在两个以上已知点的情况下，置全站仪于任一未知点上，观测到已知点的距离、方向，即可按最小二乘法求得测站点坐标，此法称自由设站法。在求得测站点坐标的同时也完成了测站定向，再根据测站点、已知点和放样点的坐标，采用极坐标法可测设各放样点。自由设站加极坐标法是实现施工放样测量一体化的主要方法。

10.2.3 测设已知坡度线

直线坡度 i 是直线两端点间的高差 h 与其水平距离 D 之比，即 $i=h/D$。如图 10.13 所示，已知 $H_A=50.512$ m，AB 距离 $D=80.000$ m。如将 AB 测设为坡度 $i=-1\%$ 的直线，则 B 点的设计高程为

$$H_B = H_A - i \times D = 50.512\ \text{m} - 0.01 \times 80.000\ \text{m} = 49.712\ \text{m} \qquad (10.3)$$

然后按测设高程的方法，将 H_B 测设到 B 桩上，即可使 AB 为 $i=-1\%$ 的坡度线。这时，如需在 AB 间测设同坡线的 1、2、3、…、n 桩，可在 A 点安置水准仪，使一脚螺旋置于 AB 方向线上，量取仪器高 i，在 B 点竖立标尺，旋转 AB 方向的脚螺旋，直至视线在标尺上的读数为 i 时，仪器视线即平行于坡度线。然后在中间 1、2、3、…、n 点打入木桩，木桩打至桩上标尺读数为 i 时为止，桩顶连线即为测设的坡度线。若测设坡度较大，可改用经纬仪进行测设。

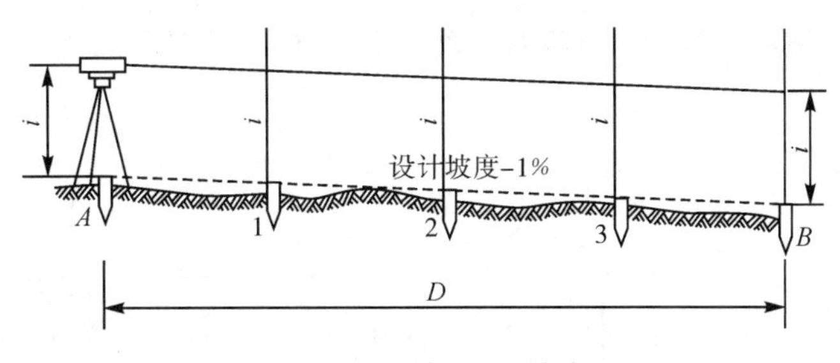

图 10.13 测设已知坡度

10.3 建筑施工控制测量

建筑施工测量主要是指民用和工业建筑的施工测量，如住宅、商场、医院、仓库、厂房等的施

工测量。在建筑工程中，勘测阶段建立的控制网是为测图布设的，难以满足施工要求。因此，施工前必须建立施工控制网，它包括平面控制网和高程控制网，是施工测量的基础。施工平面控制网的布设形式，应根据建筑物布置、场地大小和地形条件等因素来确定。对于大中型建筑地，在建筑物布置整齐、密集时，采用正方形或矩形格网，称为建筑方格网；对于面积不大，建筑 物又不复杂的场地，则采用建筑基线。当建立方格网有困难时，可采用导线网作为施工控制网。

10.3.1 平面控制测量

1. 施工坐标系与测量坐标系的换算

为了便于建筑物的设计与施工放样，设计总平面图上的建(构)筑物的平面位置常采用施工坐标系(又称建筑坐标系)的坐标来表示。施工坐标系的原点设置于总平面图的西南角上，以便所有建(构)筑物的设计坐标均为正值。纵轴记为 A 轴，横轴记为 B 轴，施工坐标系也称 A、B 坐标系。设计人员在设计总平面图上给出的建筑物的设计坐标均为施工坐标。当施工坐标系与测量坐标系不一致时，需对其进行换算。如在测量坐标系 xOy 中，P 点的坐标为 x_P、y_P，而在施工坐标系 $AO'B$ 中，P 点的坐标为 A_P、B_P，$x_{O'}$、$y_{O'}$ 是施工坐标系原点 O' 在测量坐标系内的坐标，a 为施工坐标系 $O'A$ 与测量坐标系 Ox 之间的夹角(OA'轴在测量坐标系的坐标方位角)，则将施工坐标换算为测量坐标的计算公式为

$$\begin{cases} x_P = x_{O'} + A_P\cos\alpha - B_P\sin\alpha \\ y_P = y_{O'} + A_P\sin\alpha + B_P\cos\alpha \end{cases} \tag{10.4}$$

在同一施工坐标系中，$x_{O'}$、$y_{O'}$ 和 a 的数值均为常数。若将测量坐标换算为施工坐标，则计算公式为

$$\begin{cases} A_P = (x_P - x_{O'})\cos\alpha + (y_P - y_{O'})\sin\alpha \\ B_P = -(x_P - x_{O'})\sin\alpha + (y_P - y_{O'})\cos\alpha \end{cases} \tag{10.5}$$

2. 建筑基线布设

1)布设形式与要求

当建筑场地不大时，根据建筑物的分布、场地的地形因素，布设一条或几条轴线，作为施工测量的基准线，简称建筑基线。常用建筑基线的形式有“一”“L”“十”和“T”形，如图 10.14 所示。

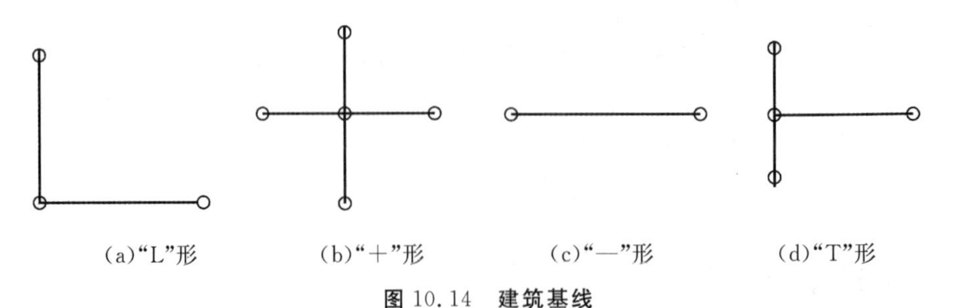

图 10.14　建筑基线

建筑基线的布置要求有以下几点：

(1)建筑基线应与建筑物轴线平行或垂直，并尽可能靠近主要建筑物，以便于用直角坐标法进行测设。

(2)基线点位应选在通视良好和不易破坏的地方。为了长期保存，要埋设永久性的混凝土桩。

(3)基线点应不少于3个，以便检测基线点位有无变动。

2)建筑基线的测设方法

(1)根据建筑红线放样。在老建筑区，建筑用地的边界线(建筑红线)是由城市测绘部门测设的，可作为建筑基线放样的依据。如图10.15所示，AB、AC是建筑红线，Ⅰ、Ⅱ、Ⅲ是建筑基线点，从A点沿AB方向量取d_2定Ⅰ′点，沿AC方向量取d_1定Ⅱ点。通过B、C作红线的垂线，并沿垂线量取d_1、d_2得Ⅱ、Ⅲ点，则ⅡⅡ′与ⅢⅠ′相交于Ⅰ点。Ⅰ、Ⅱ、Ⅲ点即为建筑基线点。将经纬仪安在Ⅰ点处，精确观测∠Ⅱ、∠Ⅰ、∠Ⅲ。如果建筑红线完全符合作为建筑基线的条件，则可以将其作建筑基线用。

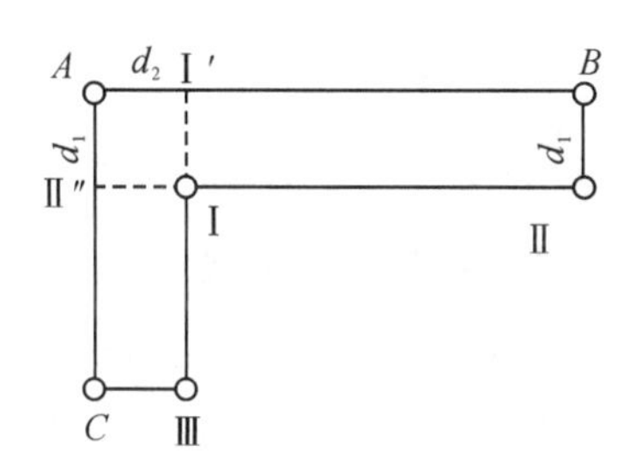

图10.15 用红线测设建筑物基线点

(2)根据测图控制点放样。在建筑场地中没有建筑红线作为依据时，可根据建筑基线点的设计坐标和附近已有控制点的关系用坐标法先计算出放样数据，然后再进行放样。如图10.16所示，A、B为附近已有控制点，Ⅰ、Ⅱ、Ⅲ为选定的建筑基线点。首先根据已知控制点和待测设点的坐标关系反算出测设数据β_1、d_1、β_2、d_2、β_3、d_3，然后用经纬仪和钢尺按极坐标系法测设Ⅰ、Ⅱ、Ⅲ点。由于存在误差，测设的基线点往往不在同一直线上，精确检验∠Ⅰ、∠Ⅱ、∠Ⅲ的角值，若此角值与180°之差超过限差±20″，则应对点位进行调整。

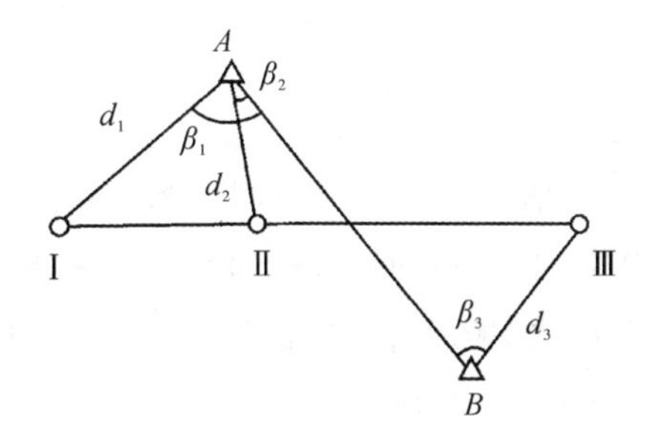

图10.16 用控制点测设建筑基线

(3)根据已有建筑物测设。建筑基线测设除了上述2种方法外，还可以利用已有建筑或道路中心线进行测设，其方法与利用建筑红线测设相同。

3)建筑基线的调直方法

如图10.17所示，当点Ⅰ′、Ⅱ′、Ⅲ′不在一条直线上时，应将该三点沿与基线相垂直的方向移动相等的调整量δ，其值按下式计算：

$$\delta=\frac{ab}{2(a+b)}\times\frac{180^{\circ}-\beta}{\rho''} \tag{10.5}$$

式中，δ是各点的调整量，单位为m；a是点Ⅰ与点Ⅱ间的长度，单位为m；b是点Ⅱ与点Ⅲ间的长度，单位为m；β表示Ⅰ′、Ⅱ′、Ⅲ′的水平角；$\rho''=206\ 265''$。

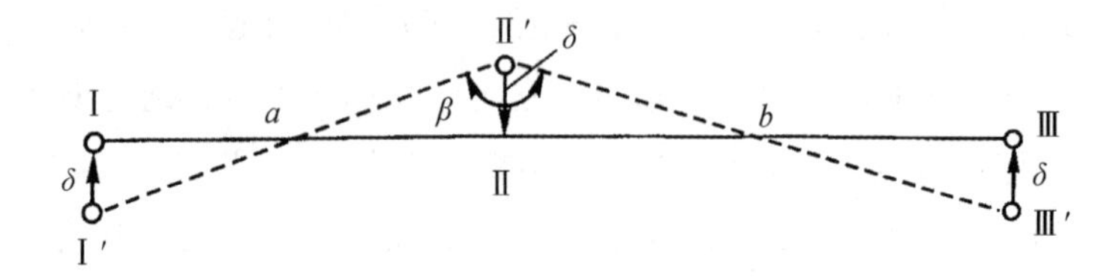

图10.17 调整基线点位

3. 建筑方格网的测设

1)建筑方格网的布设要求

建筑方格网是建筑场地中常用的一种控制网形式，适用于按正方形或矩形布置的建筑群或大型建筑场地。建筑方格网的轴线与建筑物的轴线平行或垂直，因此，可用直角坐标法进行建筑物定位。建筑方格网测设起来较为方便，且精度较高。但由于建筑方格网必须照总平面图布置，其点位易被破坏，故测设工作量也较大。布设建筑方格网时，应根据建筑物、道路、管线的分布，结合场地的地形等因素，先选定方格网的主轴线再全面布设方格网。方格网的布设形式有正方形方格网和矩形方格网，布设要求与建筑基线基本相同。但另需考虑以下几点：

(1)主轴线点应接近精度要求较高的建筑物。

(2)方格网的轴线应彼此严格垂直。

(3)方格网点之间应能长期保持通视。

(4)满足使用的前提下，方格网点数应尽量少。

正方形格网边长一般为100～200 m；矩形格网的边长视建筑物的大小和分布而定，一般为50 m的整倍数。

2)建筑方格网的测设方法

(1)根据原有控制点坐标与主轴点坐标计算出测设数据，然后测设主轴线点。如图10.18所示，先测设长主轴线ABC，其方法与建筑基线测设相同，然后测设与ABC垂直的另一主轴线DBE。在B点安置经纬仪瞄准C点，顺时针依次测设90°、270°，并根据主点间的距离在地面上定出E'、D'两点。精确检测$\angle CBD'$、$\angle CBE'$，求出$\Delta\beta_1=\angle CBD'-270^{\circ}$和$\Delta\beta_2=\angle CBE'-90^{\circ}$，若校差超过±10″时，则按式$l_i=L_i\times\Delta\beta/\rho''$计算方向调整值$D'D$和$E'E$。将$D'$点沿垂直于$BD'$的方向移动$D'D=$l1的距离，将$E'$点沿垂直于$BE'$的方向移动$E'E=12$的距离。$\Delta\beta_i$为正时，逆时针改正点位；$\Delta\beta_i$为负时，顺时针改正点位。改正点位后，应检测两主轴线交角是否为90°，其校差应小于±10″，否则应重复调整。另外尚需校核主轴线点间的距离，精度应达到1/10 000。

(2)方格网点的测设。如图10.19所示，从O点沿主轴线方向进行精密丈量，定出1、2、3、4等点。定5点的方法：经纬仪分别安置在1、3两点，以O点位起始方向精密测设90°角，用角度交会法定出5点。同法测设其余网点的位置。所有方格网点均应埋设永久性标志。

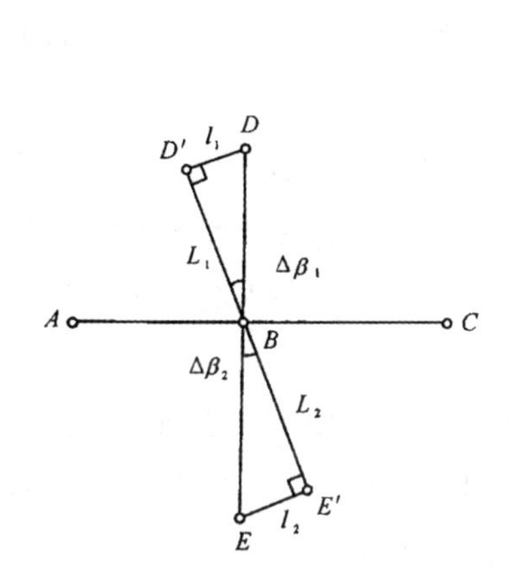

图10.18 方格网主轴点的测设

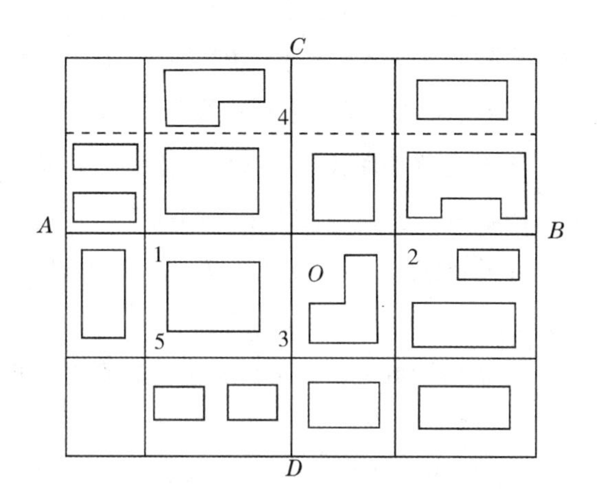

图10.19 方格网点的测设

10.3.2 建筑场地的高程控制

建筑场地工程控制点的密度尽可能满足在施工放样时安置一次仪器即可测设出所需的高程点，而且在施工期间，高程控制点的位置应稳固不变。对于小型施工场地，高程控制网可一次性布设，当场地面积较大时，高程控制网可分为首级网和加密网两级布设，相应的水准点称为基本水准点和施工水准点。

1.基本水准点

基本水准点是施工场地高程首级控制点，用来检核其他水准点高程是否有变动，其位置应设在不受施工影响、无振动、便于施测和能永久保存的地方，并埋设永久性标志。在一般建筑场地上，通常埋设3个基本水准点，布设成闭合水准路线，并按城市四等水准测量的要求进行施测。对于为连续性生产车间、地下管道放样所设立的基本水准点，则需要采用三等水准测量方法进行施测。

2.施工水准点

施工水准点用来直接测设建(构)筑物的高程。为了测设方便和减少误差，水准点应靠近建筑物，通常采用建筑方格网的标桩加圆头钉作为施工水准点。对于中小型建筑场地，施工水准点应布设成闭合或附合水准路线，并根据基本水准点按城市四等水准点或图根水准测量的要求进行施测。为了施工放样的方便，在每栋较大建筑物附近，还要测设±0.000水准点，其位置多选在较稳定的建筑物墙或柱的侧面，用红油漆绘成上顶为水平线的“▽”形。由于施工场地环境混乱，情况变化大，因此，必须经常检查施工水准点的高程有无变动。

10.4 民用建筑施工测量

10.4.1 定位放线前的准备工作

(1)了解设计意图,熟悉和校对图纸。通过设计图纸了解工程全貌和主要设计意图,了解对测量的要求,然后熟悉、核对与放样有关的建筑总平面图、建筑施工图和结构施工图,并检查总的尺寸是否与各部分尺寸之和相符,总平面图与大样详图尺寸是否一致等。

(2)校核定位平面控制点和水准点。对建筑场地上的平面控制点,在使用前应检查校核点位是否正确,并应实地检测水准点的高程。通过校核,取得正确的测量起始数据和点位。

(3)了解施工部署,制定测设方案。根据设计要求、定位条件、现场和施工方案等因素制定测设方案。

(4)准备测设数据。除了计算必需的测设数据外,尚需从下列图纸上查取房屋内部平面尺寸和高程数据。① 从建筑总平面图上,查出或计算出设计建筑物与原有建筑物或测量控制点之间的平面尺寸和高差,并以此作为测设建筑物总体位置的依据。② 在底层平面图及楼层平面图上,查取建筑物的总尺寸和内部各定位轴。③ 从基础平面图上,查取基础边线与定位轴线的平面尺寸,以及基础布置与基础剖面的位置关系。以上三种设计图纸是施工定位、放线的基本依据。④ 从基础详图中,查取基础立面尺寸,设计标高,以及基础边线与定位轴线的尺寸关系。它是确定基础开挖边线和基坑底面高程测设的依据。⑤ 从建筑物的立面图和剖面图上,查取基础、地坪、楼板等设计高程。它是高程测设的主要依据。

10.4.2 建筑物的定位与放线

1.建筑物的定位

建筑物的定位,是指根据测设略图将建筑物外墙轴线交点(简称角桩)测设到地面上,并以此作为基础测设和细部测设的依据。由于定位条件的不同,民用建筑除了根据测量控制点、建筑基线(或建筑红线)、建筑方格网定位外,还可以根据已有的建筑物定位。

1)根据与原有建筑物的关系定位

根据设计条件,将建筑物外廓的各轴线交点测设到地面上,如图 10.20 所示,A、B、C、D 各点,称为定位桩(又称角桩),作为基础和细部放样的依据。首先沿原建筑物 PM 与 QN 墙面向外量出 MM' 及 NN',并使 $MM'=NN'$(距离大小根据实地情况而定,一般为 1～4 m),在地面上定出 M'、N' 两点,用小木桩(桩上钉小铁钉)标定。将经纬仪安置于 M' 点,瞄准 N' 点,并从 N' 点沿 $M'N'$ 方向测设已知距离,定出 A' 点,用相同的方法测设出 B' 点,然后分别将经纬仪安置于 A'、B' 两点上,后视 M' 点测设水平角 90°,沿视线测设已知距离即可定出 A、C、B、D 四点。最后检查 A、B、C、D 四点位置是否符合精度要求。注意:测设时,要考虑待建的建筑物墙的厚度。

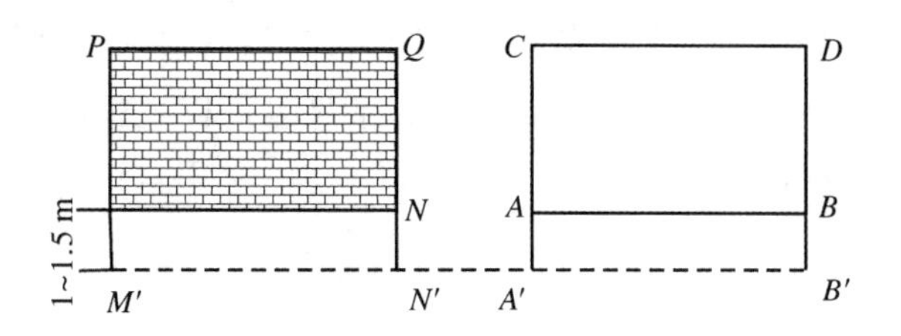

图 10.20 根据与原有建筑物的关系定位

2)根据建筑物方格网定位

在建筑场地上,已建立建筑方格网,且设计建筑物轴线与方格网线平行或垂直,则可用直角坐标法进行角桩测设。

3)根据控制点的坐标定位

在建筑场地附近,如果有测量控制点可利用,则可根据控制点的坐标和建筑物定位点坐标反算标定角度与距离,然后用极坐标法或角度交会法进行定位测量。

2.建筑物的放线

1)测设建筑物轴线交点桩

如图 10.21 所示,将经纬仪安置在 G 点上,瞄准 H 点,用钢尺沿 GH 方向量出相邻轴线间的距离,定出 1,2,…,5 点(也可以每隔 1~2 轴线定一点)。同法可定出其他各点。量距精度应达到 1/5 000~1/10 000。丈量各轴线间距离时,为了避免误差积累,钢尺零端应始终在一点上。由于基槽开挖后,角桩和中心桩将被挖掉,为了便于施工中恢复各轴线位置,应把各轴线延长到槽外安全地点,并做好标志。其方法有设置轴线控制桩(引桩)和龙门桩两种。

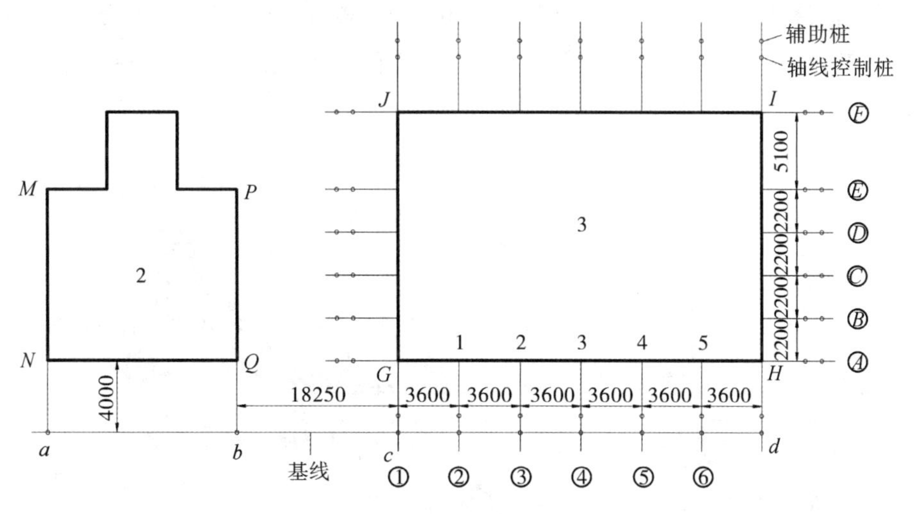

图 10.21 测设略图(单位:mm)

2)测设控制桩

将经纬仪安置在角桩上,瞄准另一角桩,沿视线方向用钢尺向基槽外量取 2~4 m,打入木桩,用小钉在桩顶准确标志出轴线位置,并用混凝土包裹木桩,如图 10.22 所示。大型建筑物放线时，为了确保轴线引桩的精度，通常是先测设轴线引桩，然后再根据轴线引桩测设角桩；而中小型建筑物的轴线引桩则是根据角桩测设的。如有条件也可以把轴线引测到周围原有的地物上，并做好标志以此来代替引桩。

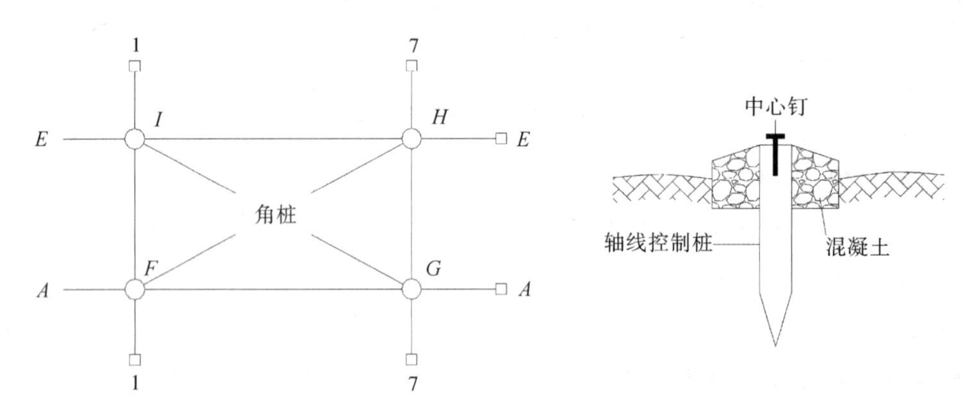

图 10.22 测设控制桩

3)设置龙门桩

在一般民用建筑中，常在基槽开挖线以外一定距离处设置龙门桩，如图 10.23 所示，其步骤和要求如下。在建筑物四角和中间定位轴线的基槽开挖线以外约 1.5～3.0 m 处(根据土质和基槽深度而定)设置龙门桩，桩要钉得竖直、牢固，桩外侧面应与基槽平行。根据场地内水准点，用水准仪将±0.000 的标高测设在一个龙门桩侧面上，用红笔划一横线。沿龙门桩上测设的±0.000线定设龙门板，使板的上缘恰好为±0.000。若现场条件不允许时，也可测设比±0.000高或低一整数的高程，测设龙门板的高程允许误差为±5 mm。用钢尺沿龙门板顶面检查轴线钉之间的距离，其精度应达到 1/5 000～1/10 000。经检核合格后，以轴线钉为准，将墙边线、基础边线、基槽开挖边线等标定在龙门板上。标定基槽上口开挖宽度时，应按有关规定考虑放坡的尺寸要求。

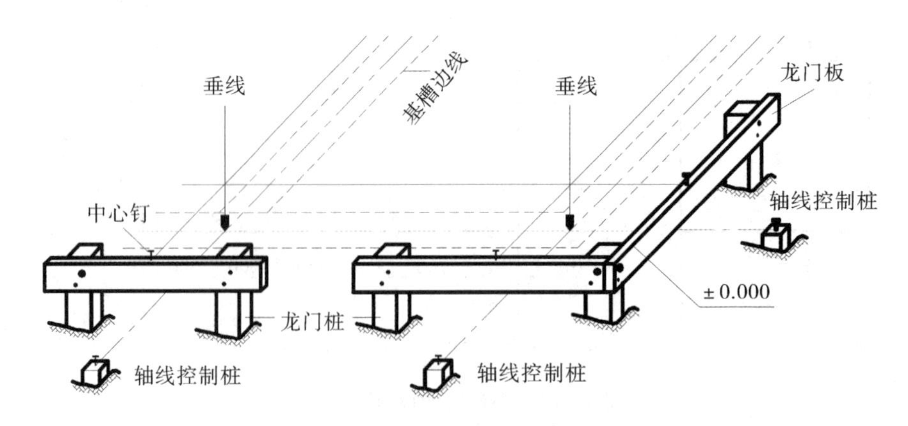

图 10.23 设置龙门桩

10.4.3　建筑物基础工程施工测量

1. 控制基槽开挖深度

为了控制基槽开挖深度，在即将挖到槽底设计标高时，用水准仪在槽壁上测设一些水平小木桩(见图 10.24)，使木桩的上表面离槽底设计标高为一固定值(如 0.500 m)，用以控制挖槽深度。为了施工方便，一般在槽壁各拐角处和槽壁每隔 3～4 m 处均设一水平桩，必要时，可沿水平桩的上表面拉上白线绳，作为清理槽底和打基础垫层时掌握标高的依据。水平桩高程测设的允许误差为±10 mm。

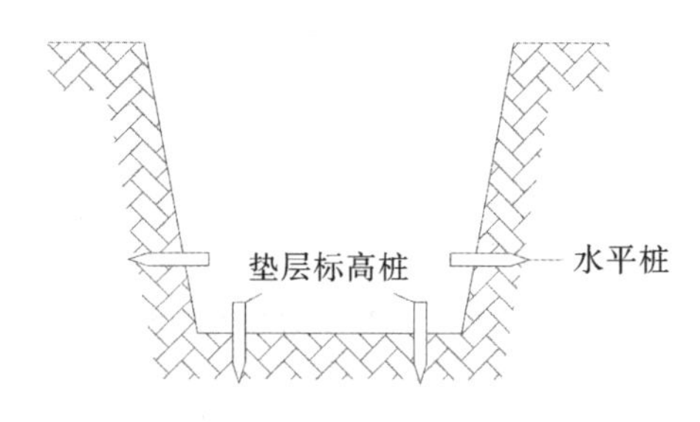

图 10.24　标定基槽深度

2. 垫层上投测基础墙中心线

基础垫层打好后，根据龙门板上的轴线钉或轴线控制桩，用经纬仪或拉线绳挂垂球的方法，把轴线投测到垫层上(见图 10.25)，并用墨线弹出基础墙体中心线和基础边墙线，以便砌筑基础墙。由于整个墙身砌筑均以此线为准，因此，这是确定建筑物位置的关键环节，一定要严格校核后方可进行砌筑施工。

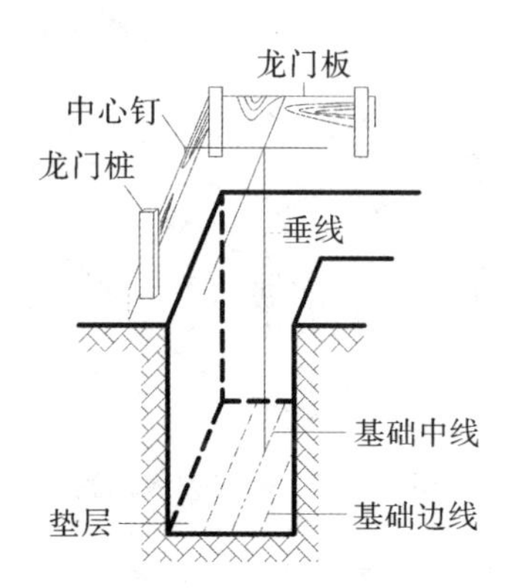

图 10.25　垫层上投测基础墙中心线

3. 基础墙体标高控制

房屋基础墙(±0.000 以下的墙体)的高度是利用基础皮数杆来控制的(见图 10.26)。基础皮数杆是一根木制的杆子，事先在杆上按照设计的尺寸将砖、灰缝的厚度划出线条，并标明±0.000、防潮层等的标高位置。立皮数杆时，先在立杆处打一木桩，用水准仪在木桩侧面定出一条高于垫层标高某一数值(10 cm)的水平线,然后将皮数杆上标高相同的一条线与木桩上的同高水平线对齐,并用大铁钉把皮数杆与木桩钉在一起,作为基础墙砌筑时拉线的标高依据。基础施工结束后,应检查基础墙顶面的标高是否符合设计要求(也可检查防潮层)。可用水准仪测出基础墙顶面上若干点的高程,并与设计高程比较,允许误差为±10 mm。

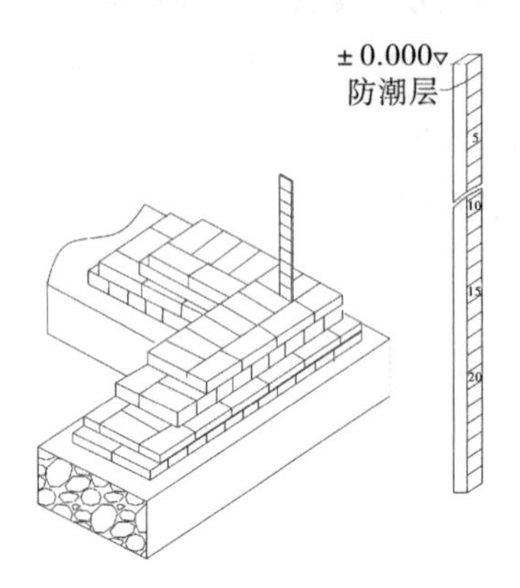

图 10.26 基础皮数杆的应用

10.4.4 墙体工程施工测量

1. 墙体弹线定位

利用轴线引桩或龙门板上的轴线钉和墙边线标志,用经纬仪或拉线绳吊垂球的方法,将轴线投测到基础顶面或防潮层上,然后用墨线弹出墙中心线和墙边线。检查外墙轴线交角是否为直角,符合要求后,把墙轴线延伸并划在外墙基上,做好标志,并作为向上投测轴线的依据(见图10.27)。同时把门、窗和其他洞口的边线,也划在外墙基础立面上。

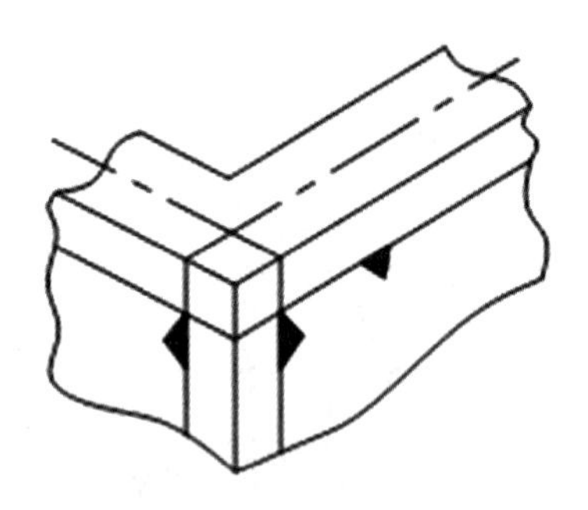

图 10.27 标志轴线位置

2. 墙体各部位高程的控制

在墙体施工中,墙身各部位高程通常也用皮数杆控制。墙身皮数杆上根据设计尺寸,在砖、灰缝厚度处划出线条,并且标明±0.000、门、窗、楼板等的标高位置,如图 10.28 所示。墙身皮数杆的测设与基础皮数杆的相同。测设±0.000 标高线的允许误差为±3 mm。一般在墙身砌起 1 m 后,就在室内墙身上定出+0.5 m 的标高线,作为该层地面施工及室内装修的依据。在第二层以上墙体施工中,为了使同层四角的皮数杆立在同一水平面上,要用水准仪测出楼板面四角的标高，取平均值作为本层的地坪标高，并以此作为本层立皮数杆的依据。当精度要求较高时，可用钢尺沿墙身自±0.000起向上直接丈量至楼板外侧，确定立杆标志。框架式结构的民用建筑，墙体砌筑是在框架施工后进行的，故可在柱面上划线，以此代替皮数杆。

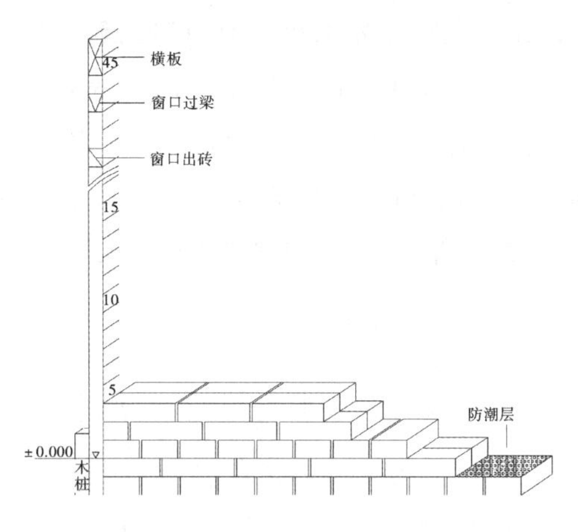

图 10.28　**墙体各部位高程控制**

10.4.5　高层建筑物施工测量

1. 轴线投测

在多层建筑墙身砌筑过程中，为了保证建筑物轴线位置正确，可用经纬仪把轴线投测到各层楼板边缘或柱顶上。每层楼板中心线应测设长线(列线)1～2条，短线(行线)2～3条，其投点容许误差为±5 mm。然后根据由下层投测上来的轴线，在楼板上分间弹线。如图10.29所示，投测时，把经纬仪安置在轴线控制桩上，后视首层墙底部的轴线标志点，用正倒镜取中的方法，将轴线投测到上层楼板边缘或柱顶上。当各轴线投到楼板上之后，要用钢尺实量其间距作为校核，其相对误差不得大于1/2 000。经校核合格后，方可开始该层的施工。为了保证投测质量，使用的仪器一定要经检验校正，安置仪器一定要严格居中、整平。为了防止投点时仰角过大，经纬仪距建筑物的水平距离要大于建筑物的高度，否则应采用正倒镜延长直线的方法将轴线向外延长，然后再向上投点。

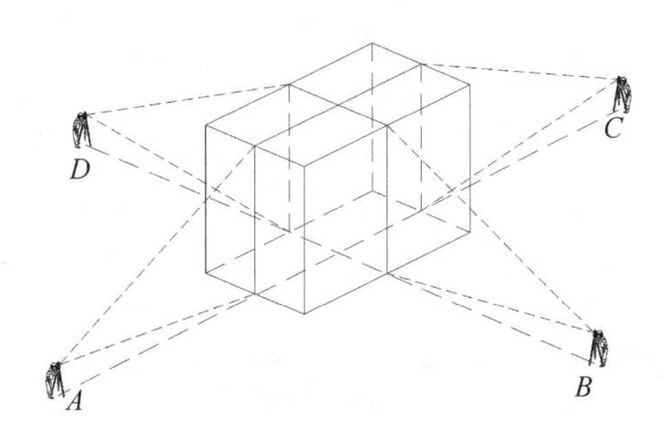

图 10.29　**经纬仪引桩投测线**

2. 高程传递

多层建筑物施工中，要由下层梯板向上层传递高程，以便使楼板、门窗口、室内装修等工程的高程符合设计要求。高程传递一般可采用以下几种方法进行：

(1)利用皮数杆传递高程。±0.000 高程，门窗口、过梁、楼板等构件的高程都已在皮数杆上标明。一层楼砌好后，再从第二层立皮数杆，一层一层往上接。

(2)利用钢尺直接丈量。在高程精度要求较高时，可用钢尺沿某一墙角自±0.000 起向上直接丈量，把高程传递上去。然后根据由下面传递上来的高程立皮数杆，作为该层墙身砌筑和安装门窗、过梁及室内装修、地坪抹灰时掌握高程的依据。

(3)吊钢尺法。在楼梯间悬吊钢尺(钢尺零点朝下)，用水准仪读数，把下层高程传到上层(见图 10.30)。二层楼面的高程 H_2 可根据一层楼面高程 H_1 计算求得：$H_2 = H_1 + a + (c - b) - d$。

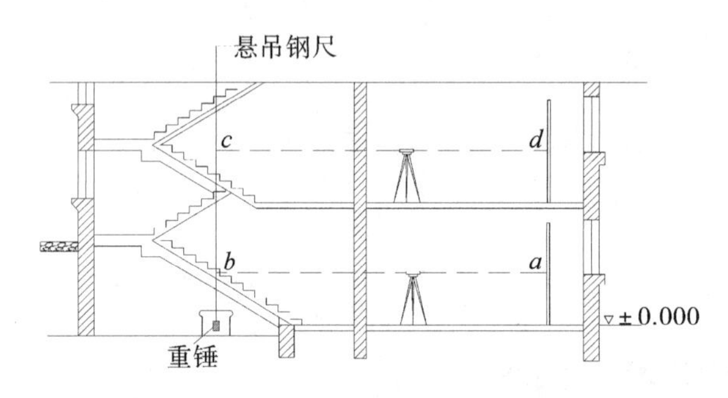

图 10.30 吊钢尺法传递高程

10.4.6 工业建筑施工测量

1. 厂房矩形控制网的测设

工业厂房多为排架式结构，对测量的精度要求较高。工业建筑在基坑施工、安置基础模板、灌注混凝土、安装预制构件等工作中，都以各定位轴线为依据指导施工。因此在工业建筑施工中，均应建立独立的矩形施工控制网。对于中小型厂房，可建立单一的厂房矩形控制网，如图 10.31 所示，A、B、C、D 为矩形控制网的角点，测设方法：根据厂区控制网按直角坐标法定出长边上的 A、B 两点，然后以 AB 边为基线再测设 C、D 两点，最后在 C、D 处安置仪器，检查角度，并丈量 CD 边长以进行检查。

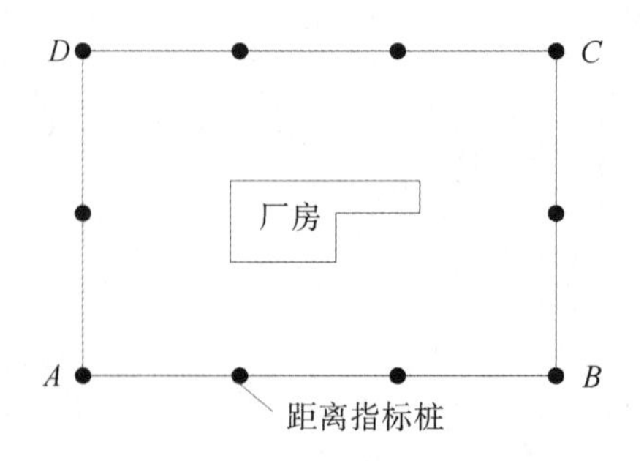

图 10.31 厂房矩形控制网图

对于大型工业厂房或系统工程，应先根据厂区控制网定出矩形控制网的主轴线(一般是相互垂直的主要柱列轴线或设备基础轴线)，然后根据主轴线测设矩形控制网，如图 10.32 所示。

主轴线端点布置在开挖范围以外，并埋设1～2个辅助点桩。AOB 与 COD 为十字轴线。首先测设主轴线，将长轴 AOB 测设于地面上，再以长轴为基线测设出 COD，并进行方向改正，使主轴线严格垂直，主轴线交角容许误差为 $\pm 3'' \sim \pm 5''$。轴线的方向调整好后，以 O 为起点进行精密量距，以确定纵横主轴线各端点的位置，主轴线边长的精度为不低于1/30 000。然后测设矩形控制网，在主轴线的端点 A、B、C、D 处分别安置经纬仪，都以 O 为后视点，分别测设直角，交会出 E、F、G、H 角点，然后再精密丈量 AH、AE、GB、BF、CH、CG、DE、DF，其精度要求与主轴线相同。若量距所得角点位置与角度交会法定点所得点位置不一致，则应调整。此外，在测设矩形控制网时，沿控制网各边每隔几个柱子的间距应设置一距离指标桩，距离指标桩的间距一般为柱距的整数倍。

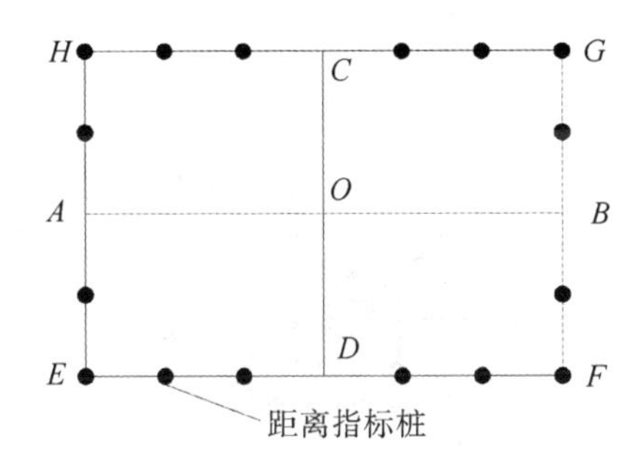

图10.32 用主轴线测设矩形控制网

2. 厂房柱列轴线的测设和柱基的测设

1)厂房柱列轴线的测设

测定厂房矩形控制网后，根据施工图上设计的柱距和跨度，用钢尺沿矩形控制网各边采用内分法测设出柱列轴线控制点位置，如图10.33所示，P、Q、R、S 是厂房矩形控制网的四个控制点，A、B、C 和①、②、…、⑨等轴线均为柱列轴线，其中定位轴线 B 轴和⑤轴为主轴线，并用桩位标志出来。这些轴线共同构成了厂房柱网，它是厂房细部测设和施工的依据。

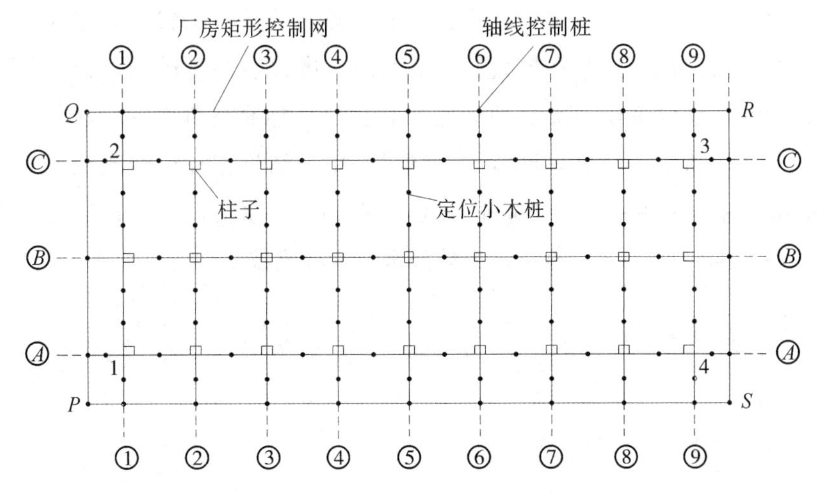

图10.33 柱列轴线的测设

2)柱基的测设

首先,定位柱基础,用两台经纬仪分别安置于两条相互垂直的柱列轴线的轴线控制桩上,沿轴线方向交会出各柱基的中心位置。再根据基础图进行柱基放线,用灰线把基坑开挖边线标出,并在距开挖边线约 0.5～1.0 m 处打四个定位小木桩,如图 10.34 所示,桩顶采用同一标高,以利用定位桩控制基础施工标高,同时在桩顶用小钉标明中线方向,供修坑立模之用。在实际操作中,统一以轴线定位,但应注意有的轴线不一定是基础的中线,应避免基础施工中发生错误。然后,进行基础的抄平放线,基坑挖到接近坑底标高时,在基坑四壁上测设相同高程的水平桩,桩顶与坑底设计标高一般相差 0.3～0.5 m,以此作为基坑修坡和检查坑深的依据。此外还应在坑底边沿及中央打入小木桩,使桩顶高程等于垫层设计高程,以便于在桩顶拉线并打垫层。

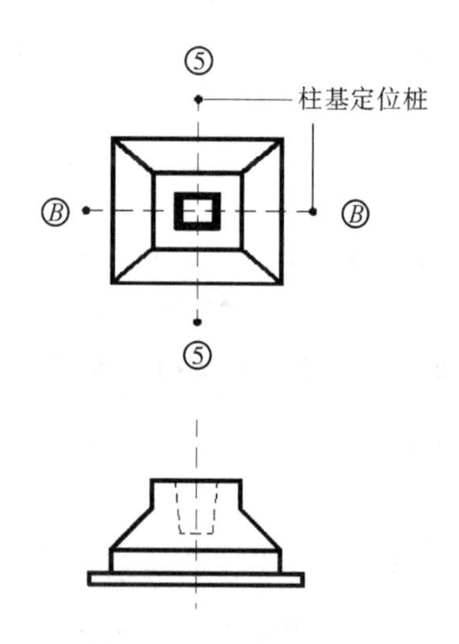

图 10.34 柱基的定位桩图

垫层打好以后,根据柱基定位桩把基础轴线投测到垫层上,并弹上墨线标志,作为支模的依据。把线坠挂在定位桩的小线上,将模板及杯芯上已画好的轴线位置与垂线对齐,即可定出基础模板及杯口的正确位置。然后,在模板的内表面用水准仪引测基础面的设计标高,并画线标明。在支杯底模板时,应注意使浇灌后的杯底标高比设计标高略低 3～5 cm,以便拆模后填高修平杯底,如图 10.35 所示。最后,根据轴线控制桩,用经纬仪把柱中线投测到基础顶面上,做柱轴线标记,供吊装柱子时使用。为了修平杯底,须在杯口内壁测设一条比基础顶面略低 10 cm 的标高线,或一条与杯底设计标高的距离为整分米数的标高线。

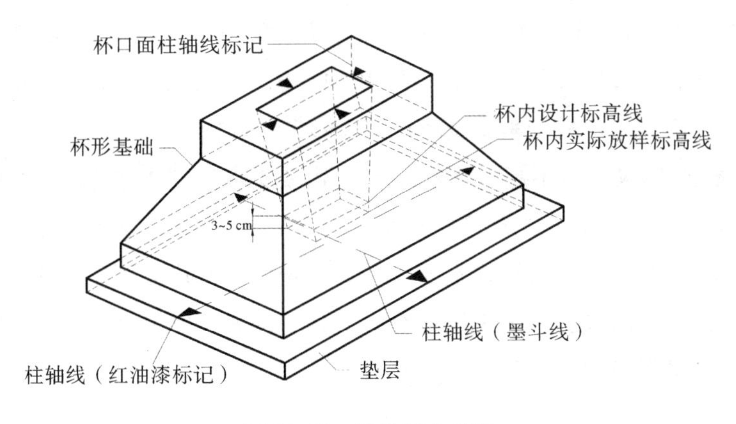

图 10.35　测设杯内标高

10.4.7　厂房构件的安装测量

1. 柱子的安装测量

1)柱子安装前的准备工作

首先，将每根柱子按轴线位置编号，用钢尺量出牛腿四个棱的柱底到牛腿面的长度，取平均值得出柱长 L，并检查柱子尺寸是否满足设计要求。然后，在柱身的三个侧面用墨线弹出柱中心线，每面在中心线上按上、中、下用红漆划出"▶"标志，以供校正柱子的垂直度时使用，如图 10.36 所示。最后，还要调整杯底标高，杯底标高等于牛腿面的设计标高减柱长，即 $H_{杯底}=H_{面}-L$，$H_{杯底}$ 为基础杯底的标高，$H_{面}$ 为牛腿面的设计标高，L 为柱底到牛腿面的长度。调整杯底标高的具体做法：先根据牛腿设计标高，沿柱子的中心线用钢尺量出与杯口基础内壁上已测设的标高线相同的柱下平线，分别量出杯口内标高线至杯底的高度，与柱下平线到柱底的高度进行比较，以确定找平厚度后修整杯底，使牛腿面标高符合设计要求。

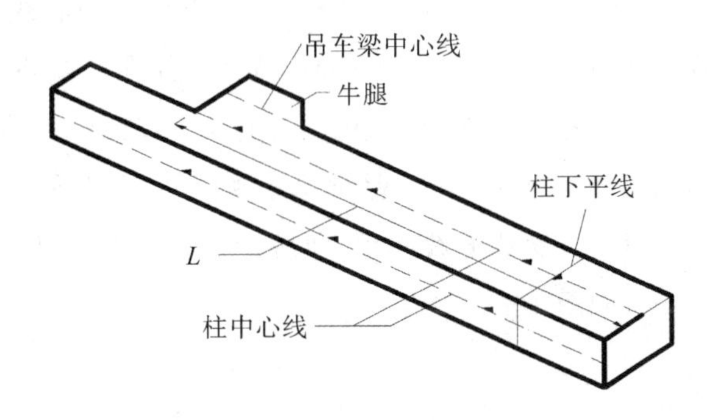

图 10.36　在预制的厂房柱子上弹线

2)柱子的竖直校正

预制钢筋混凝土柱插入杯口后，先进行初步固定，应使柱底部三面的中线与杯口上已划好的中线对齐，并用钢楔或木楔做临时固定，如有偏差，可锤打木楔或钢楔将其拨正，容许误差应不超过±5 mm。柱子立稳后，用水准仪检测±0.000 标高线是否符合设计要求，容许误差应不超过±3 mm。初步固定后即可进行柱子的垂直校正。在柱基的纵横中心线上，距柱子约为1.5

倍柱高处，安置两架经纬仪，先照准柱底中线，固定照准部，慢慢抬高望远镜，如柱身上的中线标志或所弹中心墨线偏离视线，表示柱子不垂直，可通过调节柱子拉绳或支撑、敲打楔子等方法使柱子垂直，如图 10.37 所示。柱子垂直度容许误差：10 m 以内应不超过±10 mm，10 m 以上应不超过 1/1 000 的柱高，最大应不超过±20 mm。满足要求后立即灌浆，以固定柱子位置。在实际工作中，如图 10.38 所示，常把成排的柱子都竖起来，然后进行校正。这时可把两台经纬仪分别安置在纵横轴线的一侧，偏离轴线不要超过 15°，安置一次仪器可校正几根柱子。在进行柱子垂直校正时，应注意随时检查柱子中线是否对准杯口的柱中线标志，并要避免日照影响校正精度，校正工作宜在早晨或阴天进行。

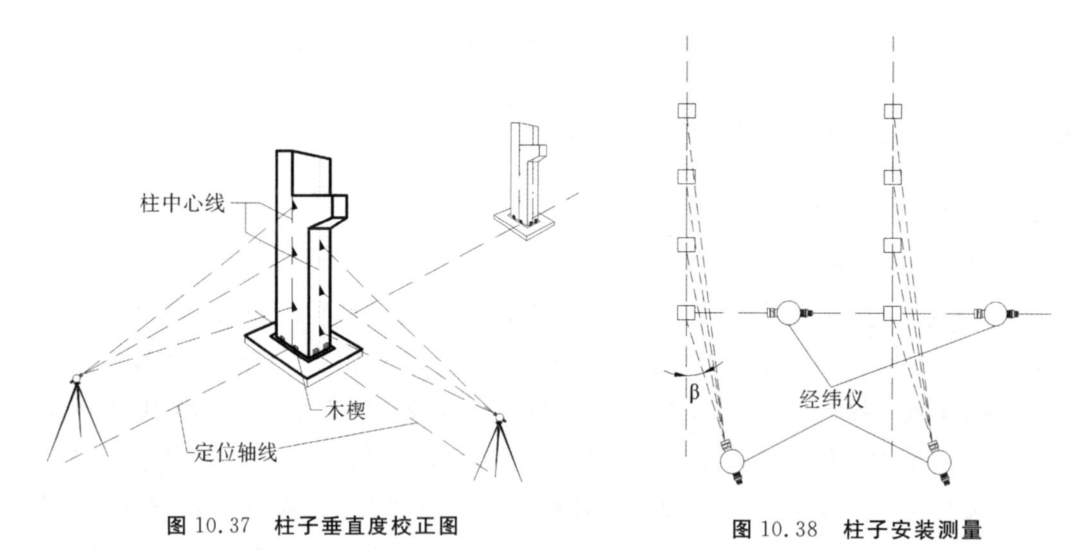

图 10.37　柱子垂直度校正图

图 10.38　柱子安装测量

3）吊车梁的安装测量

（1）吊车梁安装时的中线测量。进行吊车梁的安装测量，主要是为了保证吊车梁中线位置和标高满足设计要求。吊车梁吊装前，在两端牛腿面上弹出梁的中心线，然后根据厂房控制网或柱中心线，在地面上测设出两端的吊车梁中心线控制桩，并在一端点安置经纬仪，瞄准另一端，将吊车梁中心线投测在每根柱子牛腿面上，并弹以墨线，吊装时吊车梁中心线与牛腿上中心线对齐，其容许误差应不超过±3 mm。若投射时视线受阻，可从牛腿面上悬吊锤球来确定位置。安装完毕后，用钢尺丈量吊车梁中心线间距，即吊车轨道中心线间距，检验是否符合行车跨度，其误差不得超过±5 mm，如图 10.39 所示。

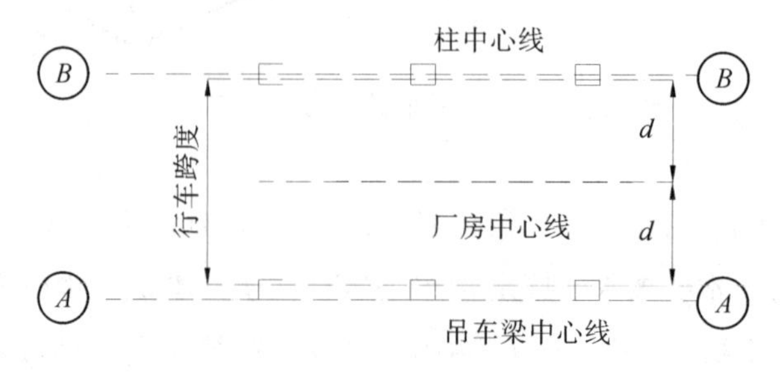

图 10.39　吊车梁安装测量

(2)吊车梁安装时的高程测量。根据控制网在柱身上测设±0.000的标高线，以及柱牛腿面的标高，计算出高差，沿柱侧面自±0.000的标高线量取高差值，在柱身上定出牛腿面的设计标高点，作为整平牛腿面及加垫板的依据。然后再根据±0.000标高线，在柱上端测设一个比吊车梁面设计标高高5～10 cm的标高点，据此点修复梁面。梁面整平以后，安置水准仪于吊车梁上，检测吊车梁面的标高是否符合设计要求，容许误差应不超过±3～±5 mm。

(3)吊车梁上测设轨道中心线。安装好后，再用经纬仪从地面把车梁中心线(亦即吊车轨道中心线)投到吊车梁顶上，作为安装轨道的依据。由于安置在地面中心线上的经纬仪不可能与吊车梁顶面通视，因此一般采用中心线平移法，如图10.40所示，在地面平行于AA'轴线，间距为1 m处测设EE'轴线。然后安置经纬仪于E点，瞄准E'点进行定向。抬高望远镜，使从吊车梁顶面伸出的长度为1 m的直尺端正好与纵丝相切，则直尺的另一端即为吊车轨道中心线上的点。然后用钢尺检查同跨两中心线之间的跨距L，与其设计跨距之差应不超过10 mm。经过调整后用经纬仪将中心线方向投到特设的角钢或屋架下弦上，作为以后安装吊车梁时用经纬仪校直轨道中心线的依据。

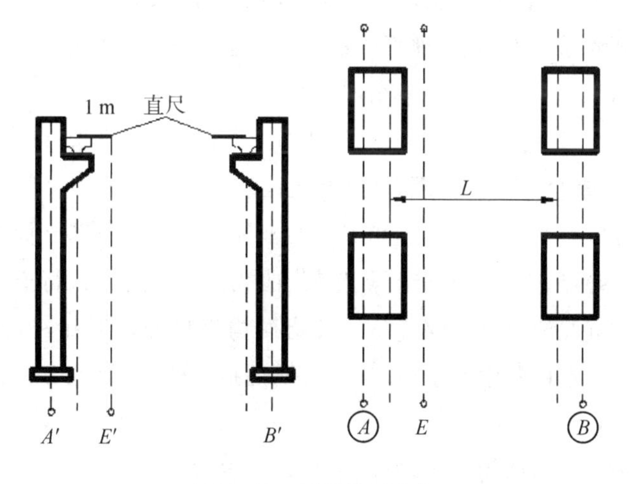

图10.40 吊车轨道安装

(4)吊车轨道安装时的高程测量。在轨道安装前，要用水准仪检查梁顶的高程。每隔3 m在放置轨道垫块处测一点，以测得结果与设计数据之差作为加垫块或抹灰的依据。在安装轨道垫块时，应重新测出垫块高程，使其符合设计要求，以便安装轨道。

(5)吊车轨道检查测量。轨道安装完毕后，应进行一次轨道中心线、跨距及轨道高程的检查，以保证能安全架设和使用吊车。

10.4.8 竣工总平面图的编绘

施工总平面图是施工单位在工程竣工后、交付使用前所提出的技术文件之一。在施工过程中，由于设计时没有考虑到的原因及临时变更、施工误差等原因，工程的竣工位置和设计位置可能不完全一致，因此应绘制竣工总平面图。它是设计总平面图经过施工后对实际情况的全面反映，也是工程竣工投入使用后能顺利地进行维修，及时消除地下管线故障，以及工程扩建或改建的依据。

1.竣工总平面图的内容及分类

1)竣工总平面图的分类及附件

竣工总平面图按工程性质分为综合竣工总平面图，工业管线竣工总平面图，厂区铁路、公路竣工总平面图。为了全面反映竣工成果，竣工总平面图的附件资料如下：① 地下管线竣工纵断面图；② 铁路、公路竣工纵断面图；③ 建筑场地及其附近的测量控制点布置图，坐标与高程一览表；④ 建筑物或构筑物沉降及变形观测资料；⑤ 工程定位、检查及竣工测量的资料；⑥ 设计变更文件；⑦ 建设场地原始地形图等。

2)竣工总平面图的比例

竣工总平面图的比例尺应根据企业规模的大小和工程密集程度而定，一般厂区内用1∶500或1∶1 000，厂区外、城郊用1∶1 000～1∶5 000。竣工总平面图的图例符号应与原设计总平面图一致。

3)竣工总平面图的内容

(1)测量控制点、建筑方格网、主轴线等平面和高程控制点的点位。

(2)建筑物的房角坐标及高程，各种管线进出口位置和高程，并注明房屋编号、名称、结构层数、面积和竣工日期。

(3)地下管线的转折点、起终点及检修井的坐标，井盖、井底、沟槽和管顶的高程，以及管道及检修井的编号、名称、管径、管材、间距、坡度和流向。

(4)架空管线的转折点、结点、交叉点和支点的坐标，支架间距，基础标高等。

(5)交通线路的起终点、交叉点和转折点坐标，曲线元素，路面、人行道、绿化带界线等。

(6)特种构筑物如沉淀池、烟囱、煤气罐及其附属构筑物的外形和四角坐标，沉淀池的深度等。圆形构筑物如烟囱、水塔的中心坐标，各种管线的接口位置、尺寸等，及基础面的标高，烟囱及筒体高度。

(7)其他如室外场地的围墙拐角点坐标、绿化地边界等。

2.竣工总平面图的编绘

1)绘制竣工总平面图的依据

(1)设计总平面图、单位工程平面图、纵横断面图和设计变更资料。

(2)定位测量资料、施工检查资料及竣工测量资料。

2)根据设计资料展点成图

凡按设计坐标定位施工的工程，应以测量定位资料为依据，按设计坐标(或相对尺寸)和标高编绘。建筑物和构筑物的拐角、起点、转折点应根据坐标数据展点成图；对建筑物和构筑物的附属部分，如无设计坐标，可用相对尺寸绘制。若设计变更，则应根据设计变更资料编绘。

3)根据竣工测量资料或施工检查测量资料展点成图

在工业及民用建筑施工过程中，在每一个单位工程完成后，应该进行竣工测量，并提出该工程的竣工测量成果。对有竣工测量资料的工程，若竣工测量成果与设计值之比差不超过所规定的定位误差时，按设计值编绘；否则应按竣工测量资料编绘。

4)展绘竣工位置时的要求

竣工时根据竣工测量成果，用黑墨水绘出工程竣工的实际情况，在一般没有设计变更的情况下，墨线绘的竣工位置与底图上用铅笔绘的设计位置应该重合，但坐标及标高数据与设计值比较会有微小出入，否则，应擦去相应设计建筑物的铅笔画线，按竣工测量的数据用墨线重新画出。随着施工的进展，逐渐在底图上将铅笔线都绘成为墨线，并在图上注明工程名称、坐标和标高及有关说明。对于各种地上、地下管线，应用各种不同颜色的墨线绘出其中心位置，注明转折点及井位的坐标、高程及有关说明；如注不下时，可列在成果表中作为附件，并和其他验收数据、说明书和附件等竣工资料一起保存在档案资料中。

5)编绘竣工总平面图时的现场实测工作

绘制竣工总平面图时，如遇下列情况，施工单位应按竣工图要求的内容进行现场实测。

(1)由于未能及时提出建筑物或构筑物的设计坐标，而在现场指定施工位置的工程。

(2)设计图上只标明工程与地物的相对尺寸而无法推算坐标和标高。

(3)由于设计多次变更，无法查对设计资料。

(4)竣工现场的竖向布置、围墙和绿化，施工后尚保留的大型临时建筑。

竣工总平面图编绘完成后，应经原设计及施工单位技术负责人审核、会签。

思考题与练习题

1. 名词解释：建筑基线、建筑方格网、龙门板、下返数、腰线、沉降观测、建筑物的倾斜度。

2. 测设水平角时，为何需用盘左盘右取中的方法进行？

3. 采用极坐标法测设点的平面位置时，需要哪些测设数据？如何获得测设数据？

4. 用水准仪测设已知坡度时，对安置仪器有何要求？

5. 施工平面控制网有哪几种形式？各适用哪些场合？

6. 在民用建筑施工中，龙门板的作用是什么？如何设置龙门板？

7. 柱子吊装前要做哪些准备工作？柱子吊装时如何控制它的竖直度？

8. 高层建筑轴线竖向投测有哪些方法？

9. 已知某钢尺的尺长方程式为

$$l = 30\ \text{m} - 0.0035\ \text{m} + 12.5 \times 10^{-6} \times 30(t - 20\ ℃)$$

用它测设 26.500 m 的水平距离 AB. 若测设时温度为 25 ℃，所用拉力与钢尺检定时的拉力相同，测得 A、B 两点间的高差 $h=-0.40$ m，试计算测设时沿地面需要量出的长度。

10. 设用一般方法测设出 $\angle BAC$（设计值为 90°）后，用仪器精确测得其角值为 90°00′38″，已知 AC 长度为 100.000 m，试计算改正该角值的垂距及改正的方向。

11. 已知水准点 A 的高程 $H_A=210.358$ m，今欲测设高程为 25.000 m 的室内地坪±0，后视水准点 A 上标尺读数 $a=1.642$ m，试计算±0 处 B 点的前视标尺读数 b 应为多少？

第11章 线路测量

公路、铁路、渠道、输电线路、输油管道、输气管道等均属于线型工程，它们的中线通称为线路。线路在勘测设计阶段、施工建设阶段及竣工阶段所进行的测量工作，统称为线路工程测量。线路工程测量的主要内容有中线测量(包括曲线测设)，纵、横断面测量，带状地形图测绘，线路土石方计算和施工测量。除渠道、管道不设曲线外，各种线路测量的程序和方法大致相同。线路测量一般情况下分为初测和定测。初测是初步设计阶段的测量工作，它是根据初步提出的各个线路方案，对地形、地质及水文等进行较为详细的勘测与测量，为线路的初步设计提供必要的地形资料。初测的外业工作主要是对所选定的线路进行控制测量和测绘线路大比例尺带状地形图。对于某些线路工程，也可采用一阶段现场直接定线，测定各中桩位置。定测是把初步设计的线路位置测设到实地上，同时结合现场的实际情况改善线路的位置，并为施工设计收集资料。定测工作包括中线测量和纵横断面测量。

11.1 线路中线测量

线路中线测量

线路中线测量是将图纸上设计好的线路中心线或在野外实地选定的线路中心线的位置在地面上标定出来，并测出中桩的里程。线路中线的平面线型由直线和曲线组成，如图11.1所示。中线测量工作主要包括：测设中线各交点(JD)和转点(ZD)、测距和钉设中桩、测量线路转角、测设圆曲线和缓和曲线上的主点(ZY、QZ、YZ…)和细部点等。

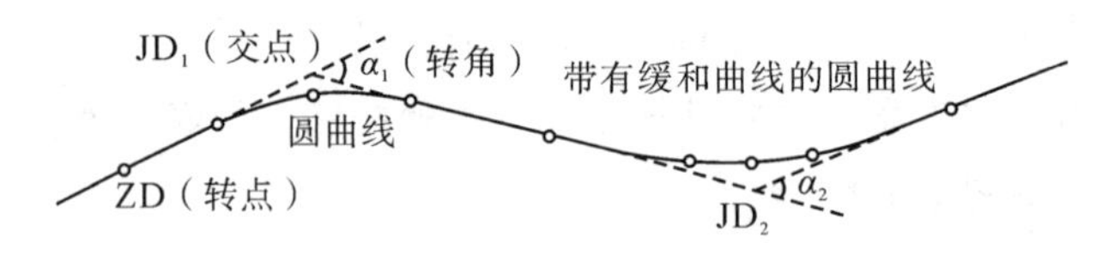

图11.1 中线测量

11.1.1 交点的测设

线路的交点是相邻直线段的相交之点，用JD表示，它是详细测设线路中线的控制点。一般先在初测的带状地形图上进行纸上定线，设计交点的位置，然后实际测设交点的位置。交点的测设一般可用以下两种方法。

1. 穿线交点法

这种方法是以带状地形图上就近的导线点为依据，按照地形图上设计的路线与导线点间的角度和距离关系，将线路直线段测设到地上，然后将相邻两直线段延长相交，定出交点。具体测设步骤如下。

(1)现场放点。

①支距法。如图 11.2 所示，用支距法定出图上中线欲放的直线段临时点 P_1、P_2、P_3、P_4，它们是图上就近导线点 3、4、5、6 作导线边的垂线与线段相交所得。在图上用比例尺量取支距 l_1、l_2、l_3、l_4，然后在现场以相应的导线点为垂足，用方向架(或经纬仪)和皮尺，按其支距在实地上标出相应的临时点。

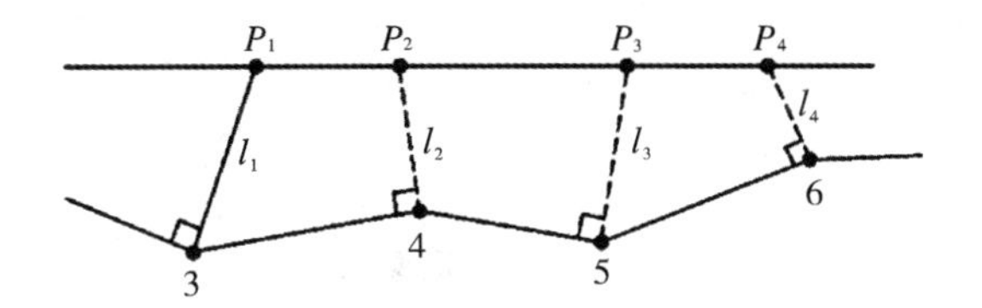

图 11.2 支距法放点

②极坐标法。如图 11.3 所示用极坐标法定出图纸上的临时点 P_1、P_2、P_3、P_4，以图上导线点 D_7、D_8 为极点，用量角器和比例尺分别在图上量取极角和极距 β_1、l_1、β_2、l_2 等放样数据。实地放点时，分别在导线点 D_7、D_8 上设站，用经纬仪和钢尺按极坐标法定出各点的位置。为了检查和比较，一条直线要放出三个以上的临时点，这些点应选在地势较高、通视良好、离导线点较近、便于测设的地方。

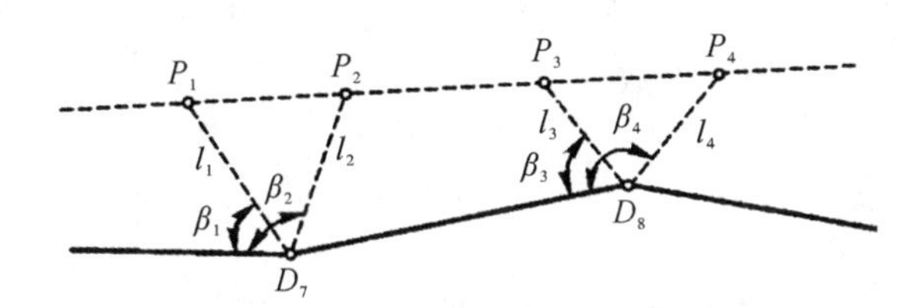

图 11.3 极坐标法放点

(2)穿线。用上述方法标定的临时点，因图解标定要素和测设误差及地形影响，使它们不在一条直线上，如图 11.4 所示。这时可根据实地情况，采用目估法或经纬仪视准法穿线，通过比较和选择，定出一条尽可能多的穿过或靠近临时点的直线 AB，在 A、B 或其方向线上打下 2 个以上的转点桩，随即取消临时桩点，这种确定直线位置的工作叫穿线。

图 11.4 穿线

(3)确定交点。如图 11.5 所示，当相邻两相交直线在地面上确定后，即可确定它们的交点。

将经纬仪安置在 ZD_2 点，后视 ZD_1 点，倒镜后沿视线方向在交点 JD 概略位置前后各打下一个木桩(称骑马桩)，采用正倒镜分中法在两桩上定出 a、b 两点，拉上细线；仪器搬到 ZD_3 点，后视 ZD_4 点，同法定出 c、d 两点，拉上细线，在两线交点处打下木桩，并钉上小钉，即为交点 JD。

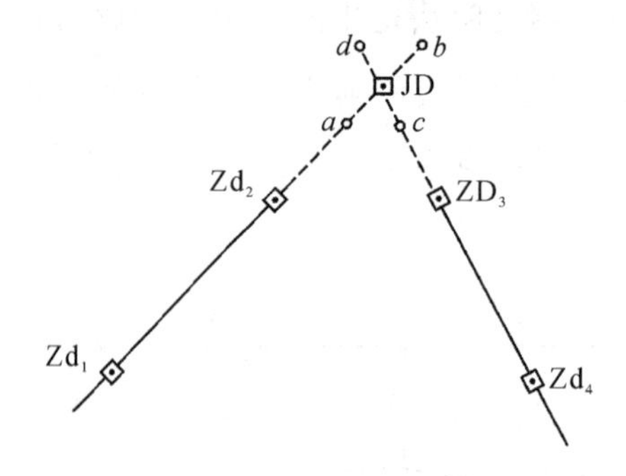

图 11.5　确定交点

2. 拨角放线法

这种方法是在地形图上量出纸上定线的交点坐标，反算相邻交点间的直线长度、坐标方位角及转角。然后在实地将仪器置于中线点或已确定的交点上，拨出转角，测设直线长度，依次定出各交点位置。这种方法较穿线交点法简便，工效高，适用于测量控制点较少的线路，如用航测图作纸上定线，因控制点少，只能用此法放线。缺点是放线误差容易累积，因此一般连续放出若干个点后应与初测导线点进行连测，求出方位角闭合差和长度相对闭合差，方位角闭合差应不超过 $\pm 30''\sqrt{n}$，长度相对闭合差应不超过 1/2 000。调整闭合差后，求出放样点的坐标，并以放样点的实际坐标计算后面交点的测设数据。

11.1.2　转点的测设

线路测量中，当相邻两点互不通视或直线较长时，需要在其连线或延长线上测定若干点，以供交点、测角、量距或延长直线瞄准使用，这样的点称为转点(以 ZD 表示)。测设方法如下。

1. 在两交点间设转点

如图 11.6 所示，JD_5、JD_6 为已在实地标定的两相邻交点，但互不通视。ZD' 为粗略定出的转点位置。为检查 ZD' 是否在两交点的连线上，将经纬仪安置于 ZD'，用正倒镜分中法延长直线 JD_5ZD' 至 JD'_6。若 JD'_6 与 JD_6 重合或偏差 f 在路线允许移动的范围，则 ZD' 即为要测设的转点，这时应将 JD_6 移至 JD'_6，并在桩顶上钉上小钉表示交点位置。当偏差 f 超出容许范围或 JD_6 不许移动时，则需重新设置转点。设 e 为 ZD' 应横向移动的距离，用视距法量出 ZD' 到 JD_5 和 JD'_6 的距离，则

$$e = \frac{a}{a+b} \cdot f \tag{11.1}$$

将 ZD' 沿偏差 f 的相反方向横移 e 值至 ZD，延长直线 JD_5ZD 看是否通过 JD_6 或偏差是否

小于容许值。否则应再次设置转点，直至符合要求为止。

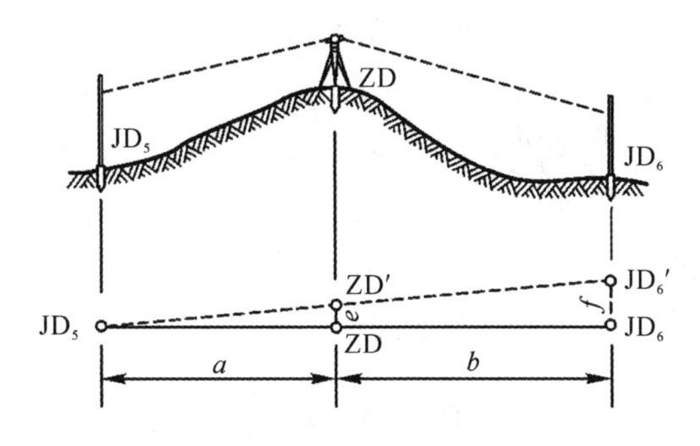

图 11.6 在两交点间设转点

2.在两交点延长线上设转点

如图 11.7 所示，设 JD_8、JD_9 互不通视，ZD′为其延长线上转点的概略位置。将仪器安置于ZD′，盘左瞄准 JD_8，在 JD_9 处标出一点；盘右再瞄准 JD_8，在 JD_9 处再标出一点，取两点的中点得 JD'_9，若 JD'_9 与 JD_9 重合或偏差 f 在容许范围内，即可将 JD'_9 代替 JD_9 作为交点，ZD′作为转点。否则应调整 ZD′的位置。设 e 为 ZD′应横向移动的距离，用视距测量方法测量距离 a、b，则

$$e=\frac{a}{a-b}\cdot f \tag{11.2}$$

将 ZD′沿与 f 相反的方向横移 e，即得新转点 ZD。置仪器于 ZD 点，重复上述方法，直至 f 小于容许值为止。最后将转点和交点 JD_9 用木桩钉在地上。

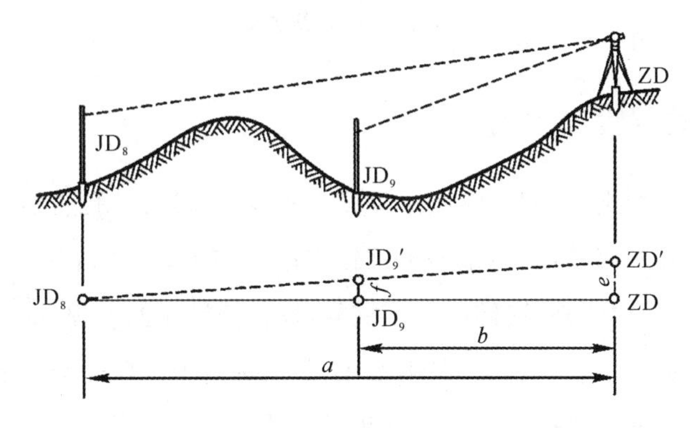

图 11.7 在延长线上设转点

11.1.3 线路转角的测定

线路从一个方向转向另一个方向，其间的夹角 α 称为转角(又称为偏角)。通常测定线路前进方向的右角 β(见图 11.8)，用 DJ2 或 DJ6 级经纬仪观测一个测回。按 β 角计算出路线交点处的偏角 α，当 $\beta<180°$ 时，为右偏角(路线向右转折)，当 $\beta>180°$ 时，为左偏角(路线向左转折)。左偏角或右偏角的角值按下式计算：

$$\begin{cases}\alpha_{右} = 180° - \beta \\ \alpha_{左} = \beta - 180°\end{cases} \tag{11.3}$$

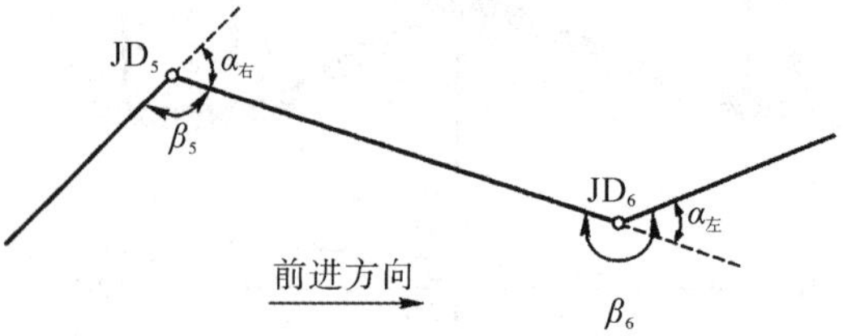

图 11.8　**转角**

根据曲线测设的需要，在测定右角 β 后，不变动水平度盘位置，定出 β 角的分角线方向，如图 11.9 所示。设观测时后视水平度盘读数为 a，前视水平度盘读数为 b，分角线方向的读数为 c，则

$$c = (a + b)/2 \tag{11.4}$$

然后在分角线方向上定出 C 点并钉桩标定，以便以后测设曲线中点。

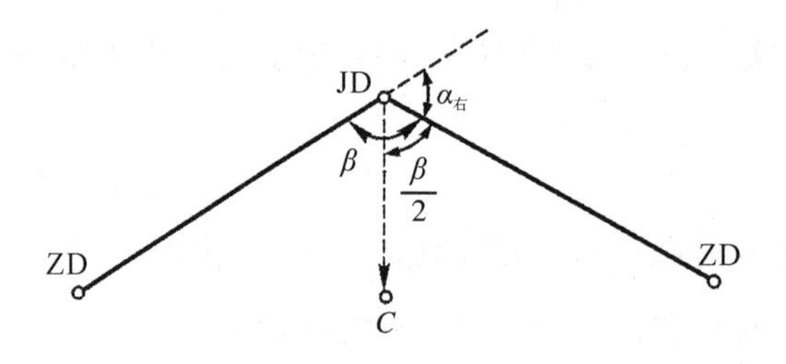

图 11.9　**分角线方向**

11.1.4　里程桩的设置

在线路交点、转点等标定后，即可将测距仪设在直线段起始控制点，瞄准直线另一端的控制点，在二者之间每隔一定距离，可用一系列木桩钉在中心线上，这些桩称为中线桩（简称中桩）。中桩除了标定线路的平面位置外，还同时写有桩号，标记着线路的里程，即从线路起点到该桩点的距离，故中桩又称里程桩。其作用是，既详细标定了线路中线的位置和路线长度，又是线路纵、横断面测量和施工放样的依据。设置里程桩的工作主要是定线、量距和打桩。里程桩通常用 DK3＋135.12 这种形式表示该点里程为 3 135.12 m（“＋”号前的数值表示 km 数，“＋”号后的数值表示 m 数），桩号应用红油漆标明在木桩上。里程前的字母表示不同阶段里程。CK 表示初测导线的里程；DK 表示定测中线的里程；K 则表示竣工后的连续里程，即运营里程。对交点、转点和曲线主点桩还应注明桩名缩写，目前我国采用如表 11.1 所示的线路主要标志点名称表中的汉语拼音缩写名称。

表 11.1　线路主要标志点名称表

标志点名称	简称	缩写	标志点名称	简称	缩写
交点	—	JD	公切点	—	GQ
转点	—	ZD	第一缓和曲线起点	直缓点	ZH
圆曲线起点	直圆点	ZY	第一缓和曲线终点	缓圆点	HY
圆曲线中点	曲中点	QZ	第二缓和曲线起点	圆缓点	YH
圆曲线终点	圆直点	YZ	第二缓和曲线终点	缓直点	HZ

里程桩分为整桩和加桩两种。整桩是由路线起点开始，直线上每隔 20 m、50 m 或 100 m 设置一桩，曲线上根据不同的曲线半径每隔 5 m、10 m 或 20 m 设置一桩，如图 11.10 所示。加桩分为地形加桩、地物加桩、曲线加桩和关系加桩。地形加桩是标志沿中线地面起伏变化处、横向坡度变化处以及天然河沟、陡坎等地形变化处所设置的里程桩。地物加桩是指沿中线有人工构筑物的地方（例如，桥梁、涵洞处，路线与其他公路、铁路、渠道、高压线等交叉处，以及土壤地质变化处）加设的里程桩，如图 11.10(b)所示的地物加桩标志此处有涵洞。曲线加桩是指曲线上设置的主点桩，如圆曲线起点（简称“直圆点”ZY）、圆曲线中点（简称“曲中点”QZ）、圆曲线终点（简称“圆直点”YZ），图 11.10(c)所示的曲线加桩标志此处为道路圆曲线的起点。关系加桩是指路线上的转点（ZD）桩和交点（JD）桩。设置里程桩时，对于交点桩、转点桩、距路线起点每隔 500m 处的整桩、重要地物加桩（如桥、隧位置桩）以及曲线主点桩，均打下断面为 6 cm×6 cm 的方桩，如图 11.10(d)所示，桩顶钉以中心钉，桩顶露出地面约 2 cm，在其旁边钉一指示桩，如图 11.10(e)所示。

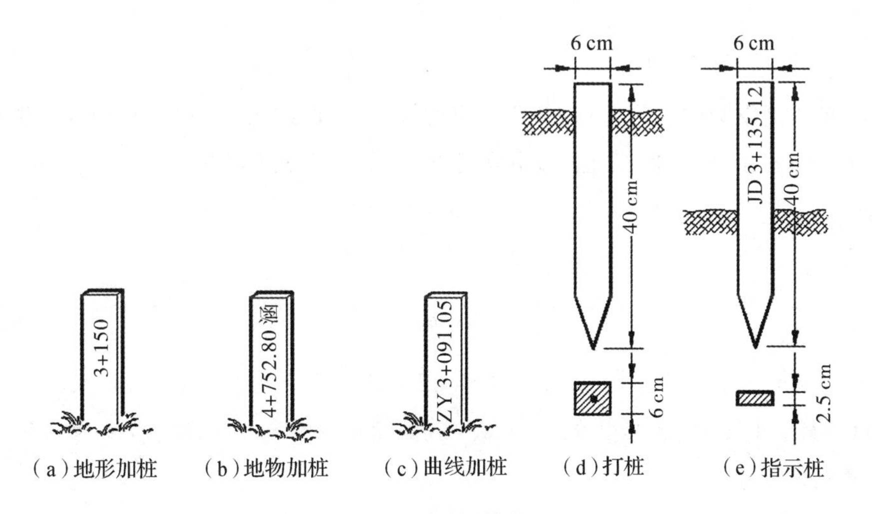

(a)地形加桩　(b)地物加桩　(c)曲线加桩　(d)打桩　(e)指示桩

图 11.10　里程桩(单位:cm)

11.2 圆曲线测设

当路线由一个方向转到另一个方向时，在平面上必须用曲线来连接。曲线的形式较多，其中，圆曲线是最基本的一种平面曲线。如图11.11所示，偏角α根据所测右角(或左角)计算，圆曲线半径R根据地形条件和工程要求选定，根据α和R可以计算其他各个元素(切线长T，曲线长L及外矢距E)。圆曲线测设分两步进行：先测设圆曲线三主点，即曲线起点直圆点(ZY)、曲线中点曲中点(QZ)和曲线终点圆直点(YZ)，称为圆曲线主点测设；然后在主点间按一定桩距进行加密，称为圆曲线的详细测设。

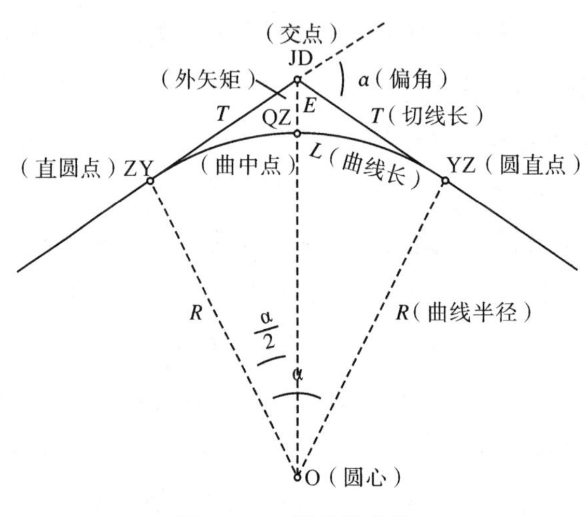

图11.11 线路圆曲线

11.2.1 圆曲线主点的测设

1. 圆曲线测设元素的计算

为了在实地测设圆曲线的主点，需要知道切线长T，曲线长L及外矢距E，这些元素称为主点测设元素。若α和R已知，则主点测设元素的计算公式分别如下。

切线长：
$$T = R\tan(\alpha/2) \tag{11.5}$$

曲线长：
$$L = R\alpha\pi/180° \tag{11.6}$$

外矢距：
$$E = R(\sec\frac{\alpha}{2} - 1) \tag{11.7}$$

切曲差：
$$J = 2T - L \tag{11.8}$$

【例11.1】已知JD_5的桩号为K3+528.75，偏角$\alpha = 40°24'$(右偏)，设计圆曲线半径$R=200$ m，求各测设元素。

解：按式(11.5)～(11.8)可得

$$T = 200\tan 20°12' = 73.59 \text{ m}$$

$$L = 200 \times 40.4 \times \frac{\pi}{180} = 141.02 \text{ m}$$

$$E=200\left(\frac{1}{\cos 20^{\circ}12'}-1\right)=13.11\ \text{m}$$

$$J=2\times 73.59-141.02=6.16\ \text{m}$$

2. 主点里程计算

交点JD的里程已由中线测量获得，根据交点里程和圆曲线标定要素，即可算出各主点的里程。由图11.11可知：

$$\begin{cases}\text{ZY 里程}=\text{JD 里程}-T\\ \text{QZ 里程}=\text{ZY 里程}+\dfrac{L}{2}\\ \text{YZ 里程}=\text{QZ 里程}+\dfrac{L}{2}\end{cases} \tag{11.9}$$

为了避免计算中的错误，可用下式进行计算检核：

$$\text{YZ 里程}=\text{JD 里程}+T-J \tag{11.10}$$

用例11.1的测设元素及JD_5桩号K3+528.75按式(11.9)算得

$$\text{ZY 里程}=3+528.75-73.59=3+455.16$$

$$\text{QZ 里程}=3+455.16+70.51=3+525.67$$

$$\text{YZ 里程}=3+525.67+70.51=3+596.18$$

检核计算按式(11.10)算得

$$\text{YZ 里程}=3+528.75+73.59-6.16=3+596.18$$

两次算得YZ的桩号相等，表明计算正确。

3. 主点测设

(1)测设曲线起点(ZY)。安置经纬仪或全站仪于JD点，照准后视交点，测设切线长T，打下曲线起点桩。

(2)测设曲线终点(YZ)。经纬仪或全站仪照准前视交点方向，测设切线长T，打下曲线终点桩。

(3)测设曲线中点(QZ)。沿测定路线转折角时所定的分角线方向(曲线中点方向)，测设外矢距E，打下曲线中点桩。

11.2.2 圆曲线详细测设

圆曲线的主点定出后，详细测设就是在主点测设的基础上，标定出其他曲线桩，包括按一定桩距测设的整桩和加桩。一般规定平曲线上中桩间距宜为20 m，也可根据地形条件和曲线半径取为10 m或5 m。圆曲线详细测设方法有多种，以下介绍几种常用方法：切线支距法、偏角法和极坐标法。

1. 切线支距法

切线支距法亦称直角坐标法，它以曲线起点ZY或终点YZ为坐标原点，以切线方向为x轴，以过原点半径方向为y轴，按曲线各点坐标来测设曲线。测设时分别从曲线起点和终点向中点各测设一半曲线。如图 11.12 所示，设 l_i 为待定点 P_i 至原点间的弧长，φ_i 为 l_i 所对的圆心角，R 为曲线半径，则该点的坐标可按下式计算：

$$\begin{cases} x_i = R\sin\varphi_i \\ y_i = R(1-\cos\varphi_i) \end{cases} \tag{11.12}$$

式中，$\varphi_i = \dfrac{l_i}{R} \cdot \dfrac{180^\circ}{\pi}$。

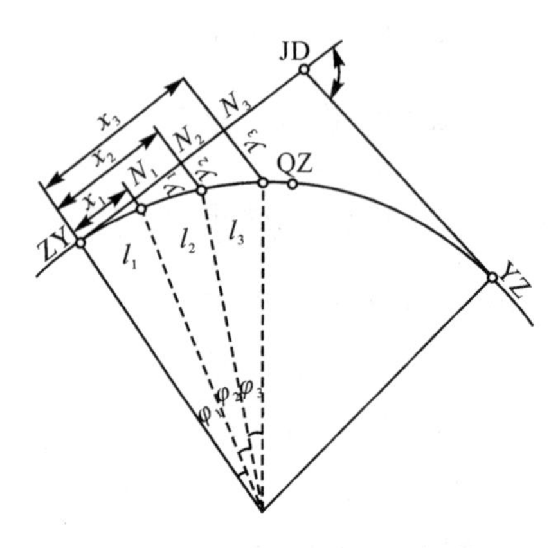

图 11.12　切线支距法测设圆曲线

设桩时，一般以整桩号法设桩，除曲线主点和加桩外，其余的桩号均为规定桩距 l_0(20 m, 10 m) 的整数倍。

【例 11.2】按例 11.1 的曲线元素(R =200 m)及主点桩号，桩距 l_0 = 20 m，用切线支距法计算曲线测设数据，并列于表 11.2 中。

表 11.2　切线支距法圆曲线测设数据表

仪器型号________　观测日期________　观测________　计算________

仪器编号________　天　　气________　记录________　复核________

桩号	曲线长 l/ m	纵距 x/m	横距 y/ m	相邻点间弦长/m
ZY DK3 +455.16	0.00	0.00	0.00	4.84
+ 460	4.84	4.84	0.06	19.99
+ 480	24.84	24.78	1.54	19.99
+ 500	44.84	44.47	5.01	19.99
+ 520	64.84	63.71	10.42	5.67
QZ DK3 +525.67	70.51	69.06	12.30	
QZ DQ3 +525.67	70.51	69.06	12.30	14.33
+ 540	56.18	55.44	7.84	19.99
+560	36.18	35.98	3.26	19.99
+580	16.18	16.16	0.65	16.18
YZ DQ3 +596.18	0.00	0.00	0.00	

具体施测步骤如下：

(1)从 ZY(YZ)点开始，用钢尺沿切线方向量取 x_i，定出垂足点 N_i。

(2)在 N_i点用经纬仪或方向架定出垂线方向，沿垂线方向量取 y_i即可定出曲线点 P_i。

(3)曲线细部点测设完毕后，要量取相邻各桩点间的距离，以资检核。

曲线点 P_i的坐标也可以 R 和 l_i为引数，从《曲线测设用表》中查取(l_i-x_i)和 y_i值。为了查表计算的方便，曲线点的桩号也可不凑为整数，即桩号为零数，桩距为整数的整桩距法。但遇到整百米时，还须加设百米桩。

2. 偏角法

如图 11.13 所示，偏角法是以曲线的起点(或终点)至曲线上任一待定点 P_i的弦线与切线间的偏角(即弦切角)和相邻点间的弦长来测设 P_i点位置的，实质是一种角度距离交会的测设方法。由几何学原理知，偏角 Δ_i 等于相应弧(弦)所对圆心角 φ_i 的一半，即

$$\Delta_i = \frac{\varphi_i}{2} = \frac{l_i}{2R}g\rho \tag{11.12}$$

弦长：

$$C_i = 2R\sin\frac{\varphi_i}{2} = 2R\sin\Delta_i \tag{11.13}$$

弦弧差：

$$\delta_i = l_i - C_i = \frac{l_i^3}{24R^2} \tag{11.14}$$

上述测设数据 Δ_i、C_i和 δ_i均可根据选定的 R 和 l_i，从曲线测设用表中查取。

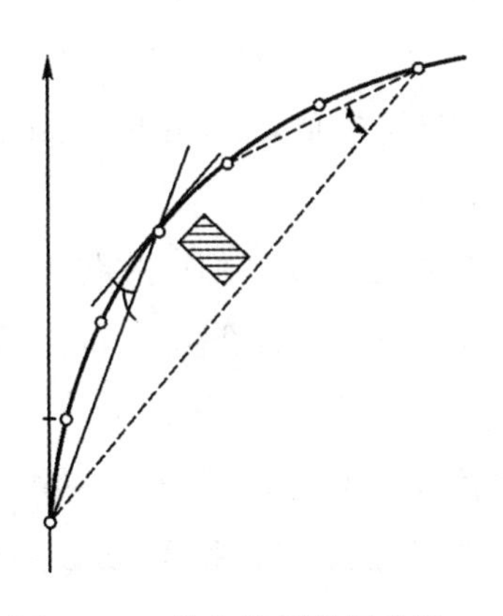

图 11.13 偏角法测设圆曲线

计算(查取)偏角时要注意偏角的正拨与反拨。曲线在切线的右侧为正拨，在左侧为反拨。偏角法测设曲线，可由一端测向另一端，也可从两端向中点或由中点向两端测设。偏角法按整桩号法设桩。

【例 11.3】曲线元素及主点桩号同例 11.1，桩距 $l_0=20$ m，用偏角法计算该曲线的测设数据，并列于表 11.3 中。

表 11.3　偏角法圆曲线测设数据表

仪器型号________　观测日期________　观测________　计算________

仪器编号________　天　　气________　记录________　复核________

桩号	曲线长/m	偏角值/(°′″)	偏角读数/(°′″)	相邻桩间弧长/m	相邻桩间弦长/m
ZY DK3 +455.16	0.00	0 00 00	0 00 00		
				4.84	4.84
+ 460	4.84	0 41 36	0 41 36		
				20.00	19.99
+ 480	24.84	3 33 29	3 33 29		
				20.00	19.99
+ 500	44.84	6 25 22	6 25 22		
				20.00	19.99
+ 520	64.84	9 17 16	9 17 16		
				5.67	5.67
QZ DK3 +525.67	70.51	10 06 00	349 54 00		
				14.33	14.33
+ 540	56.18	8 02 49	351 57 11		
				20.00	19.99
+560	36.18	5 10 56	354 49 04		
				20.00	19.99
+580	16.18	2 19 03	357 40 57		
				16.18	16.18
YZ DK3+ 596.18	0.00	0 00 00	0 00 00		

本例测设步骤如下：

(1)在曲线起点 ZY 安置经纬仪，瞄准交点 JD，并使水平度盘读数为 0°00′00″，正拨 Δ_1，使度盘读数为 0°41′36″。从 ZY 点沿视线方向测设距离(弦长)4.84 m，定出 DK3+460 桩点。

(2)转动照准部，使水平度盘读数为 3°33′29″，由 3+460 点测设距离(弦长)19.99m 与视线方向相交，定出 DK3 +480 桩点。同法拨角、测设距离，定出其他各点直至曲中点 QZ，并与 QZ 点校核其位置。

(3)将经纬仪安置在 YZ 点，瞄准交点 JD，并使水平度盘读数为 0°00′00″，反拨 Δ_i，使水平度盘读数为 360° $-\Delta_i$(357°40′57″)。从 YZ 点沿视线方向测设距离(弦长)16.18 m，定出 DK3 +580 桩点。

(4)转动照准部拨角，使水平度盘读数为 354°49′04″，由 3+580 点测设距离(弦长)19.99m 使与视线方向相交，定出 DK3+560 桩点。同法拨角、测设距离，定出其他各点直至曲中点 QZ，并与 QZ 点校核其位置。

若测设点与 QZ 点不重合，其闭合差不得超过如下规定，否则返工重测：横向闭合差(半径方向)：±0.1 m；纵向闭合差(切线方向)：$L/2\ 000$ (平地)、$L/1\ 000$ (山地)(L 为曲线长)。

在测设中，当视线遇障碍受阻时，可迁站到能与待定点相通视的已定桩点上，根据同一圆弧段两端的弦切角(偏角)相等的原理，找出新测站点的切线方向，就可以继续测设。如图 11.13 所示，仪器在 ZY 点与 P_4 点不通视，将仪器迁至已测定的 P_3 点，瞄准 ZY 点并将水平度盘配置为 ZY 点的切线偏角读数 0°00′00″，然后倒镜正拨 P_4 点的偏角 Δ_i，则视线方向便是 P_3-P_4 方向。从 P_3 点起沿视线方向测设相应的弦长即可定出 P_4 点。以后仍按测站在 ZY 点时计算的偏角值测设其余各点。

3. 极坐标法

当采用光电测距仪或全站仪测设圆曲线时，极坐标法是最合适的方法。仪器可以安置在任何已知坐标的点上，也可以安置在任一未知坐标的点上，具有测设速度快、精度高、使用灵活方便的优点。

极坐标法采用的直角坐标系与切线支距法相同，曲线上各点的坐标可按切线支距法公式计算(曲线位于切线左侧时，y_i 为负值)。如图 11.14 所示，在曲线附近选择与曲线点通视良好、便于安置仪器的极点将仪器安置于 ZY(或 YZ)点，测定 β 角和距离 s，然后按下式计算 Q 点和 P_i 点的极坐标：

$$\begin{cases} x_Q = s\cos\beta \\ y_Q = s\sin\beta \end{cases} \tag{11.15}$$

极角、极距为

$$\begin{cases} \delta_i = \alpha_{QP_1} - \alpha_{QA} \\ D_i = \sqrt{(x_i - x_Q)^2 + (y_i - y_Q)^2} \end{cases}$$

式中，$\alpha_{QA} = \beta \pm 180°$，$\alpha_{QP_1}$ 由 $R_{QP_1} = \arctan\dfrac{|y_i - y_Q|}{|x_i - x_Q|}$ 按所在象限换算获得。

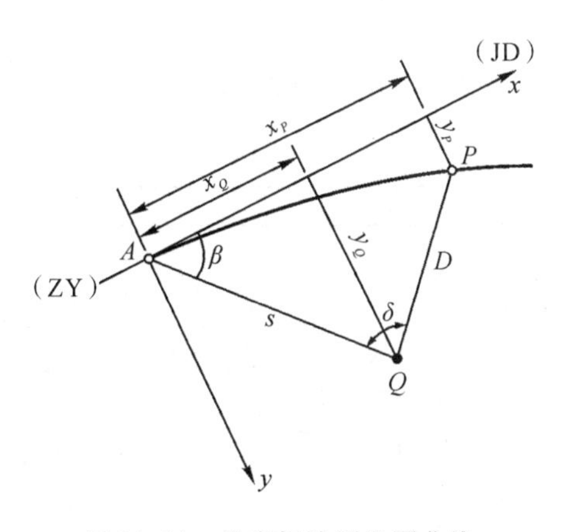

图 11.14　极坐标法测设圆曲线

上述计算可预先编制好计算程序，在现场用便携机或掌上电脑计算放样数据。测设时，在 Q 点安置测距经纬仪或全站仪，后视 ZY(或 YZ)点并将水平度盘配置于 0°00′00″，依次转动照准部拨极角 δ_i，沿视线方向测设极距 D_i，定出曲线点 P_i，最后在曲线主点 YZ(或 ZY)点进行检核。若使用全站仪内置的自由设站程序和坐标放样程序，就能迅速测定测站点的坐标，可进行包括曲线主点在内的曲线测设。如果自由设站时所用的已知点是曲线主点，则测设曲线细部点就更为方便。

11.3　缓和曲线测设

缓和曲线测设

车辆在曲线上行驶，会产生离心力。为了抵消离心力的影响，要把曲线路面外侧加高，称为超高。在直线上超高为0，在圆曲线上超高为h，这就需要在直线与圆曲线之间插入一段曲率半径由无穷大逐渐变化至圆曲线半径R的曲线，使超高由0逐渐增加到h，同时实现曲率半径的过渡，这段曲线称为缓和曲线。缓和曲线的长度，应根据线路等级、圆曲线半径和行车速度等因素来确定。目前我国公路和铁路系统中，多采用回旋线（又称辐射螺旋线）作为缓和曲线。

11.3.1 缓和曲线公式

1. 基本公式

缓和曲线起点处的半径$R'=\infty$，终点处$R'=R$，其特性是曲线上任一点的半径与该点至起点的曲线长l成反比，即

$$c=R'\cdot l=R\cdot l_0 \tag{11.16}$$

式中，c为常数（即曲线半径变化率）；l_0为缓和曲线全长，均与车速有关。我国采用c(公路)$=0.035V^3$，c(铁路)$=0.098V^3$，V为车辆平均车速，以km/h计。相应的缓和曲线长度为l_0(公路)$\geqslant 0.035V^3/R$，l_0(铁路)$=0.098V^3/R$。测设时l_0可从《曲线测设用表》中查取。

当圆曲线两端加入缓和曲线后，圆曲线应内移一段距离，才能使缓和曲线与直线衔接。内移圆曲线可采用移动圆心或缩短半径的方法实现。我国在曲线测设中，一般采用内移圆心的方法，如图11.15所示，在圆曲线的两端插入缓和曲线，把圆曲线和直线平顺地连接起来。

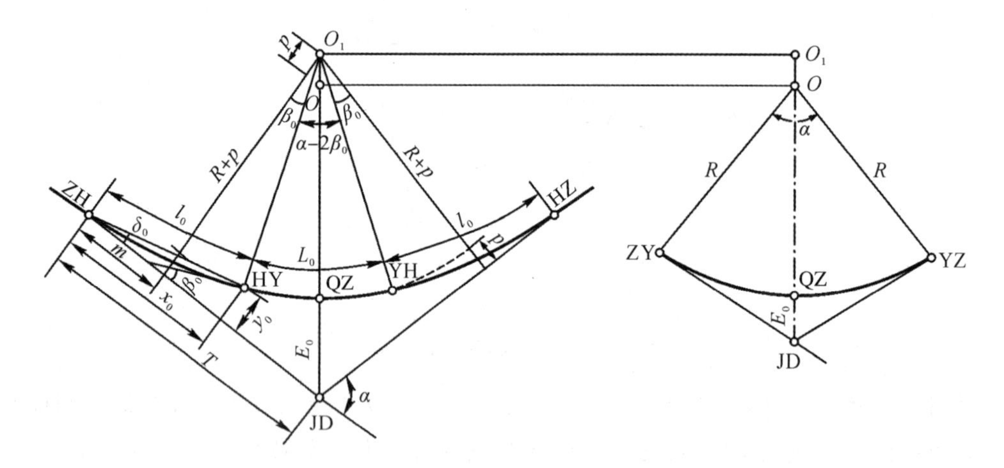

图11.15 缓和曲线的形成

具有缓和曲线的圆曲线，其主点如下：

ZH（直缓点）——直线与缓和曲线的连接点；

HY（缓圆点）——缓和曲线和圆曲线的连接点；

QZ（曲中点）——曲线的中点；

YH（圆缓点）——圆曲线和缓和曲线的连接点；

HZ（缓直点）——缓和曲线与直线的连接点。

2. 切线角公式

缓和曲线上任一点 P 处的切线与过起点切线的交角 β 称为切线角，如图 11.16 所示，切线角与缓和曲线上任一点 P 处弧长所对的中心角相等，在 P 处取一微分段 $\mathrm{d}l$，所对应的中心角为 $\mathrm{d}\beta$，则

$$\mathrm{d}\beta = \frac{\mathrm{d}l}{R'} = \frac{l}{c}\mathrm{d}l$$

上式积分得

$$\beta = \frac{l^2}{2c} = \frac{l^2}{2Rl_0} \tag{11.17}$$

或

$$\beta = \frac{l^2}{2Rl_0} \cdot \rho \tag{11.18}$$

当 $l = l_0$ 时，$\beta = \beta_0$，即

$$\beta_0 = \frac{l_0}{2R} \cdot \rho \tag{11.19}$$

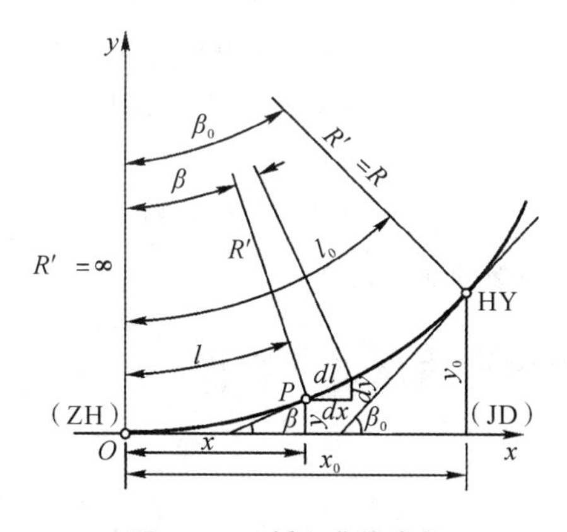

图 11.16　缓和曲线常数

3. 参数方程

参见图 11.16，设以 ZH 点为坐标原点，过 ZH 点的切线为 x 轴，半径方向为 y 轴，任一点 P 的坐标为 x、y，则微分弧段 $\mathrm{d}l$ 在坐标轴上的投影为

$$\mathrm{d}x = \mathrm{d}l \cdot \cos\beta$$

$$\mathrm{d}y = \mathrm{d}l \cdot \sin\beta$$

将式中 $\cos\beta$、$\sin\beta$ 按级数展开，顾及式(11.17)，积分后略去高次项得

$$\begin{cases} x = l - \dfrac{l^5}{40R^2 l_0^2} \\ y = \dfrac{l^3}{6Rl_0} \end{cases} \tag{11.20}$$

当 $l = l_0$ 时，HY 点的直角坐标为

$$\begin{cases} x_0 = l_0 - \dfrac{l_0^3}{40R^2} \\ y_0 = \dfrac{l_0^2}{6R} \end{cases} \tag{11.21}$$

4. p、m 值的计算

图 11.15 右图是没有加设缓和曲线的圆曲线，缓和曲线是在不改变直线段方向和保持圆曲线半径不变的条件下，插入到直线段和圆曲线之间的，因此原来的圆曲线需要在垂直于其切线的方向上移动一段距离 p，称 p 为内移距。由图 11.15 左图知：

$$p + R = y_0 + R\cos\beta_0$$

即

$$p = (y_0 + R\cos\beta_0) - R = y_0 - R(1 - \cos\beta_0)$$

将 $\cos\beta_0$ 按级数展开，并将 β_0 、y_0 值代入，得

$$p = \frac{l_0^2}{6R} - \frac{l_0^2}{8R} = \frac{l_0^2}{24R} = \frac{1}{4}y_0 \tag{11.22}$$

加设缓和曲线后使切线增长距离 m，称为切垂距，其关系式为

$$m = x_0 - R\sin\beta_0$$

将 x_0 、β_0 值代入，并将 $\sin\beta_0$ 按级数展开，取至 l_0 三次方，得

$$m = \frac{l_0}{2} - \frac{l_0^3}{240R^2} \tag{11.23}$$

以上 β_0、p、m、x_0、y_0 统称为缓和曲线常数。

11.3.2 带有缓和曲线的圆曲线主点测设

1. 综合要素的计算

根据图 11.15，带有缓和曲线的综合要素，可按下列公式计算：

$$\begin{cases} T = m + (R + p)\tan\dfrac{\alpha}{2} \\ L = R(\alpha - 2\beta_0)\dfrac{\pi}{180^\circ} + 2l_0 \\ E_0 = (R + p)\sec\dfrac{\alpha}{2} - R \\ q = 2T - L \end{cases} \tag{11.24}$$

式中，T 为切线长，L 为曲线长，E_0 为外矢距，q 为切曲差。

当 R、l_0、α 选定后，即可根据以上公式计算曲线要素，也可从《曲线测设用表》中查得。

2. 主点里程计算与测设

根据交点里程和曲线要素，即可按下列各式计算主点里程。

直缓点：　　　　ZH 里程＝JD 里程－T

缓圆点：　　HY 里程＝ZH 里程＋l_0

曲中点：　　QZ 里程＝HY 里程＋$(\frac{L}{2}-l_0)$

圆缓点：　　YH 里程＝QZ 里程＋$(\frac{L}{2}-l_0)$

缓直点：　　HZ 里程＝YH 里程＋l_0

计算检核：　　HZ 里程＝JD 里程＋$T-q$

3. 主点测设

ZH、HZ、QZ 三点的测设方法与圆曲线主点测设相同。HY 和 YH 点是根据缓和曲线终点坐标（x_0,y_0）用切线支距法或极坐标法测设。

11.3.3 带有缓和曲线的圆曲线详细测设

1. 切线支距法

切线支距法是以 ZH 点或 HZ 点为坐标原点，以切线为 x 轴，过原点的半径为 y 轴，如图 11.17 所示，缓和曲线段上各点坐标可按下式计算：

$$\begin{cases} x = l - \dfrac{l^5}{40Rl_0^2} \\ y = \dfrac{l^3}{6Rl_0} \end{cases}$$

圆曲线上各点坐标，因坐标原点是缓和曲线起点，故先求出以圆曲线起点为原点的坐标 x'、y'，再分别加上 p、m 值，即可得到以 ZH 点为原点的圆曲线点的坐标，即

$$\begin{cases} x = x' + m = R\sin\varphi + m \\ y = y' + p = R(1-\cos\varphi) + p \end{cases} \tag{11.25}$$

式中，$\varphi = \dfrac{l_i - l_0}{R} \cdot \dfrac{180}{\pi} + \beta_0$；$l_i$ 为曲线点 p_i 的曲线长。

缓和曲线上各点的测设方法与圆曲线切线支距法相同。

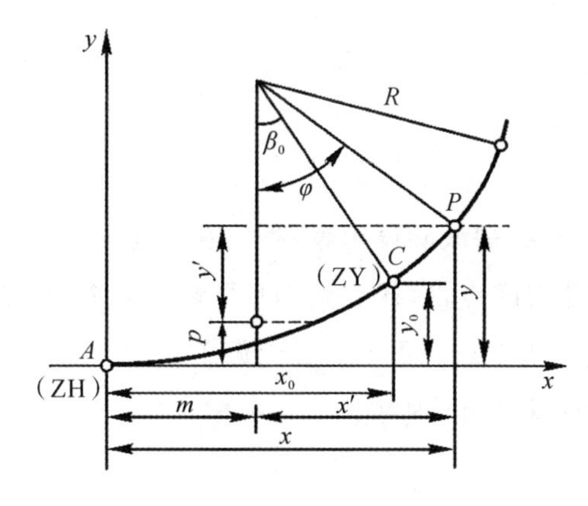

图 11.17　切线支距法测设缓和曲线

2. 偏角法

1)测设缓和曲线部分

如图 11.18 所示,设缓和曲线上任一点 P 至 ZH 点的弧长为 l,偏角为 δ_i,因 δ_i 较小,则

$$\delta_i = \tan\delta_i = \frac{y_i}{x_i}$$

将曲线方程中 x、y 代入上式(只取第一项)得

$$\delta_i = \frac{l_i^2}{6Rl_0} \tag{11.26}$$

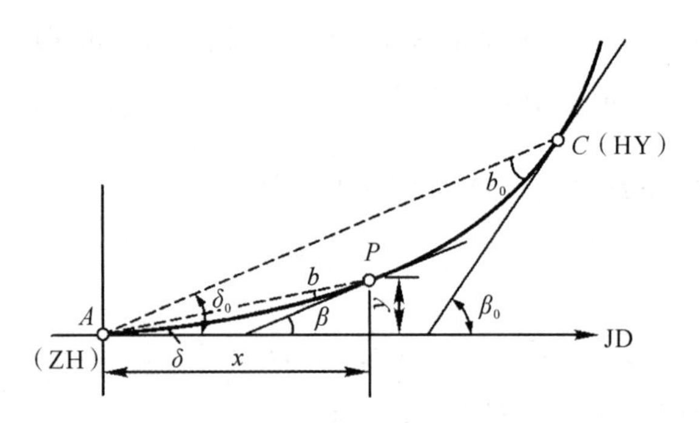

图 11.18 偏角法测设缓和曲线

由上式可推证出各点的偏角有以下关系:

$$\delta_1 : \delta_2 = \frac{l_1^2}{6Rl_0} : \frac{l_2^2}{6Rl_0} = l_1^2 : l_2^2$$

在等分曲线的情况下,$l_2 = 2l_1$,所以

$$\delta_2 = 2^2\delta_1 = 4\delta_1$$

$$\delta_3 = 3\delta_1 = 9\delta_1$$

$$\vdots$$

$$\delta_n = n\delta_1 = \delta_0$$

因为

$$\delta_0 = \frac{l_0}{6R}, \beta_0 = \frac{l_0}{2R}$$

所以

$$\delta_0 = \frac{\beta_0}{3} \tag{11.27}$$

$$\delta_1 = \frac{\beta_0}{3n^2} \tag{11.28}$$

在实际测设中,偏角值可从《曲线测设用表》第六表中查得。

测设时,将经纬仪安置于 ZH 点,后视交点 JD,得切线方向,以切线为零方向,首先拨出偏角 δ_1,以弧长 l 代弦长相交定出 1 点。再依次拨出偏角 δ_2、δ_3、…、δ_n,同时从已测定的点上量出弦长定出 2、3…,直至 HY 点,检核合格为止。

2)测设圆曲线部分

如图 11.18 所示,将经纬仪置于 HY 点,先定出 HY 点的切线方向,即后视 ZH 点,并使水

平度盘读数为 b_0（路线为右转时，为 $360°-b_0$），则

$$b_0=\beta_0-\delta_0=2\delta_0 \tag{11.29}$$

然后转动仪器，使读数为 0°0′0″ 时，视线即在 HY 点切线方向上。倒镜后，曲线各点的测设方法与前述的圆曲线偏角法相同。

11.4 线路纵断面测量

线路纵断面测量

线路纵断面测量的任务是进行路线水准测量，测定中桩地面高程，然后根据地面高程绘制线路纵断面图，为线路工程解决包括纵坡设计、填挖方计算、土方调配等相关的平、纵、横设计，提供线路竖面位置图。路线水准测量分两步进行，先是沿线设置水准点，建立高程控制，称为基平测量；然后根据各水准点，分段进行中桩水准测量，称为中平测量。

11.4.1 基平测量

1. 水准点的设置

应根据需要设置永久性或临时性的水准点。路线起点和终点、大桥两岸、隧道两端以及需要长期观测高程的重点工程附近均应设置永久性水准点。一般每隔 25～30 km 布设一个永久性水准点。临时水准点一般每隔 0.5～2.0 km 设置一个。水准点是恢复路线和路线施工的重要依据，要求点位选择在稳固、醒目、安全(施工线外)、便于引测和保管的地段。

2. 施测方法

基平测量时，应先将起始水准点与附近的国家水准点进行联测，以获得绝对高程。在沿线测量中，也尽量与就近国家点联测以获得检核条件。当引测有困难时，也可参考地形图选定一个接近实地的高程作为起始水准点的假定高程。基平测量应使用不低于 S_3 级的水准仪，采用一组往返或两组单程进行观测。其容许高差闭合差应满足：

$$f_h=\pm 30\sqrt{L} \text{ 或 } f_h=\pm 9\sqrt{n} \text{（二、三、四级公路）}$$

$$f_h=\pm 20\sqrt{L} \text{ 或 } f_h=\pm 6\sqrt{n} \text{（一级公路）}$$

式中，L 为单程水准路线长度，以 km 计；n 为测站数。

11.4.2 中平测量

1. 施测方法

中平测量一般以相邻两水准点为一测段，从一水准点开始，用视线高法逐点施测中桩的地面高程，直至附合到下一个水准点上。相邻两转点间观测的中桩，称为中间点。为了削弱高程传递的误差，观测时应先观测转点，后观测中间点。转点的作用是传递高程，因此转点标尺应立在尺垫、稳固的固定点或坚石上，尺上读数至 mm，视线长度不大于 150 m，中间点不传递高程，尺上读数至 cm，要求尺子应立在紧靠中桩的地面上。

如图 11.19 所示，水准仪置于Ⅰ站，后视水准点 BM_1，前视转点 TP_1，将观测结果分别记入表 11.4 中"后视"和"前视"栏内，然后观测 0+000、…、0+080 等各中桩点，将读数分别记入"中视"栏。将仪器搬到Ⅱ站，后视转点 TP_1，前视转点 TP_2，然后观测 TP_1 与 TP_2 之间各中间点。用同法继续向前观测，直至附合到下一个水准点 BM_2，完成测段观测。高差闭合差限差：一级公路为 $\pm 30\sqrt{L}$ mm，二级以下公路为 $\pm 50\sqrt{L}$ mm（L 以 km 计），在容许范围内，即可进行中桩地面高程的计算，否则重测。

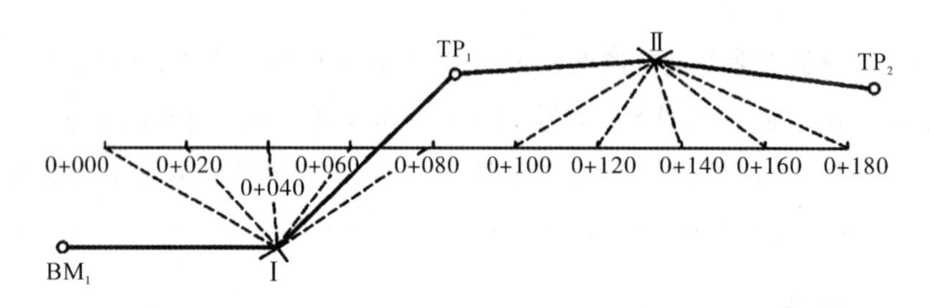

图 11.19 纵断面测量

表 11.4 中线水准测量手簿

仪器型号________ 观测日期________ 观测________ 计算________

仪器编号________ 天　　气________ 记录________ 复核________

点号	水准尺读数/m			视线高程/m	高程/m	备注
	后视	中视	前视			
BM_1	2.191			57.606	55.415	H_{BM_1} = 55.415 m
DK0 +000		1.62			55.99	
+ 020		1.90			55.71	
+ 040		0.62			56.99	
+ 060		2.03			55.58	
+ 080		0.90			56.71	
TP_1	2.162		1.006	58.762	56.600	
+ 100		0.50			58.26	
+ 120		0.52			58.24	
+ 140		0.82			57.94	
+ 160		1.20			57.56	
+180		1.01			57.75	
TP_2	2.246		1.521		57.241	
…	…	…	…	…	…	
DK1 +380		1.65			66.98	
BM_2			0.606		68.024	H_{BM_2} =68.062 m

检核：

$\sum a - \sum b = 12.609$ mm　　$H'_2 - H_1 = 68.024\ \text{m} - 55.415\ \text{m} = 12.609\ \text{m}$

$f_h = H'_2 - H_2 = 68.024\ \text{m} - 68.062\ \text{m} = -38\ \text{mm}$　　$f_{h容} = \pm 50\sqrt{l} = \pm 50\sqrt{1.4} = \pm 59\ \text{mm}$

每一测站转点及各中桩的高程按下列公式计算：视线高程＝后视点高程＋后视读数；转点高程＝视线高程－前视读数；中桩高程＝视线高程－中视读数。

2.跨沟谷水准测量

当路线经过沟谷时，为了减少测站数，以提高施测速度和保证测量精度，一般采用图11.20所示方式施测。当测到沟谷边沿时，先前视沟谷两边的转点TP_4、TP_{16}，然后将沟内、沟外分开施测。施测沟内中桩时，迁站下沟，于测站Ⅱ后视TP_A，观测沟谷内两边的中桩及转点TP_B，再迁站Ⅲ于测站后视TP_B，观测沟底中桩。最后迁站过沟，于测站Ⅳ后视TP_{16}，继续向前施测。由于沟内各桩测量实际上是以TP_A开始另走一单程水准支线，缺少检核条件，故施测时应倍加注意。为了减少Ⅰ站前后视距不等所引起的误差，仪器置于Ⅳ站时，尽可能使$l_3=l_2$，$l_4=l_1$或$(l_1-l_2)+(l_3-l_4)=0$。

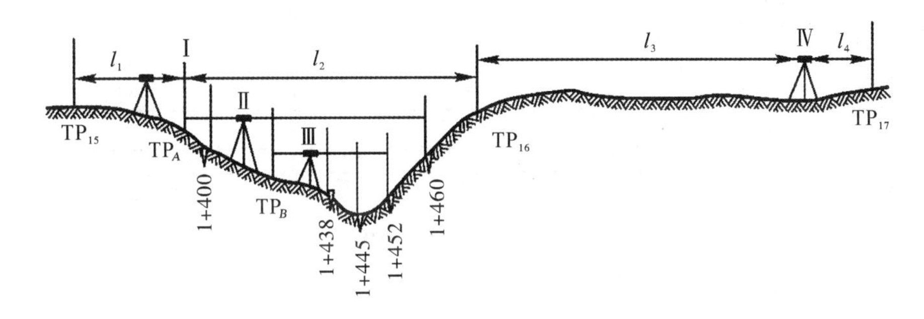

图11.20 跨沟谷水准测量

11.4.3 纵断面图的绘制

纵断面图是表示线路中线方向的地面起伏和纵坡设计的线状图，它反映路段纵坡大小和中桩填挖尺寸，是设计和施工的重要资料。

图11.21所示为公路纵断面图，在图的上半部，从左至右绘有两条贯穿全图的线，一条是细的折线，表示中线实际地面线，是以里程为横坐标，高程为纵坐标，按中桩地面高程绘制的。里程比例尺一般用1∶5 000、1∶2 000或1∶10 000，为了明显反映地面起伏变化，高程比例尺为里程比例尺的10倍，采用1∶500、1∶200或1∶100。另一条是粗线，表示包括竖曲线在内的纵坡设计中线，是纵坡设计时绘制的。此外，在图上还注有水准点位置、编号和高程，桥涵的类型、孔径、跨数、长度、里程桩号和设计水位，曲线元素和同其他公路、铁路交叉点的位置、里程和有关说明等。在图的下部几栏表格中，注记有关测量和纵坡设计的资料，其中包括以下几项内容：

(1)直线与曲线为中线示意图，曲线部分用直角的折线表示，上凸的表示右转，下凸表示左转，并注明交点编号和圆曲线半径。在不设曲线的交点位置，用锐角折线表示。

(2)里程按里程比例尺标注百米桩和公里桩。

(3)地面高程按中平测量成果填写相应里程桩的地面高程。

(4)设计高程按中线设计纵坡和平距计算的里程桩的设计高程。

(5)坡度从左至右向上斜的线表示上坡(正坡)，向下斜的线表示下坡(负坡)，水平线表示平坡。斜线或水平线上的数字为坡度的百分数，水平路段坡度为零，下面的数字为相应的水平距离，称为坡长。

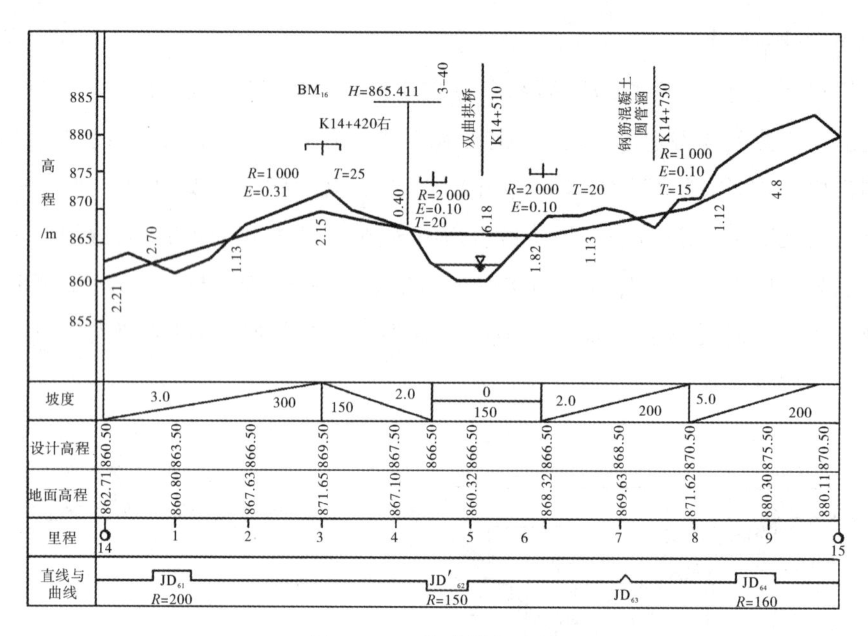

图 11.21　公路纵断面图

纵断面图的绘制步骤如下：

(1)打格制表，填写有关测量资料。采用透明毫米方格纸(标准计算纸)，按照选定的里程比例尺和高程比例尺打格制表，填写里程、地面高程、直线与曲线等资料。

(2)绘地面线。首先选定纵坐标的起始高程位置，使绘出的地面线能位于图上适当位置，便于绘图和阅读。在图上按纵、横比例尺依次展绘各中桩点位，用直线顺序将这些点连接起来，即绘出地面线。在高差变化较大的地区，如纵向受到图幅限制时，可在适当地段变更图上的高程起算位置，地面线在此处将构成台阶形式。

(3)计算设计高程。根据设计纵坡和两点间的水平距离(坡长)，可由一点的高程计算另一点的高程。设起算点的高程为 H_0，设计纵坡为 i(上坡为正，下坡为负)，推算点的高程为 H_p，推算点至起算点的水平距离为 D，则

$$H_P = H_0 + i \cdot D \tag{11.30}$$

(4)计算各桩的填挖尺寸。同一桩号的设计高程与地面高程之差，即为该桩的填挖高度，正号为填土高度，负号为挖土深度。在图上，填土高度写在相应点的纵坡设计线的上面，挖土深度写在相应点的纵坡设计线的下面。也有在图中专列一栏注明填挖尺寸的。地面线与设计线的交点为不填不挖的“零点”，零点桩号可由图上直接量得。

11.4.4　排水管道纵断面图的绘制

图 11.22 所示为一排水管道的纵断面图。管道不设曲线，没有直线与曲线栏。排水管道以下游出水口为线路起点，图中主要标注各检查井的桩号，并以它们的地面高程绘制地面线。面

线下绘出管道设计线(双线),管道的纵坡以千分率(‰),根据出口处的设计高程、管道坡度和相邻桩点间的平距,按式(11.30)可推算各桩点处的管底设计高程。在图中还应注明管径(ϕ)、埋设深度以及各检查井的编号等。

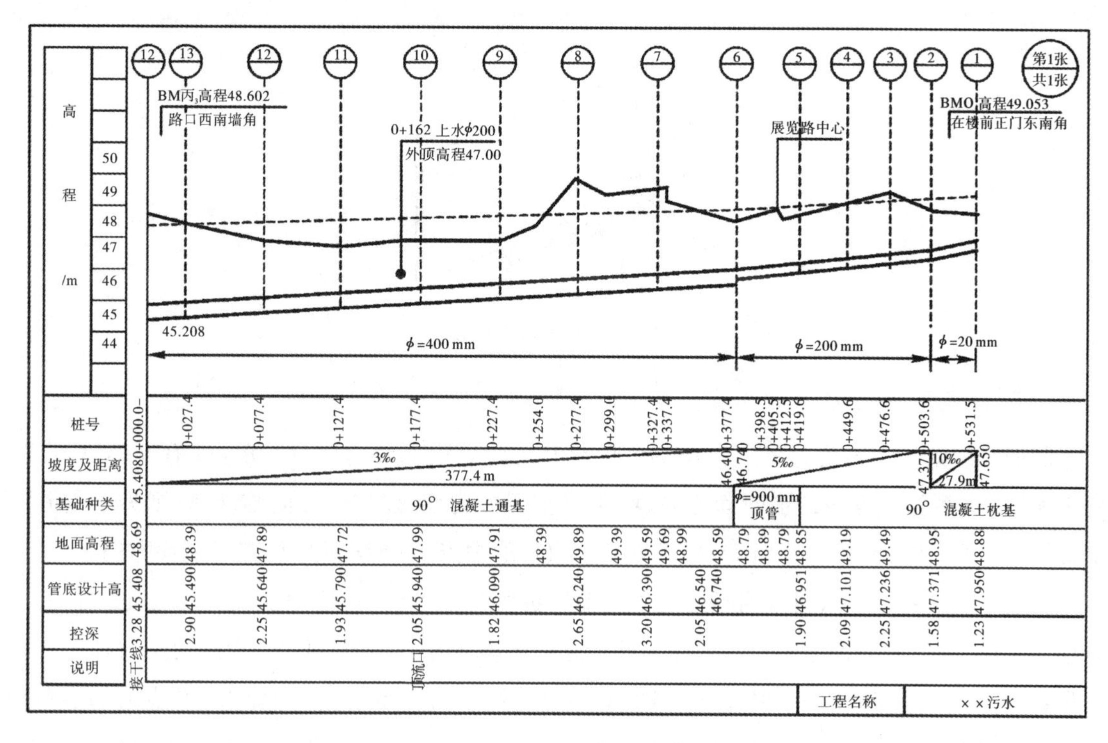

图 11.22 排水管道纵断面图

11.5 线路横断面测量

线路横断面测量

横断面测量的任务是测定中桩两侧垂直于中线方向的地面变坡点与中桩间的距离和高差,并绘制横断面图,供路基设计、土方计算和施工放样之用。横断面测量的宽度和密度应根据工程需要而定。在大中桥头、隧道洞口、挡土墙等重点工段,应适当加密断面。断面测量宽度,应根据中桩的填挖高度、边坡大小和工程要求而定,一般自中线向两侧各测 10～50 m。

11.5.1 横断面方向的测定

1. 直线横断面方向的测定

直线横断面方向是垂直于中线的方向,一般用简易直角方向架测定,如图 11.23 所示,将方向架置于中桩点上,以其中一方向对准路线前方(或后方)某一中桩,则另一方向即为横断面施测方向。

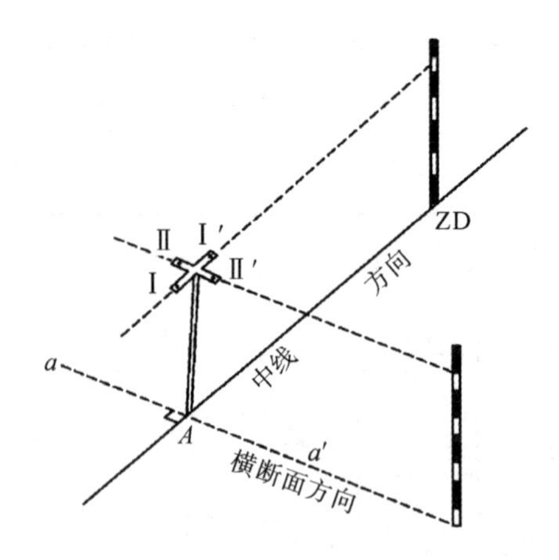

图 11.23　直角方向架

2. 圆曲线横断面方向的测定

圆曲线横断面方向为过桩点指向圆心的半径方向，如图 11.24(a)所示，设 B 至 A、C 点的桩距相等，欲测定 B 点布的横断面方向，可在 B 点置方向架，以其一方向瞄准 A，则另一方向定出 D_1 点。同法瞄准 C 点，定出 D_2 点。取 D_1 ，D_2 的中点 D，$\boldsymbol{BD}$ 即为 B 点横断面方向。

如图 11.24(b)所示，当欲测断面处 1 与前后桩间距不等时，可采用安装有活动定向杆的方向架测定(称为求心方向架)。Ⅰ Ⅰ′和 Ⅱ Ⅱ′为相互垂直的十字杆，Ⅲ Ⅲ′为活动定向杆。使用时先将方向架立在 ZY 点上，用 Ⅰ Ⅰ′对准 JD 点(切线方向)，Ⅱ Ⅱ′方向即为 ZY 点处的横断面方向，这时转动定向杆 Ⅲ Ⅲ′对准曲线上前视中桩 1，固紧活动杆 Ⅲ Ⅲ′位置，移方向架至 1 点，用 Ⅱ Ⅱ′对准 ZY 点，按同弧段两端弦切角相等原理，则定向杆 Ⅲ Ⅲ′方向即为 1 点处的横断面方向。在该方向竖立标杆，然后转动方向架使 Ⅱ Ⅱ′对准标杆，则 Ⅰ Ⅰ′方向即为 1 点处切线方向。松开活动杆 Ⅲ Ⅲ′对准 2 点，固紧后将方向架移至 2 点，按测定 1 点的方法测定 2 点横断面方向。同法依次测定其他各点横断面方向。

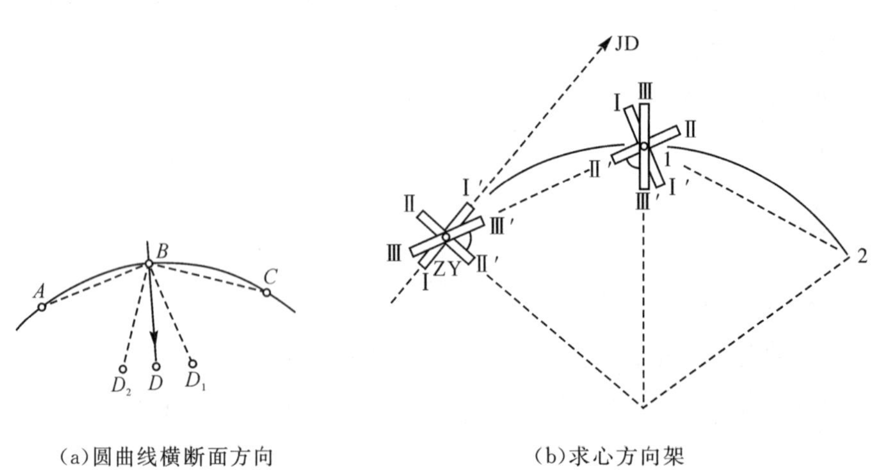

(a)圆曲线横断面方向　　(b)求心方向架

图 11.24　测设圆曲线横断面方向

3. 缓和曲线横断面方向的测定

缓和曲线横断面方向与中桩点缓和曲线切线方向垂直。如图 11.25 所示，测定时，可先计算出欲测定横断面的中桩点 D 至前视中桩点 Q（或后视中桩 H）的弦线偏角 δ_q（或 δ_h），然后在 D 点架设经纬仪，照准前视点 Q（或后视点 H），配置水平度盘为 $0°00'00''$，顺时针旋转照准部，使度盘读数为 $90° + \delta_q$（或 $90° - \delta_h$），则望远镜视准轴所指方向即为缓和曲线上 D 点横断面方向。

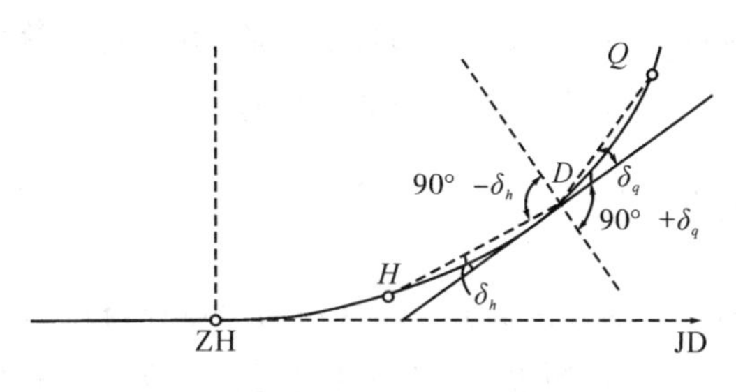

图 11.25 测设缓和曲线横断面方向

11.5.2 横断面测量方法

1. 标杆皮尺法

如图 11.26 所示，A、B、C…为横断面方向上所选定的变坡点，施测时，将标杆立于 A 点，从中桩地面将皮尺拉平，量出至 A 点的平距，皮尺截取标杆的高度即为两点间的高差，同法可测出 A 至 B、B 至 C…各测段的距离和高差，直至所需宽度为止。此法简便，但精度较低。横断面测量记录表见表 11.5，按路线前进方向分左侧与右侧，分母表示测段水平距离，分子表示测段高差，正号表示上坡，负号表示下坡。

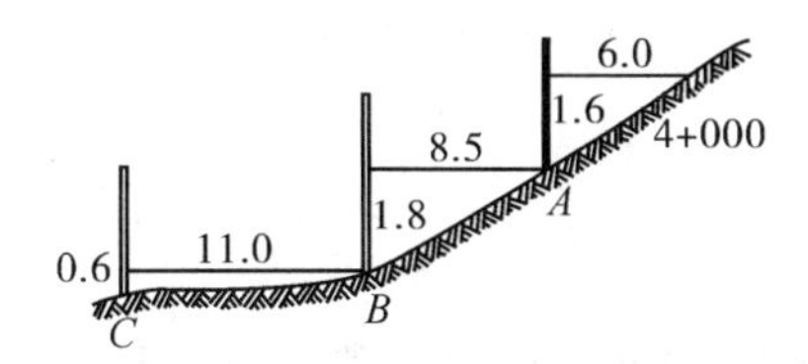

图 11.26 标杆皮尺法

表 11.5 横断面测量记录表

左侧	桩号	右侧
$\frac{-0.6}{11.0}$ $\frac{-1.8}{8.5}$ $\frac{-1.6}{6.0}$	4+000	$\frac{+1.1}{4.6}$ $\frac{+0.7}{4.4}$ $\frac{+1.6}{7.0}$ $\frac{+1.6}{7.0}$
$\frac{-0.5}{7.8}$ $\frac{-1.2}{4.2}$ $\frac{-0.8}{6.0}$	3+980	$\frac{+0.7}{7.2}$ $\frac{+1.1}{4.8}$ $\frac{-0.4}{7.0}$ $\frac{+0.9}{6.5}$

2. 水准仪法

当横断面测量精度要求较高，横断面方向高差变化不大时，多采用水准仪法。施测时用钢尺(或皮尺)量距，水准仪后视中桩标尺，求得视线高程后，再分别在横断面方向的坡度变化点上立标尺，视线高程减去各点前视读数，即得各测点高程。施测时，若仪器位置安置得当，一站可观测多个横断面。

3. 经纬仪法

在地形复杂、横坡较陡的地段，可采用经纬仪法。施测时，将经纬仪安置在中桩上，用视距法测出横断面方向各变坡点至中桩间的水平距离与高差。

11.5.3 横断面图的绘制

根据横断面测量成果，在毫米方格纸上绘制横断面图，距离和高程采用同一比例尺(通常取1:100或1:200)。一般是在野外边测边绘，以便及时对横断面图进行检核。绘图时，先在图纸上标定中桩位置，然后在中桩左右两侧按各测点间的距离和高程逐一点绘于图纸上，并用直线连接相邻点，即得该中桩处横断面地面线。图11.27所示为一横断面图，并绘有路基横断面设计线。

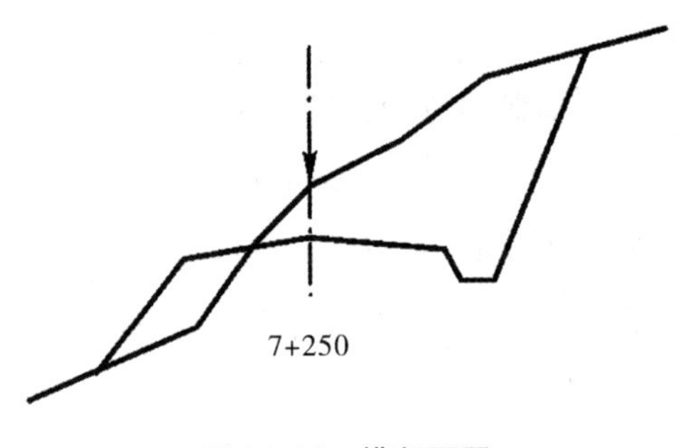

图 11.27 横断面图

思考题与练习题

1. 名词解释：交点、转点、转角、整桩、加桩、正拨、反拨、圆曲线主点、基平测量、中平测量。
2. 中线测量的任务是什么？
3. 在中线上测设转点的目的是什么？
4. 简述用穿线交点法测设交点的步骤。
5. 里程桩有何作用？加桩有哪几种？如何注记桩号？
6. 用偏角法测设圆曲线时，若视线遇障碍受阻，迁站后怎样继续进行测设？
7. 在加设缓和曲线后，曲线发生变化，简述变化的条件和结果。
8. 何谓缓和曲线常数？如何计算？
9. 在绘制线路纵断面图时，里程桩的设计高程如何计算？

10.怎样确定横断面方向?

11.怎样用积距法求算路基的横断面积?

12.已知下列右角,试计算路线的转角 a,并判断是左转角还是右转角。

(1) $\beta_1 = 210°42'$;(2) $\beta_2 = 162°06'$。

13.在路线右角测定后,保持原度盘位置,若后视方向的读数为 32°40′00″,前视方向的读数为 172°18′12″,试计算分角线方向的度盘读数。

14.已知交点 JD 的桩号为 DK2+513.00,转角 $\alpha_{右} = 34°20'$,半径 R =150 m。

(1)计算圆曲线测设元素;

(2)计算主点桩号。

15.按表 11.6 所列中平测量观测数据完成计算。

表 11.6 习题 15 表

点号	水准尺读数/m			视线高程/m	高程/m	备注
	后视	中视	前视			
BM_1	1.020				35.883	
DK5+000		0.78				
+020		0.98				
+040		1.21				
+060		1.79				
+071.5		2.30				
TP_1	2.162		2.471			
+ 80		0.86				
+100		1.02				
+108.7		1.35				
+120		2.37				
TP_2	2.246		2.675			
+140		2.43				
+160		1.10				
+180		0.95				
+200		1.86				
TP_3			2.519			

附录实验

实验1　DS3水准仪的认识与使用

一、目的和要求

(1)了解DS3型水准仪的基本构造及性能,认清其主要部件的名称和作用。

(2)掌握DS3型水准仪安置、粗平、瞄准、精平、读数的基本步骤和方法。

(3)练习变动仪器高法测量一个测站的观测步骤、记录和计算方法。

二、实验安排

(1)实验学时:2学时。

(2)人员组成:每个小组由4～5人组成。1人观测,1人记录,2人立尺,实验过程中应轮换工种。

(3)场地选择与布置:选择一较平坦狭长地段,约50～60 m,两端选定A、B两固定点,安放尺垫并在上面竖立水准尺,水准仪安置在两尺之间,使至A、B两点的距离大致相等。

(4)仪器和工具:DS3型水准仪1台,水准尺2支,水准脚架1个,尺垫2个,记录板1块。

三、实验方法与步骤

1. 安置仪器

将DS3型水准仪安置在两测点之间,将脚架张开,使其高度适当,三个脚尖基本为等边三角形,架头大致水平,并将脚架尖踩实。把仪器从仪器箱中取出,然后用中心连接螺旋将水准仪固连在三脚架上。

2. 认识仪器

DS3型水准仪如图2.3所示,指出仪器各部分的名称,了解其作用并熟悉其使用方法,同时弄清水准尺的分划与注记。

3. 粗略整平

旋转水准仪基座上的三个脚螺旋,使圆水准器气泡居中。先用双手同时向内(或向外)转动一对脚螺旋,使圆水准器气泡移动到中间,再转动另外一只脚螺旋,使圆气泡居中,通常需要反复进行。注意气泡移动的方向与左手拇指或右手食指运动方向一致。

4. 瞄准水准尺

转动目镜调焦螺旋，使十字丝清晰；松开水平制动螺旋，转动仪器，用准星和照门初步瞄准水准尺，拧紧制动螺旋；转动物镜调焦螺旋，使水准尺分划清晰，转动微动螺旋，使水准尺成像在十字丝交点处。眼睛略作上下移动，检查十字丝与水准尺分划像之间是否有相对移动（视差）；如果存在视差，则重新进行目镜与物镜对光，消除视差。

5. 精确整平水准仪

转动微倾螺旋，使符合水准器气泡两端的像吻合。注意微倾螺旋转动方向与符合水准管左侧气泡移动方向一致。

6. 读数

用中丝在水准尺上读取 4 位读数，即米、分米、厘米及毫米，一次读出 4 位数，毫米级为估读数。读数后检查仪器视线是否精平。

7. 测定地面两点间的高差

(1)在地面选定 A、B 两个坚固的点。

(2)在 A、B 两点间安置水准仪，使仪器至 A、B 两点的距离大致相等，并粗略整平。

(3)竖立水准尺于 A 点上，瞄准点 A 上的水准尺，精平后读数，此为后视读数 a，记入表中测点 A 一行的后视读数栏下。

(4)将水准尺立于点 B，瞄准点 B 的水准尺，精平后读取前视读数 b，并记入表中测点 B 一行的前视读数栏下。计算 A、B 两点的高差 $h_{AB}=a-b$。

(5)原地改变仪器高（升高或降低脚架 10 cm 左右），再按(2)、(3)、(4)步测定 A、B 两点间的高差。前后两次高差之差（称为“校差”），不得超过 ±5 mm 表示合格。

(6)换一人重新安置仪器，进行上述观测，直至小组所有成员全部观测完毕，小组各成员所测高差之差不得超过 ±5 mm。

四、注意事项

(1)水准仪安放到三脚架上后必须立刻将中心连接螺旋旋紧，以防仪器从脚架上掉下摔坏。

(2)开箱后先看清仪器放置情况及箱内附件情况，用双手取出仪器并随手关箱。

(3)转动各螺旋时要稳、轻、慢，不能用力过大。仪器旋钮不宜拧得过紧，微动螺旋只能用到始终位置，不宜太过头。螺旋转到头要反转回来少许，切勿继续再转，以防脱扣。

(4)仪器装箱一般要松开水平制动螺旋，试着合上箱盖，不可用力过猛，压坏仪器。

(5)水准尺必须要有人扶着，决不能立在墙边或靠在电杆上，以防摔坏水准尺。

实验 2 四等水准测量

一、目的和要求

(1)掌握双面水准尺进行四等水准测量的观测、记录和计算方法。

(2)掌握四等水准测量的主要技术指标,掌握测站及水准路线的检核方法。

(3)掌握四等水准测量的内业计算方法。

二、实验安排

(1)实验学时:2 学时。

(2)人员组成:每个小组由 4～5 人组成。1 人观测,1 人记录,2 人立尺,实验过程中应轮换工种。

(3)场地选择与布置:在实验场地上,以指导教师制定的一点作为起始水准点(高程由教师提供),选定一条闭合水准路线,水准点各自以组为单位选择,一般要求不少于 4 个点。每组完成一闭合水准路线四等水准测量的观测、记录、测站计算、高差闭合差调整及高程计算工作。

(4)仪器和工具:DS3 型水准仪 1 台,水准尺 2 支,水准脚架 1 个,尺垫 2 个,记录板 1 块。

三、实验方法与步骤

1. 第一测站观测程序

在起点与第一个立尺点之间设站,安置好水准仪后,按以下顺序观测:

(1)瞄准后视标尺黑面,读取上丝、下丝、中丝读数,将读数记录在表 2.4 中的(1)、(2)、(3)位置。

(2)瞄准后视标尺红面,读取中丝读数,将读数记录在表 2.4 中的(8)位置。

(3)瞄准前视标尺黑面,读取上丝、下丝、中丝读数,将读数记录在表 2.4 中的(4)、(5)、(6)位置。

(4)瞄准前视标尺红面,读取中丝读数,将读数记录在表 2.4 中的(7)位置。这种观测程序简称“后一后一前一前”“黑一红一黑一红”的观测顺序。

2. 各种观测记录完毕应随即计算

(1)后(前)视距＝后(前)视尺(上丝—下丝)×0.1,即(9)＝[(1)－(2)]×0.1m;(10)＝[(5)－(6)]×0.1m。

(2)后前视距差＝后视距－前视距,(11)＝(9)－(10)≤5m。

(3)视距累积差＝前站累积差＋本站视距差,(12)＝上一站的(12)＋本站的(11),最终累积差应≤10m。

(4)前(后)视黑、红面读数差=黑面读数+标尺常数 K(4687 或 7678)-红面读数,即(14)=(3)+K-(8)≤3 mm;(13)=(6)+K-(7)≤3 mm。

(5)黑(红)面高差=后视黑(红)读数—前视黑(红)读数,即(15)=(3)-(6);(16)=(8)-(7)。

黑红面高差之差=黑面高差-(红面高差±100 mm),即(17)=(15)-[(16)±100 mm]=(14)-(13)≤5 mm。

(6)高差中数=[黑面高差+(红面高差±100 mm)]/2,即(18)=[(15)-(16)±100 mm]/2。

3.依次设站,同法施测其他各站至全路线施测完毕

两水准点之间为测段,测段计算与检核的内容包括测段总长度、总高差和视距累差。总长度计算:$D=\Sigma(9)+\Sigma(10)$。

总高差计算和检核:$h=[\Sigma(15)+\Sigma(16)\pm100\ \text{mm}]/2=\Sigma(18)$。

最后还应计算:路线高差闭合差(应符合限差要求,高差闭合差允许值 $f_{h_{容}}=\pm20\sqrt{L}$ mm,L 为路线长度,以 km 为单位;或 $f_{h_{容}}=\pm6\sqrt{n}$ mm,n 为测站数)、线路成果(各站高差改正数及各待定点的高程)。

四、注意事项

(1)四等水准测量比工程水准测量有更严格的技术规定,要求达到更高的精度,其关键在于:前后视距要相等(在限差之内);从后视转为前视(或相反)望远镜不能重新调焦;水准尺应完全竖直,最好用附有圆水准器的水准尺。

(2)双面水准尺每两根为一组,其中一根尺常数 $K_1=4\ 687$ mm,另一根尺常数 $K_2=4\ 787$ mm,两尺红面读数相差 100 mm(4 687 与 4 787 之差)。当第一测站前尺位置确定以后,两根尺要交替前进,即后变前,前变后,不能搞乱。在记录表中的方向及尺号栏内要写明尺号,在备注栏内写明相应尺号的 K 值。

(3)每站观测结束,应立即进行计算和进行规定的检核,若有超限,则应重测该站。全线路观测完毕,线路高差闭合差在容许范围以内,方可收测,结束实验;否则,应查明原因,返工重测。

(4)小组成员的工种应进行轮换,保证每人都能担任到每一种工种。

(5)测站数一般应设置为偶数;同时在施测过程中,应注意调整前后视距,以保证前后视距累积差不超限。

实验 3　水准仪的检验与校正

一、目的和要求

(1)了解水准仪各部件的功能和作用。

(2)认识水准仪各主要轴线,以及它们之间应满足的几何条件。

(3)掌握水准仪检验和校正的方法。

(4)要求校正后,i 角值不超过 20″,其他条件校正到无明显偏差为止。

二、实验安排

(1)实验学时:2 学时。

(2)人员组成:每个小组由 4~5 人组成。1 人检校,1 人记录,2 人立尺,实验过程中应轮换工种。

(3)场地选择与布置:选择一长约 80~100 m 的平坦地段,在两端选定 A、B 两固定点,打下木桩作为立尺点,在与 A、B 两点等距处安置水准仪。

(4)仪器和工具:DS3 型水准仪 1 台,水准尺 2 支,水准脚架 1 个,校正针 2 支,小螺丝刀 1 把,皮尺 1 把,以及记录计算表格、工具等。

三、实验方法与步骤(详见教材 2.6 节)

1. 一般检查

安置仪器后,首先检查:三脚架是否牢固,仪器外表有无损伤,仪器及各个螺旋转动是否灵活,光学系统是否清晰,有无污物或霉点等。

2. 圆水准器轴平行于仪器竖轴的检验与校正

1)检验

将仪器置于脚架上,然后踩紧脚架,转动脚螺旋,使圆水准器气泡居中,将仪器绕竖轴旋转 180°。如果气泡仍居中,则条件满足;如果气泡偏出分划圈外,则需校正。

2)校正

先旋转脚螺旋,使气泡移动偏移量的一半;然后稍旋松圆水准器底部中央固定螺钉,用校正针拨动圆水准器校正螺钉,使气泡居中。如此反复检校,直到圆水准器转到任何位置时,气泡都在分划圈内为止。最后旋紧固定螺丝。

3. 十字丝横丝垂直于仪器竖轴的检验与校正

1)校验

严格整平后,用横丝的一端对准一固定点 P,旋紧水平制动螺旋,转动水平微动螺旋,看 P 点是否沿着横丝移动。若该点始终在十字丝上移动,说明此条件满足;若该点偏离横丝,表示条件不满足,需要校正。

2)校正

旋下目镜处十字丝环外罩,松开十字丝环的固定螺丝,微微转动十字丝环,至 P 点与横丝重合;反复检验与校正,直到满足条件为止。再旋紧四个固定螺旋。

4. 水准管轴平行于视准轴的检验与校正

1)检验

在 A、B 两木桩上竖立水准尺，用“中间法”变更仪器高两次，测定 A、B 间的高差 h_1、h_2，若校差 Δh 不超过 3 mm，取其平均值作为正确高差 h_{AB}；否则应重测。然后将仪器搬至前视尺 B 附近 2～3 m 处，精平仪器读取 A、B 尺的读数 a_2、b_2，若 $h_2' = a_2 - b_2 = h_{AB}$，则条件满足；否则按式(2.14)计算 i 角。当 $i \geqslant \pm 20''$ 时，应进行校正。

2)校正

转动微倾螺旋，使望远镜中横丝对准远尺的正确读数(视准轴水平)，此时水准管气泡必然不居中，用校正针先稍微松左、右校正螺钉，再拨动上、下校正螺钉，使水准管气泡居中。重复检查，直到 i 角值 $i < \pm 20''$ 为止。最后拨紧左、右校正螺钉。

四、注意事项

(1)各检验与校正项目应按照实验步骤的顺序进行，不可任意颠倒。

(2)拨动校正螺钉，一律先松后紧，一松一紧，用力不宜过大。校正完毕后，校正螺钉不能松动，应处于稍紧状态。

(3)实验时应细心操作，及时填写校验与校正记录表格。

(4)校验与校正要反复进行，直至符合要求。

五、记录表格

附表 1　水准仪校验与校正记录表

仪器型号________　观测日期________　观测________　计算________

仪器编号________　天　　气________　记录________　复核________

校验校正内容	校验与校正数据记录		
圆水准器	检验(旋转望远镜 180°)次数	气泡偏离情况	处理结果
十字丝横丝	检验次数	偏离情况	处理结果

续表

校验校正内容	校验与校正数据记录			
视准轴平行于水准管轴	仪器的位置	项目	第一次	第二次
	在 A,B 两点中间位置测高差	后视 A 尺读数 a_i	$a_1=$	$a_2=$
		前视 B 尺读数 b_i	$b_1=$	$b_2=$
		A,B 两点高差 $h_{AB}=a_i-b_i$	$h_{AB}'=$	$h_{AB}''=$
		A,B 两点高差均值 $\bar{h}_{AB}$	$\bar{h}_{AB}=(h_{AB}'+h_{AB}'')/2=$	
	在离 B 点 3 m 处测高差（D_{AB} 为 AB 两点距离）	B 点尺上读数 b_2	$b_2=$	
		A 点尺上应有读数 a_2	$a_2=b_2+\bar{h}_{AB}$	
		A 点尺上实际读数 a_2'	$a_2'=$	
		误差 Δ	$\Delta=a_2'-a_2$	
		两轴不平行误差 i	$i=\dfrac{\Delta\cdot\rho''}{D_{AB}\pm 3}$	

实验 4　测回法测量水平角

全站仪观测水平角的方法

一、目的与要求

（1）掌握光学对中法安置经纬仪的方法、经纬仪瞄准目标和读数的方法。

（2）掌握测回法测量水平角的操作、记录及计算方法。

（3）光学对中误差应≤1 mm；上下半测回角值互差不超过±40″，各测回角值互差不超过±24″，角度闭合差 $f_\beta \leqslant f_{\beta容}=\pm 60''\sqrt{n}$ 。

二、仪器与工具

DJ6 光学经纬仪 1 台，测钎 1 串，木桩 4 个，记录板 2 块，测伞 2 把，铁锤 1 把，小钉 5 颗。

三、场地选择与布置

选择一较平坦的场地，打下 3～4 个木桩（桩距＞15 m），组成三角形或四边形，在桩顶钉一小钉，作为测站或目标。各桩依次按顺时针 A、B、C、D 编号。两台仪器安置在不同测站上，独立进行观测。

四、实验步骤

1. 光学对中法安置经纬仪于测站点 A

旋转光学对中器目镜调焦螺旋使对中标志分划板十分清晰，再旋转物镜调焦螺旋或拉伸光学对中器看清地面测点 A 的标志。

粗对中:双手握紧三脚架,眼睛观察光学对中器,移动三脚架使对中标志基本对准测站点的中心(注意保持三脚架头面基本水平),将三脚架的脚尖踩入土中。

精对中:旋转脚螺旋使对中标志准确地对准测站点的中心,光学对中的误差应≤1 mm。

粗平:伸缩脚架腿,使圆水准气泡居中。

精平:转动照准部,旋转脚螺旋,使管水准气泡在相互垂直的两个方向居中。精平操作会略微破坏前已完成的对中关系。

再次精对中:旋转连接螺旋,眼睛观察光学对中器,平移仪器基座(注意不要有旋转运动),使对中标志准备地对准测站点标志,拧紧连接螺旋。旋转照准部,在相互垂直的两个方向检查照准部管水准气泡的居中情况。如果仍然居中,则仪器安置完成,否则应从上述的精平开始重复操作。

2. 水平度盘配置

每人各观测水平角一测回,测回间水平度盘配置的增量角为 180°/4=45°,也即,第 1、2、3、4 号同学观测时,零方向的水平度盘读数应分别配置为 0°、45°、90°、135°。

左边点 A 为零方向的视频度盘配置方法:瞄准目标 A,打开度盘变换器护罩(或按下保护卡),旋转水平度盘变换螺旋,使读数略大于应配置值,关闭水平度盘变换器护罩(或自动弹出保护卡)。

3. 一测回观测角度

盘左:瞄准左目标 A,读取水平度盘读数 a_1 并记入手簿;顺时针旋转照准部(右旋),瞄准右目标 B,读数 b_1 并记录,计算上半测回角值 $\beta_{左}=b_1-a_1$。

盘右:瞄准右目标 B,读数 b_2 并记录;逆时针旋转照准部(左旋),瞄准左目标 A,读数 a_2 并记录,计算下半测回角值 $\beta_{右}=b_2-a_2$。

上、下半测回角值互差未超过±40″时,计算一测回角值 $\beta=(\beta_{左}+\beta_{右})/2$。

更换另一名同学继续观测其他测回,注意变换零方向 A 的度盘位置。测站观测完毕后,应立即检查各测回角值互差是否超限,并计算各测回平均角值。

实验 5　方向法测量水平角

一、目的与要求

掌握方向观测法施测程序和计算方法;要求每人观测 4 个以上的方向一个测回,一台仪器组成一个完整记录;观测结果的各项技术指标均应达到要求,否则应重测。

二、仪器与工具

DJ6 型经纬仪 1 台,测钎 1 串,木桩 2 个,记录板 2 块,测伞 2 把,铁锤 1 把。

三、场地选择与布置

选择一块较平坦的场地，两台仪器，各自在中央打下一木桩并在桩顶钉一小钉作为测站 O，在远处插若干测钎(距 O 点>15 m)作为观测目标 A、B、C、D。

四、实验步骤

(1)在测站 O 安置仪器，对中、整平。以盘左位置瞄准起始目标 A，置水平度盘读数为 0 或略大于 0。方法：对于 DJ6 型仪器，直接转动拨盘手轮使度盘 0°分划线与分微尺 0 分划线重合即可；对于 DJ2 型仪器应先转动测微轮使测微尺 0 分划线与读数指标线重合，而后转动拨盘手轮使度盘 0°注记整十分的 0 注记显示在读数窗内，且使度盘分划线主、副像对齐即可。读取水平度盘读数 $a_{左}$ 并记入手簿。

(2)顺时针方向转动照准部，仍以盘左位置依次瞄准 B、C、D、A 各目标，读取水平度盘相应读数记入手簿。计算出归零差检查是否超限，完成上半测回的观测。

(3)纵转望远镜成盘右位置，逆时针方向依次瞄准 A、D、C、B、A，读取水平度盘相应读数并记入手簿。计算归零差检查是否超限，完成下半测回的观测。

(4)进行 $2c$、各方向平均读数、归零后方向值、归零后平均方向值、角值的计算。

实验 6　竖直角与视距三角高程测量

一、目的与要求

(1)掌握竖直角观测、记录及计算的方法，熟悉仪器高程的量取位置。

(2)掌握用经纬仪望远镜视距丝(上、下丝)读取标尺读数并计算视距和三角高差的方法。

(3)同一测站观测标尺的不同高度时，竖盘指标差互差不得超过±25″，计算出的三角高差互差不得超过±2 cm。

二、仪器与工具

DJ6 型光学经纬仪 1 台(含三脚架)，小钢尺 1 把，记录板 1 块，测伞 1 把。

三、场地选择与布置

在建筑物的一面墙上，固定一把 3 m 水准标尺，标尺的零端为 B 点；在距离水准标尺约 40～50 m 处选择一点作为测站点 A。

四、实验步骤

(1)在 A 点安置经纬仪，使用小钢尺量取仪器高 i。

(2)盘左瞄准 B 目标竖立的标尺,用十字丝横丝切于标尺 2 m 分划处,读出上、下丝读数 a、b,并记入下列实验表格的相应位置;旋转竖盘指标管水准器微动螺旋,使竖盘指标管水准气泡居中(仪器有竖盘指标自动归零补偿器时,应打开补偿器开关)。读取竖盘读数 L,并记入实验表格的相应位置。

(3)盘右瞄准 B 目标上的标尺,用十字丝横丝切于标尺 2 m 分划处,同法观测,读取盘右的竖盘读数 R,并记入实验表格的相应位置。

五、计算公式

(1)计算盘左竖直角

$$\alpha_L = 90° - L$$

(2)计算盘右竖直角

$$\alpha_R = R - 270°$$

(3)计算竖盘指标差

$$x = (\alpha_R - \alpha_L)/2$$

(4)计算竖直角的平均值

$$\alpha = (\alpha_L + \alpha_R)/2$$

(5)视距测量平距公式

$$D_{AB} = 100 \times (b - a)\cos^2\alpha$$

(6)视距测量高差公式

$$h_{AB} = D_{AB}\tan\alpha + i - (a - b)/2$$

实验 7　经纬仪的检验与校正

一、目的与要求

了解仪器各轴线之间应满足的几何条件;重点掌握光学经纬仪检校步骤、方法和要领;学会 $LL \perp VV$、$CC \perp HH$ 的检校和 $HH \perp VV$ 的检验方法;要求校正后的视准轴误差符合规定要求。

二、仪器与工具

DJ6 和 DJ2 型经纬仪各 1 台,测钎 1 串,木桩 3 个,校正针 2 只,水准尺 2 支,记录板 2 块,测伞 2 把,铁锤 1 把。

三、场地选择与布置

选择一场地,使其附近有一高度适当的明显目标,作为标志点 P。在标志点下横放一水准尺 B 供投点用。

四、实验步骤（详见教材3.6节）

1. 水准管轴垂直仪器竖轴的检验与校正

检验：安置经纬仪并用脚螺旋使其大致整平，转动照准部使水准管平行于任意两脚螺旋，以左手大拇指法则旋转两脚螺旋使气泡居中，然后转动照准部180°。若气泡仍然居中，则条件满足，否则应校正。

校正：用校正针拨动水准管一端的校正螺丝，使气泡退回偏离方向的一半，再用脚螺旋退回另一半，使气泡居中即可。检校应反复进行，直到气泡在任何位置偏离零点小于半格为止。

2. 十字丝纵丝垂直仪器横轴的检验与校正

检验：用十字丝交点精确瞄准远处一点状目标，制动仪器，转动望远镜竖直微动螺旋，若目标点始终不偏离十字丝纵丝，说明条件满足，否则应校正。

校正：旋下十字丝分划板护罩，旋松十字丝座的四个固定螺丝，微微转动十字丝座使纵丝与点状目标重合，而后拧紧十字丝座固定螺丝，旋上护罩。

3. 视准轴垂直仪器横轴的检验与校正

检验：使望远镜大致水平，以盘左位置瞄准远处一点状目标，读取水平度盘读数 α_L；再以盘右位置瞄准同一目标，读取水平度盘读数 α_R。若 α_L 与 α_R 相差180°，则条件满足，否则应校正。

校正：计算出盘右时消除视准轴误差 c 后的正确水平度盘读数 $M=(\alpha_L+\alpha_R\pm180°)/2$。对于DJ6型仪器，直接转动水平微动螺旋，使水平度盘读数对准 M；对于DJ2型仪器，先转动测微轮使 M 的微小角值反映在测微窗内，而后转动水平微动螺旋使度数和整十分数反映在读数窗内且使度盘主、副像分划线对齐。此时十字丝交点必偏离目标点。接着旋下十字丝分划板护罩，用校正针拨动十字丝环左、右两校正螺丝，使十字丝交点与目标点重合。而后旋上护罩。

4. 仪器横轴垂直仪器竖轴的检验与校正

检验：以盘左瞄准高目标 P(仰角＞30°)，然后下倾望远镜在横放水准尺 B(大致与仪器等高)上投点得 B_1；再以盘右瞄准 P，下倾望远镜在水准尺 B 上投点的 B_2。若 B_1、B_2 重合，则条件满足，否则应校正。

校正：按式(3.16)计算的横轴水平误差 i 大于规定值(DJ6为±20″，DJ2为±15″)时，应进行校正。此项校正一般由专业仪修人员进行，这里不再赘述。

5. 竖盘指标差的检验与校正

检验：按竖直角观测的方法，盘左盘右观测一目标，计算出竖盘指标差 x，当 x 超过±1′，应进行校正。

校正：经指标差检验，经纬仪处于盘右位置。校正时，先计算出盘右的正确读数：R_N(或 R_S)$-x$；然后转动指标水准管微动螺旋使竖盘读数为所计算的正确读数(DJ2型仪器应先使微小角值反映在测微窗中)，此时指标水准管气泡偏离零点。旋下校正孔堵盖，用校正针拨动指标水准管校正螺丝使气泡重新居中即可。

6. 光学对中器视准轴重合仪器竖轴的检验与校正

检验：将脚架尽量升高，严格整平仪器，在脚架中央地面上放一张标有目标点 A 的白纸板，调节对中器目镜看清分划圈，拉伸对中器筒身（或转动调焦螺旋）看清白纸板上目标 A，移动纸板使 A 点位于分划圈中心并固定纸板。而后转动照准部 180°，若分划圈中心仍对准 A 点，则条件满足；若分划圈中心偏离 A 位于 B 点，则应校正。

校正：此项校正视仪器结构不同而不同，有的校正转向棱镜，有的校正分划板，有的二者均可校正。校正时用螺丝刀调节有关校正螺丝使分划圈中心对准 A、B 连线的中点。反复 1～2 次，直至照准部转到任何位置 A、B 均在分划圈中央为止。

7. 按记录手簿编写实验报告。

注意事项：$CC \perp HH$ 的检校亦可用“四分之一法”。有圆水准器的仪器，圆水准器轴平行仪器竖轴的检校方法与水准仪相同。亦可在水准管校正好后，精密整平仪器，此时若圆水准器气泡不居中，直接用校正针拨动校正螺丝使气泡居中即可。竖盘自动归零经纬仪的竖盘指标差的校正宜送专业仪修单位进行。

经纬仪检验与校正记录表见附录 2。

附表 2　经纬仪检验与校正记录表

检校项目	检验与校正次数			
	1	2	3	4
$LL \perp VV$				
气泡偏离格数				
十字丝纵丝⊥横轴十字丝偏离状况				
	$a_L=$	$a_L=$	$a_L=$	$a_L=$
$CC \perp HH$	$a_R=$	$a_R=$	$a_R=$	$a_R=$
	$M=$	$M=$	$M=$	$M=$
$HH \perp VV$	$B_1B_2=$ $i=$	$B_1B_2=$ $i=$	$B_1B_2=$ $i=$	$B_1B_2=$ $i=$
	L_N	L_N	L_N	L_N
竖盘指标差	$R_S=$	$R_S=$	$R_S=$	$R_S=$
	$x=$	$x=$	$x=$	$x=$
光学对中器视准轴				
分划圈中心偏离状况/mm				
检校略图及其说明				

实验 8　全站仪导线测量

一、目的与要求

（1）了解导线测量的基本概念，外业的操作方法，内业的计算方法。

（2）以闭合导线为例，使用全站仪完成外业测角、量边等工作；使用手工计算的方法进行内业处理。

二、仪器与工具

全站仪 1 台，三脚架 1 个，棱镜 2 个，记录板 1 个，记号笔 1 支，计算器 1 个。

三、方法与步骤

在一块比较开阔的场地上，选择 A、1、2、3 四个点，相邻点的距离大于 100 m，如附图 1 所示。

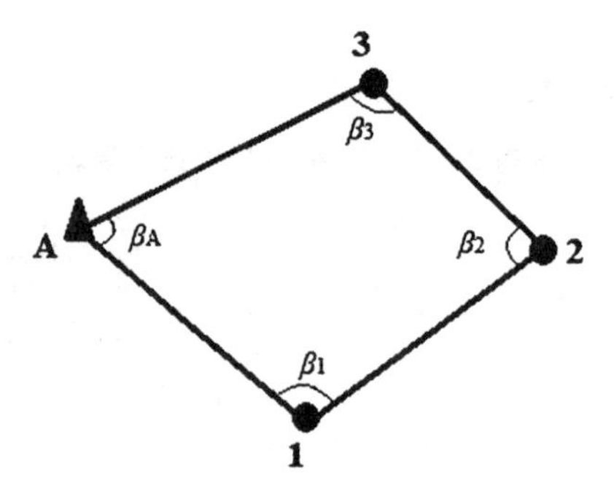

附图 1　闭合导线布设示意图

（1）在 A 点架设全站仪，对中整平。

（2）分别在 1、3 点架设反光棱镜，注意架设棱镜时，尽量使棱镜杆竖直。

（3）测边。测量直线 A3、A1 的水平距离。将全站仪的望远镜十字丝中心分别瞄准 1、3 点的棱镜镜面中心，按“测距”键，等待数秒后，屏幕上显示出平距（可多按几次测距取平均值，也可进行往返测取平均值），将其结果记录到表中。

（4）测角。以测回法测量 β_A 为例，首先，将全站仪架设在 A 点，对中整平后，盘左位置将望远镜十字丝照准 3 点的棱镜杆，注意尽量照准棱镜杆与地面接合的尖部，不要照棱镜面。按“置零”键，使得水平角读数显示为 0°00′00″，在表中记录此时的读数。其次，顺时针转动照准部到 1 点，记录屏幕上显示的水平角读数。再次，倒转望远镜，切换为盘右位置，将望远镜十字丝照准 1 点的棱镜杆，并记录下此时的水平角读数，逆时针转动照准部到 3 点，记录屏幕上显示的水平角读数。最后，计算盘左、盘右角度平均值。

（5）在 A 点完成测距、测角任务后，将全站仪一次架设到 1、2、3 点，分别完成水平角 β_1、β_2、

β_3测量工作及支线 $1A$、12、23、$3A$ 的测距工作。

(6)计算各导线点坐标。假定导线边 $A1$ 的坐标方位角 α_{A1} 以及 A 点坐标 X_A、Y_A，推算 1、2、3 点的坐标，填到表中。

四、注意事项

作业前应仔细全面检查仪器，确信仪器各项指标、功能、电源、初始设置和各项参数均符合要求时再进行作业。不能把望远镜对向太阳或其他强光，测程较大、阳光较强时要给全站仪和棱镜分别打伞。仪器长期不用时，应将电池取下分开存放，电池应至少每月充电一次。

实验 9　数字地形图测绘

一、目的与要求

(1)练习全站仪测绘法测图以及碎部跑点的方法。

(2)操作 CASS 软件连线成图。

二、仪器与工具

全站仪 1 台，棱镜对中杆 1 个，记录板 1 块，测伞 1 把，草图纸 1 张。

三、实验步骤

(1)在测站 A 点安置全站仪并量取仪器高。

(2)在全站仪中选择“坐标测量”菜单，进入“测站定向”→“测站坐标”，输入测站点点名、坐标、仪器高和目标高，按“记录”键将测站坐标存入当前文件。

(3)进入“后视定向”界面，输入后视点点名与坐标，然后照准后视点棱镜，按“YES”键完成后视定向操作。

(4)照准碎部点处的棱镜，按“测量”键测量碎部点的坐标，按“记录”键，根据实际情况输入碎部点的点号、目标高、代码将碎部点坐标存入当前文件；继续照准下一个碎部点的棱镜，按“观测”键，重复上述操作。

(5)测图前，应根据测站位置、地形情况和立镜的范围，大致安排好立镜路线。立镜顺序应连贯，并考虑立镜线路逆时针旋转，按商定路线将棱镜立于各碎部点。绘图员应跟随立镜员实地绘制立镜草图，每观测 15 个碎部点后，观测、绘草图与立镜工作应轮换一次。

(6)下载全站仪存储当前文件中的碎部点坐标，数据导出存盘。

(7)打开 CASS 软件，执行“绘图处理/展野外测点点号”的命令，展绘本组的坐标数据文件。

(8)根据草图，使用 CASS 软件的下拉菜单与屏幕菜单绘制数字地形图。

四、注意事项

(1)观测员应及时与绘图员核对点号,立镜员最好固定一个镜高,当需要改变镜高时,应及时告知观测员。

(2)教师可根据本校测量实习基地情况,将全部已知点的坐标数据编成一个坐标文件,实验前将其预先上传到全站仪的坐标文件中,供各组实验时调用。

实验 10　圆曲线测设

一、目的与要求

(1)练习切线支距法和偏角法设置圆曲线。

(2)本实验可以选择一种方法完成,也可以分两次完成,每次实验一种方法。

(3)切线支距法按 10 m 整桩距设置,偏角法按 10 m 整桩号设置。精度应满足规范要求。

二、仪器与工具

经纬仪 1 台,钢尺 1 把,测钎 1 串,木桩 15 个,标杆 3 根,铁锤 1 把,记录板 1 块,方向架 1 个,测伞 1 把,小钉若干。

三、场地选择与布置

选择一适当的平坦区域作实验场地,在场地内钉 3 个路线交点桩,桩距尽可能大些,编号 JD_1、JD_2、JD_3。在 JD_2 设置圆曲线,并假定其桩号。

四、方法与步骤

(1)置经纬仪于 JD_2,用测回法观测路线的右角 β,按式(10.3)计算出路线转角 α。而后用经纬仪拨 $\beta/2$ 角定出右角的分角线(若 $\beta>180°$ 应倒镜将分角线设置在路线的另一侧),并用测钎标定。

(2)选定适当的曲线半径 R,按式(11.5)、(11.6)、(11.7)和(11.8)计算曲线主点元素 T、L、E、D。根据 JD_2 的桩号计算主点 ZY、QZ、YZ 的桩号。按规定的 10 m 桩距按式(11.12)或查曲线用表计算各细部点的支距 x_i、y_i(见表 11.1)或按式(11.12)、(11.13)计算各细部点的偏角 Δ_i 和弦长 c_i(见表 11.3)。

(3)主点测设,经纬仪瞄准 JD_1,由 JD_2 沿视线方向向 JD_1 用尺量取 T,即得 ZY 点,打下木桩;同法经纬仪瞄准 JD_3 定出 YZ 点,打下木桩,再沿分角线方向量取 E 得 QZ 点,打下木桩。

(4)切线支距法详细测设。置经纬仪于 ZY 点,瞄准 JD_2 定出切线方向,用尺沿该方向量取各细部点支距 x_i 得到垂足 N_i,并用测钎标定;将方向架或经纬仪安置在 N_i,照准 JD_1 或 JD_2,拨角 90°定出切线的垂线方向,沿该垂线方向量取各细部点支距 y_i,即得各细部点 P_i。

(5)偏角法详细测设。置经纬仪于 ZY 点,瞄准 JD_2 定出切线方向,使水平度盘归零,转动照准部使水平度盘读数为第一个细部点的偏角 Δ_1,制动经纬仪,用尺以 ZY 点位圆心,以弦长 c_i 为半径画弧与望远镜视线相交,该交点即为细部点,打下木桩。继续转动经纬仪照准部使水平度盘读数为第二个细部点的偏角 Δ_2(累计偏角),用尺以 P_1 点位圆心,以弦长 c_2 为半径画弧与望远镜视线相交,该交点即为细部点 P_2,打下木桩。同法测设其他细部点。

(6)切线支距法按表 11.2 编写实验报告,偏角法按表 11.3 编写实验报告。

五、注意事项

曲线较长时,可采用分别以 ZY、YZ 点为坐标原点对称测设至 QZ 点,其不符值应$<1/1\ 000$;若由 ZY 测设至 YZ 点,其纵向误差应$<L/1\ 000$,横向误差应<10 cm。

实验 11　纵断面测量

一、目的与要求

(1)学习线路纵断面的施测方法,重点掌握中平测量和纵断面图的绘制方法。

(2)要求每组按桩距 20 m 测量长度≮300 m 线路,绘制出纵断面图。

二、仪器与工具

测距仪、水准仪各 1 台,标尺 2 支,标杆 3 只,木桩 30 个,铁锤 1 把,皮尺 1 把,记录板 2 块,测钎 1 串,测伞 2 把。

三、场地选择与布置

选择长度约 300 m 的狭长地段,由教师在场地两端指定位置打下木桩作为路线的起讫点 A、B,并假定起点 A 的桩号和高程。

四、方法与步骤

(1)由路线起点 A 开始,确定线路走向,在起、终点间打下线路交点 JD;用测距仪测量起点、交点、终点间距离 D_i。

(2)用标杆定线,用尺量距设置里程桩(中桩),并注记桩号,地形坡度变化处加桩。

(3)在 A 点立标尺,安置水准仪于适当位置后视 A 点标尺,读取中丝读数(精确至 mm),计算出视线高;依次在中桩上立尺读取中视读数(取位至 cm),即可计算出里程桩高程;需要转站时,则前视 TP 读取中丝读数(精确至 mm),计算出 TP 的高程。转站后按同样方法测定中桩高程,直到 B 点。然后设转点从 B 点闭合在 A 点上,闭合差不应超过 $\pm 50\sqrt{L}$ mm 。测量手簿见

表 11.4。

(4)根据中平测量成果,每人在毫米方格纸上绘制纵断面图。距离比例尺为 1∶500,高程比例尺为 1∶50,绘制方法参阅 11.4.3 小节。

实验 12 点位的测设

一、目的与要求

(1)练习水平角、高程和平面点位的测设方法和测设数据的计算。

(2)要求每组测设两个点,且轮换作业,其距离测设误差$<1/3\ 000$,角度测设误差$<\pm 40''$,高程测设误差$<\pm 5$ mm。

二、仪器与工具

DJ 2经纬仪、DS3 型水准仪、水准尺、记录板、钢尺、铁锤、垂球各 1,测钎 1 串,测伞 2 把,木桩 6 个,标杆 3 支,小铁钉若干。

三、场地选择与布置

选择较平坦的场地,在场地一侧布置两个控制点 A、B(相距>30 m)。由教师给定 A 的三维坐标(X_A,Y_A,Z_A)、α_{AB}和待测设点 1、2 的坐标、高程。

四、方法与步骤

(1)计算极坐标法测设 1、2 点的测设数据 β_1、β_2和 D_1、D_2。

(2)安置经纬仪于 A 点,盘左瞄准 B,水平度盘归零(或略大于 0°)。转动照准部,使水平度盘读数为 B 方向读数$+\beta_1$(若 1 在 AB 左侧为 $360°+B$ 方向读数$-\beta_1$),打桩定出 C′点;同法盘右桩钉 C'',如果两点不重合,则取其中点 1′。

(3)用测回法观测∠BA1′两个测回,较差不超过$\pm 40''$,取其平均值为 β'_1,按式(10.1)计算出垂距改正数 δ_1,沿 δ_1的垂线方向量即得点 1″。在此方向用钢尺丈量测设距离 D_1钉出 1 的位置。同法测设出 2 点。

(4)$CC_0=AC\cdot\tan\Delta\beta=\mathrm{AC}\cdot\Delta\beta/\rho$。

(5)检查 D_{12}的距离与设计值相比较,其相对误差应$<1/3\ 000$。

(6)置水准仪适当位置,A 点立尺,水准仪瞄准 A 点标尺,读取后视读数 a,计算仪器高程 H_i及高程测设点 1 的测设应读数 $b_{应}$,水准仪瞄准 1 点标尺,上下移动标尺使中丝读数为 $b_{应}$,沿尺底画一横线即得 1 点的设计高程线。同法测设 2 点的高程。

(7)参考水准测量、角度测量和距离测量手簿编写实验报告。

参考文献

[1]苏庆谊. 科技发展简史[M]. 北京：研究出版社，2010.

[2]李玉宝，沈学标，吴向阳. 控制测量学[M]. 南京:东南大学出版社，2013.

[3]吕志平，乔书波. 大地测量学基础[M]. 北京：测绘出版社，2010.

[4]田桂娥. 大地测量学基础[M]. 武汉：武汉大学出版社，2014.

[5]中国有色金属工业协会. 工程测量规范:GB 50026—2020[S]. 北京：中国计划出版社,2021.

[6]中国国家标准化管理委员会. 国家一、二等水准测量规范：GB/T 12897－2006[S]. 北京：中国标准出版社，2006.

[7]中国国家标准化管理委员会. 国家三、四等水准测量规范：GB/T 12898－2009[S]. 北京：中国标准出版社，2009.

[8]北京市测绘设计研究院. 城市测量规范:CJJ/T 8－2011[S]. 北京：中国建筑工业出版社，2012.

[9]中交第一公路勘察设计研究院. 公路勘测规范：JTG C10－2007[S]. 北京：人民交通出版社，2007.

[10]覃辉. 测量学[M]. 北京:中国建筑工业出版社，2007.

[11]邹永廉. 土木工程测量[M]. 北京:高等教育出版社，2004.

[12]程效军，鲍峰，顾孝烈. 测量学[M]. 上海：同济大学出版社，2016.

[13]周文国，郝延锦. 工程测量[M]. 北京:测绘出版社，2009.

[14]李峰，王健，刘小阳，等. 三维激光扫描原理与应用[M]. 北京:地震出版社，2020.

[15]李峰，刘文龙. 机载 LiDAR 系统原理与点云处理方法[D]. 北京:煤炭工业出版社，2017.

[16]黄鹤，佟国峰，夏亮，等. SLAM 技术及其在测绘领域中的应用[J]. 测绘通报，2018(03):18-24.

[17]刘森波，林旭波，杨龙，等. 基于无人机影像密集匹配点云的海岛岸线提取方法研究[J]. 海洋湖沼通报，2020(05):26-31.

[18]杨强. 基于时序 InSAR 技术的皮力青河流域滑坡易发性研究[D]. 成都:成都理工大学，2019.

[19]甄艾妮. 基于 SBAS－InSAR 技术的北京市地面沉降分析[D]. 北京:中国地质大学(北京),2017.

[20]中国国家标准化管理委员会. 国家基本比例尺地形图分幅和编号:GB/T 13989－2012[S]. 北京：中国标准出版社，2012.

[21]胡伍生，潘庆林，黄腾. 土木工程施工测量手册[M]. 北京：交通出版社，2011.